住房和城乡建设部"十四五"规划教材

高等学校建筑学专业系列推荐教材

THE PRINCIPLE

公共建筑设计原理 （第二版）

天津大学

刘云月 编著

OF ARCHITECTURE

DESIGN

中国建筑工业出版社

图书在版编目（CIP）数据

公共建筑设计原理 = THE PRINCIPLE OF
ARCHITECTURE DESIGN / 刘云月编著 . —2 版 . —北京：
中国建筑工业出版社，2021.9（2024.6重印）
　　住房和城乡建设部"十四五"规划教材　高等学校建
筑学专业系列推荐教材
　　ISBN 978-7-112-26555-8

　　Ⅰ . ①公…　Ⅱ . ①刘…　Ⅲ . ①公共建筑—建筑设计—
高等学校—教材　Ⅳ . ① TU242

　　中国版本图书馆 CIP 数据核字（2021）第 185185 号

责任编辑：陈　桦　杨　琪
责任校对：焦　乐

为了更好地支持相应课程的教学，我们向采用本书作为教材的教师提供课件，有需要者可与出版社联系。
建工书院：http://edu.cabplink.com
邮箱：jckj@cabp.com.cn　电话：(010) 58337285
本书有教师交流 QQ 群：812649920

住房和城乡建设部"十四五"规划教材
高等学校建筑学专业系列推荐教材
公共建筑设计原理（第二版）
THE PRINCIPLE OF ARCHITECTURE DESIGN
天津大学　刘云月　编著
　　＊
中国建筑工业出版社出版、发行（北京海淀三里河路 9 号）
各地新华书店、建筑书店经销
北京雅盈中佳图文设计公司制版
建工社（河北）印刷有限公司印刷
　　＊
开本：787 毫米 ×1092 毫米　1/16　印张：18¾　字数：363 千字
2021 年 10 月第二版　2024 年 6 月第二次印刷
定价：59.00 元（赠教师课件）
ISBN 978-7-112-26555-8
　　（38006）

——Preface——

《公共建筑设计原理》教材自 2013 年第一次出版以来，内容适用范围覆盖了全国建筑类高校的建筑设计专业，经过教学实践检验，已成为专业学生必读书目之一，在全国建筑类高校乃至工科高校中已经成为一部具有影响力的特色教材，对于我国注册建筑师考试也是一部理想的教辅用书。

在"十四五"期间，本教材的第二版保持了艺术与经济平衡互济的特色，本着宽基础、补短板、明确方向、突出特色的原则，内容与时俱进，力争理论知识贴近我国社会发展的实际进程。事实证明，建筑设计的基本原理和方法始终具有对特殊建筑现象的识别能力和解释能力，有助于筑牢建筑创新的基础。

—Preface—

—第一版前言—

据说，古希腊著名诗人卡里马科斯（约公元前 305 年—前 240 年）曾经言简意赅地指出：大部头的书，真烦人。【事实上，他曾经在诗句中这样写道："大书，大恶"。】

这是在 2000 余年前作出的结论。今天，这句话引起了很多人的共鸣。为了接近广泛的读者，并忧于当今学生的阅读耐心，本书首先特别考虑的一件事是：书的篇幅长短。

简明：在当今追求效率和遵从时间计划的时代，文本内容的完备而且叙述的简单明了是极为重要的标准。

回顾大学时代，我深切地感悟到学生的时间是一种弥足珍贵的稀缺资源。因此，把简明性作为建筑学教科书的主要目标是作者的一种极大的荣誉和职责。事实上，简明性

大部头的书真烦人！（作者绘制）

是通过用尽可能最少且准确的语言提出建筑设计原理来实现的，这样既是对时间稀缺资源的珍惜，同时，作者也希望这本书能够写得恰如其名《公共建筑设计原理》中的"原理"二字。

定位：为了使建筑设计成为可教可学的艺术，这本书除了强调简明性之外，还必须考虑，对初学者来说真正重要的是什么。

在最近的 20 世纪末那段建筑历史中，人们发现需要面对一下子涌现出来的那么多的五光十色、风格迥异、令人眼花缭乱的建筑流派和建筑师；那么多的令批评家、阐释家和观众们手足无措、瞠目结舌的建筑作品和建筑现象；那么多的众说纷纭、斑驳陆离乃至相互矛盾的设计方法和建筑理论。可以说，今天的建筑设计是一种多维现象，初学者往往在眉飞色舞或痛心疾首之间陷入人云亦云、见异思迁的求学歧途，把最旺盛时期的精力和稀缺的时

间资源消耗在觊觎"一举成名天下知"的无谓激动之中。

鉴于此，本书的定位在于尽可能地避开时代潮流和流行风尚中某些特殊的吸引力，而致力于建筑设计的基本原理和基本方法的讲解上。事实上，当各种思潮和流派之间的争论喋喋不休地进行时，建筑设计的基本原理和方法始终保持着对特殊建筑现象的识别能力和解释能力。

总之，这不是一本关于建筑创作的书，相反，它是向初学者提供一种学习的工具和建筑学的思考方式的书。这是一本关于建筑设计入门的教科书。对于那些急于跻身设计潮流或想成为大师的学生或许不能在本书中得到满意的答案。为了弥补这一点，作者建议本书可与其他专著同时阅读。

特点："公共建筑设计原理"是大学教育中建筑学专业学习的主干课程。遗憾的是，适合如此重要课程的教材却相当地少见。相反，各种关于建筑设计的作品集、方案图录、设计资料等书籍却俯拾即是。为了适应这种新的知识背景，同时考虑到学生学习上的便利，本书一方面涵盖了作为建筑设计入门知识所需要的所有题目，另一方面，这些题目并没有按照传统的顺序来安排。

每个研究领域都有自己的语言和思考方式。物理学家谈论力、运动、能量守恒；法学家谈论正义、权力、禁止伪供；预测家谈论星相、掌纹、生辰八字。

建筑师也没有什么不同。空间、形式、比例、尺度、功能、构图、文脉、环境——这些术语都是建筑设计语言的一部分。

本书前半部分便是从基本概念和术语理解入手，因为它们是学习、交流和设计的基本平台知识。

这本书的后半部分内容由浅入深地介绍了建筑设计过程的一般步骤、原理和表现方式。这部分章节所讨论的主要是方法的领域，并融入了当代经济学的有关原理和关键概念，希望学生能够了解"像建筑师一样的思考"是什么意思。

观点：建筑设计从来就是一项复杂的和多元化的领域，很清楚，对这一复杂问题没有简单的答案。但是，为了叙述上更加清晰，书中的一些观点采用了明确的、甚至是绝对化的论断。这样做的原因在于，在工作和教学实践中，通过与建筑师及建筑学专业的学生们接触，作者体会到，明确的意见比笼统的说明更容易激起他们的兴趣。某种程度上的武断的意见将给读者提供作出反应的依据，激发他们去追求进一步的理解，即使是仅仅为了反驳这种意见。总之，作者希望读者无论是接受还是辩驳书中的观点，最终他们将会在阅读过程中获得收益。

结构：鉴于当代大学生都是在多讯道环境中（即电脑、手机、耳机同时开启，视觉、听觉、触觉同步体验）成长起来的，因此，本书采用适于双重阅读或者平行阅读的版式，即避免大量文字充满整页篇幅而采取的非对称左右版式。

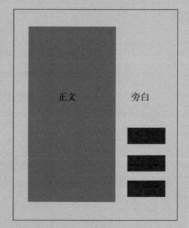

双重阅读或平行阅读版式

一方面，在每一页中，除了左侧的正文与插图之外，右侧空白处将一些重要概念、关键词和引申解释性的知识单独提列出来，或作为小结，或作为链接的线索。另一方面，在插图的下面，尤其是建筑平面、立面、剖面及分析图的下面，会尽可能详细地作出专业解析，而不是导游般的介绍。

正是基于建筑学的学科特点，图文并置并重是极其重要的标准，而且，图幅尽量放大以确保图像信息的明确传达效果。

Contents

──目录──

导论

1. 建筑观的来源与建筑设计的特点

所谓建筑观，套用哲学的话语来讲，就是人们对世界的建筑和建筑的世界之总的看法。

看法从何而来呢？首先，人们在城市中穿行，被周围各种各样的建筑物所环绕。现实中这些真实的建筑带给人们最初的印象，形成了一个直观的看法，即**规模**是把建筑同一般物品及艺术品（如绘画、雕塑等）区分开来的一个重要标准。如果你恰好路过一个建筑施工工地，看到了那种复杂的分工、组织和建设过程，那么你会对"规模"的概念有进一步认识，即这是一种与社会的和城市的活动相适应的规模：建筑不是自然之物而是存在于自然和人类活动的交接面上。这一中庸的带有哲学味的看法恰如其分地反映了建筑的存在方式。

直观的看法在印象上是有力的，但在分析上却是薄弱的。如果你是一个建筑学专业的学生，出于职业的或专业的兴趣，你会常常走进一个建筑物内部（例如图书馆或商场），并翻看一本本建筑杂志，偶尔也阅读一些其他文学艺术作品，这时，眼前所看到的将是两种我们主要与之打交道的建筑现象，一种是以建筑摄影、方案图以及模型照片形式呈现的，称之为"形象"的建筑；另一种是以语言、文字描述出来的，称之为"意象"的建筑。这两种"建筑"与上面提到的"真实"的建筑一起形成了我们对世界建筑和建筑世界的总看法的来源。

由于存在的规模和方式不同，存在于图纸上的形象建筑给我们带来了观察和思想方式上的便利条件。当人们在真实的建筑物之间浏览，围绕着它来回地走动时，其印象是零散的、片段的，是一种"历时性"的效果。相反，人们对"形象建筑"的观察却是瞬间完成的，建筑自身的形态、局部与整体的构成关系，以及它与周围环境的关系等形成了一种较大范围的"同时性"视角。

从信息的传达效果方面讲，从形象建筑中获取的印象和看法是更为真实的、鲜明的。这是建筑设计原理所涉及的最基本和最重要的层面（图 1）。

但是，要形成更为完整而稳定的建筑观，仅

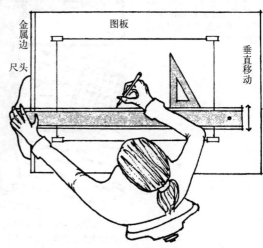

图 1 图板上的活儿计——把形象和意象投射在图纸上。建筑文件的绘制与正确表达是对真实建筑物的预测和模拟

1

以视觉信息（包括真实建筑和形象图片）为依据仍然不够。

记得宋初古文运动的先驱之一——王禹偁，他在《黄州新建小竹楼记》中记述了一个其貌不扬而情韵幽深的湖北乡土小建筑：

"黄冈之地多竹，大者如椽，竹工破之，刳去其节，用代陶瓦；比屋皆然，以其价廉而工省也……因作小楼二间，与月波楼通。远吞山光，平挹江濑。幽阒辽邈，不可具状。夏宜急雨，有瀑布声；冬宜密雪，有碎玉声。宜鼓琴，琴调虚畅；宜咏诗，诗韵清绝；宜围棋，子声丁丁然；宜投壶，矢声铮铮然：皆竹楼之所助也。"

有意义的事件 Significant Objects

建筑是生活的容器。反之，我们可以根据某些记忆、经验或理想来塑造建筑这个容器。有意义的事件就是容器中的重要内容。教堂并不能创造宗教，相反，教堂只因为有宗教而存在。哲学家维特根斯坦（Wittgenstein）在《文化与价值》（Culture and Value）中曾断言：没有值得赞美的东西存在，就不会有建筑的存在。

如果建筑不是根据使用者的理想、公共的态度和价值来综合规划，或者说，如果我们不能从自然、社会文化以及人类的历史传统和现实生活中的各种"有意义的事件"（Significant Objects）中来拓展对建筑的感受，那么，我们的建筑观念必将像画在海边沙滩上的图画一样，随时会被抹掉。

由上可见，我们在现实生活中一般总是面对着三种建筑现象：真实的、图像的和意象的。其中，图像的层面是建筑设计的主要领域，而真实的和意象的层面则构成了设计的双重原型。建筑一词既表示了按一定目的或原型而展开的营造活动（Design），同时又表示了这种设计过程的结果（Architecture），最终达到真实的和意象的统一（图2）。

所谓的建筑设计原理，便是（真实的/意象的）原型落实到图像层

1911年漫画家为路斯（Adolf Loos）在维也纳建造的斯坦纳住宅（Steiner House，1910年）立面设计所做的讽刺漫画中，注解文字这样写道：一个非常摩登的人，在穿越马路时沉思着艺术。他突然站住不动了——原来发现了他寻找已久的东西。

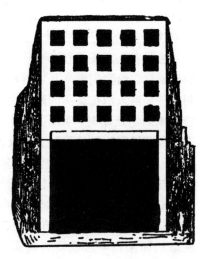

图2　原型故事作为各个时代中零星出现的奇闻轶事被载入建筑史册。思维与概念中模糊的边界有时是创作力的源泉，有时则会混淆关于游戏与严肃之事的区分。如果搜索一下"最差建筑排行榜"，每一个榜上有名的作品背后都有一个原型故事。经济学称这个现象为"激励不相容"；俗话说是"创造性破坏"。建筑学科有自己的规定性，切忌本末倒置

面（设计过程）的方法体系。也就是说，在平面构图、空间布局和组织以及立体构成等图式设计中应综合考虑和最终解决来自真实原型方面的诸如结构受力的安全性，使用功能的合理性以及营造过程的经济性和可行性等要求，同时，还要考虑文化精神意象方面的审美要求等。

2. 当代建筑设计的研究范围与要求

在建筑学科中，建筑设计始终是其核心环节。从专业的角度来看，建筑设计的工作范围包括为了建造一座建筑物所需要的工程技术知识，主要涉及建筑学、结构学以及给水、排水、供暖、通风、空气调节、电气、消防、自动控制以及建筑声学、建筑光学、建筑热工学、建筑材料学乃至工程经济学（概预算）等知识领域。由于建筑设计与特定的社会物质生产和科学技术水平有着直接的关联，这使得建筑设计本身具有自然科学的客观性特征。然而，从古至今，建筑设计又与特定的社会政治、文化和艺术之间存在着显而易见的联系，因此这使得建筑设计在另一方面又有着意识形态色彩。上述两方面的特点构成了建筑设计既有自然科学特征同时又有人文学科色彩的综合性的专门学科。

从另一角度来看，由于建筑设计的终极目标永远是功能性与审美性，因此，建筑设计的研究对象便与设计的功能性与审美性有着不可割裂的联系。

就设计的功能性而言，建筑设计涉及相关的工程学、物理学、材料学、生态学、经济学等理论研究的相关成果和原理；

就设计的审美性而言，建筑设计还要对相关的艺术美学、构成学、心理学、民俗学、色彩学和伦理学等进行研究。

如此广阔的研究领域，明显表明了建筑设计是一种边缘性和交叉性的学科。正是由于这一特点，因此在建筑设计原理研究中所涉及的知识范畴可以划分为两个层面：

上层是精神范畴，称之为**设计中的理论**（Theory in Design）——由于建筑设计日益超越原来的物质形态设计而必须运用和借鉴的其他成熟学科的知识，如社会人文及哲学心理学等。

下层是物质范畴，称之为**设计本体理论**（Theory of Design）——主要是针对建筑设计本身的要素、方法及过程的分析理论，如形式及空间的构成关系、空间组织及造型等（图 3）。

应该说上述划分是较粗略的。因为两大知识范畴之间的界限并不总是泾渭分明的，而常常是相互渗透相互交叉的。尽管如此，这种划分的意义在于它揭示了建筑学专业学生在进行建筑设计过程中所常常遇到的**某种困境之源**。一方面表现为有些学生热衷于汇集、模仿大量的建筑式样、局部构图及图案风格等，在设计中凭着个人的趣味、成见而运用，成为信息时代的资讯拼客。这种"由技入道"的倾向使得建筑设计仅仅涉及

设计双目标：功能性与审美性

20 世纪初的现代建筑运动塑造了一个典型观念：建筑＝技术＋艺术。

建筑设计既有严谨的理性思维，追求适用性、安全性、经济性；又兼具开放的感性创造，追求形象化、价值观、注意力。

困境：建筑设计过程即要像语言活动一样"表情达意"，传递信息，但建筑本身并不是语言。确切地说，它是一种准语言，建筑只能在语言层级之下，遵从某种非精确的艺术叙事逻辑，例如象征、类比、意会、暗示甚至是顿悟等。

图3　两类知识、一对研究范畴和多个领域共存

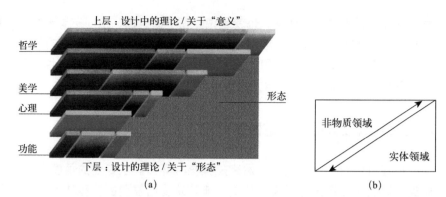

上层：设计中的理论 / 关于"意义"

哲学

美学
心理

形态

功能

下层：设计的理论 / 关于"形态"

(a)

非物质领域

实体领域

(b)

建筑的物质层次，其最理想的状态也只是达到解决使用功能问题，难入艺术之门；另一方面则相反，表现为有些学生又醉心于哲学或美学理论中的只言片语，将建筑本身视为通达某种玄思理念的附属媒介，这种"由理入道"的倾向又使得建筑设计沉溺于对某种形而上的观念的解释之中，与"语言"混为一谈。

建筑设计中出现的解决问题与解释问题两种倾向如此地不平衡，恰好说明了学生对建筑设计的研究内容缺乏整体全面的理解。由此而逆向推论，可以说一个"好的设计"与一个"坏的设计"之间的基本区别或评价标准在于看它是否在两种知识范畴之间取得了合情合理的平衡。

建立一种平衡意识是非常重要的。

在物理学中，研究物理现象的一个基本思想便是建立某种平衡，以此为参照点，如力的平衡、能量守恒与否往往是状态改变的分界点。在经济学中，市场的供需平衡（均衡）可以有效地进行资源配置。在环境生态学中，平衡状态的重要性更是不言而喻。此外在人文思想领域中，有关传统与现代性之间长期悬而难决的纠葛争论；有关理性与非理性之间思维模式之争；乃至后现代时期对整个现代思想体系中"二元对立"模式的批判、反思、解构等等都可以看作是"失衡"之后引发的种种后果。

平衡意识如此重要，即使是在建筑结构设计中，它要解决的根本问题也不仅仅是单方面地追求结构的可靠性（即安全性、适用性和耐久性的概称），而是在结构的可靠性与经济性之间选择一种合理的平衡，力求以最经济的途径，使所建造的结构以适当的可靠度满足各种预定的功能要求。

在建筑设计中，平衡意识是一种必需品。

建筑设计原理本质上就是解决设计中所遇到的各种要素之间的关系的理论体系。事实上，当代建筑学的发展表明，建筑设计的研究内容已从传统的"三元素"即功能、技术、形式或形象拓展到第四维：**环境科学**。历史表明，对各要素之间关系的认识并不是以平衡的态度为基础的。在建筑设计所涉及的全部知识范畴中，对其中某一方面的重视和强调结果总是与特定的社会需求和特殊的价值观相联系的。换句话说，建筑内部要素的不同排列顺序，显示了不同的设计思潮中的独特的美学追求或

环境科学：20世纪末，随着可持续发展这一社会理念的确立，当代建筑设计的重心开始倾向于关注建筑对环境的影响。

审美趣味，例如就某些特定的建筑流派或思潮而言，以风格考虑为首者有"工艺美术"和"新艺术"两次典型的设计运动；以形式考虑为首者有"构成主义"和"风格派"等典型的设计运动；以技术考虑为首者有"芝加哥学派"以及所谓的"高技派"等。在当代，以环境考虑为首则引发了"绿色设计"的建筑思潮。

那么，在建筑设计的学习中强调平衡意识意味着什么呢？

事实上，上述历史经验表明，一方面，在建筑设计的研究内容中，各要素之间存在着相互依存、相互制约、相互排斥的诸种关系，换句话说，各要素之间在重要性方面存在着相互竞争的关系。某一因素取得主导地位，这不仅取决于建筑师个人的美学立场，还取决于某一特定时期的社会心理、社会技术经济水平以及某一群体（集团）的价值观等外在因素的影响。这恰好说明了建筑设计过程实质是在多目标系统内的一种综合决策行为。

另一方面，建筑设计原理是对设计的内容要素及目标之间种种关系的研究，而且是在普遍的、一般意义层面上的研究，其研究对象是一般原理和方法，其接受主体是大多数设计者，本书尤其是要面对全体的学生。在这一点上，历史上的各流派及其相应的独特理论立场可以被看作是对一般原理和方法在深度和广度上的补充和拓展（图4）。

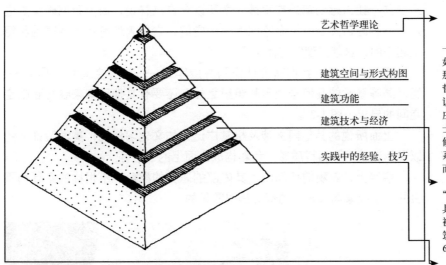

图4 建筑理论与方法的深度与广度金字塔层级图
层级越高则越抽象、越具有普遍指导作用；层级越低则越具体、越具有个人化色彩。在抽象与具体之间，存在着归纳与演绎的知识积累过程

首先，关于艺术哲学的一般理论大多来自西方，例如黑格尔的《美学》、桑塔耶那的《美感》、丹纳的《艺术哲学》等。中国传统美学知识大多散见于先秦百家、老庄思想、周易玄学以及文人士大夫的高论之中。治学与修身、人生与审美二者的关系如庄周梦蝶不分彼此。然而，尺短寸长，各有可取之处。

其次，经济学作为一种"决策的科学"和作为一种具有普遍价值的方法论，已被广泛应用到多个领域。建筑设计概莫能外。本书的第6章将对此进行介绍。

最后，建筑史、建筑师传记、建筑作品集与工程实录等，作为个人化的鲜活见识、经验和技巧很是值得借鉴。

第 **1** 章 空间与形式直观

1.1 空间认知

1.1.1 类型

一种情况是假日中，人们在海拔 3000m 的山巅之上游玩时，通常并不这样说"嘿，我在 3000m 高的空间里呢！"因为这样说显然语焉不详——除非你强调是在 8848m 高的地方，否则——难以理解和沟通。同样，人们即使在山谷形成的空间中徜徉时也不会刻意强调是在某种"空间"中穿行。因为人们对于自然空间通常处于一种日用而不知的状态（图 1-1）。

自然空间相对于人类有意识的、有目的的组织和营建的空间来说是自由的、无意识的，也是无建筑学意义的。

在另一种情形中，人们走进一个商场或一个证券交易大厅时，这种情况下我们可以说"进入了一个空间"，尽管这种说法仍然语义模糊，但至少并不让人感到意外或荒谬。之所以允许这样说，因为我们确实是进入了一种与自然空间完全不同的一个空间，它是人们有目的创建的和组织起来的，这就是建筑空间。

建筑空间——我们将会认识到并应牢记——这类空间除了具有长、宽、高等基本的几何学规定和组织之外，还要有其他因素来参与和限定空间的要求（图 1-2）。

上面所说的其他因素涉及极其广泛，如文化习俗的、美学装饰上的以及构造技术和材料质感、色彩构成方面上的表达等。

事实上，美观的房间由于其内部的恶劣的配色、不相称的家具和不良的照明效果而被破坏的情况是很常见的。

图1-1 自然空间中的高原与山谷地形，通常不是作为"空间"，而是作为自然风光或者旅游景点被认知的

图1-2　建筑空间是一种有计划的、有一定规模和边界限定的、为生活或者生产使用目的服务的空间处所

图1-3　柏林犹太人大屠杀纪念馆　　　　图1-4　西班牙 TEA-Tenerfe Espacio de las Artes，赫尔佐格和德梅隆，1999 年

　　这表明，人们为了某种目的而组织和营造的建筑空间除了具有一定的形状（长 × 宽 × 高）之外，还要有其他**量度**（Dimensions）。换言之，量度除了几何学的三维变量之外，还有包括时间在内的其他因素，后者构成了通常所说的第四维变量。所谓空间的含义或空间的氛围特征在很大程度上是由上述那些量度来赋予和标定的（图1-3，图1-4）。

　　通过上述分析，首先有一件事情变得非常清楚：空间意义或空间价值有着各种不同的类型划分（图1-5）：

　　例如自然空间与**建筑空间**；

量度：对空间经验或空间感受产生明显影响的各种可控因素。如形状，材料，质感，色彩，照明，温度，风格。

建筑空间　再分为**居住建筑**与**公共建筑**空间；

"**目的空间**" 和 "**辅助空间**"

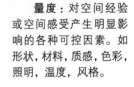

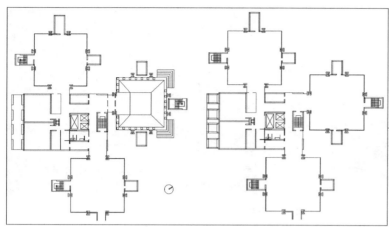

图 1-5 路易斯·康设计的理查德森医学研究楼（位于费城宾夕法尼亚大学校园内，1957 年开始设计，1964 年建成）方案中，首次提出"目的空间"与"辅助空间"这一对两分概念

目的空间 再划分为居室、卧室；或者划分为办公室、会议室、餐厅、商场等供生活、工作、学习、娱乐之用具有单一功能的使用空间。

辅助空间 也可再划分为入口门厅、楼梯间、电梯厅、走道、过厅以及卫生间、贮藏间和设备用房等为目的空间服务的一系列单元部分等等（表 1-1）。

空间类型及其内容简表   表 1-1

空 间							
自 然 空 间			建 筑 空 间				
无组织的外部空间	有组织的外部空间		非公共建筑空间	公共建筑空间			
	城市街道广场	入口地带庭院广场	● 居住建筑空间 ● 工业建筑空间 ● 农业建筑空间等等	辅助空间	目的空间		
				● 交通空间 ● 卫浴空间 ● 设备机房	A	B	C	D
					（各种功能场所）		

注：其中 A, B, C, D 等代表各种使用空间

1.1.2 概念

事实上，空间的划分和识别不完全是由几何空间形状本身的差异造成的。

按照一般的理解，**空间**是与**实体**相对的概念，按照哲学的观点来看，空间是物质存在的一种形式，是物理存在的广延性和伸张性的表现。凡是实体以外的部分都是空间，它均匀或匀质地分布和弥散于实体之间，是无形的和不可见的，同时也是连续的和自由的——它既抽象又实在。

而建筑空间则是一类特殊的自由、抽象、实在空间。当建筑师说要"建造一个空间"时，其实我们根本就没有造出什么空间，因为空间本来就在那儿。建筑师的所作所为，不过是在空旷场地中割划出来一部分并赋予其形状和可感知的特征而已（图 1-6）。因此，如果建筑师不能使空

空间和实体是一对共生范畴。空间的获得需要实体要素的参与，并借助可感媒介来表达。

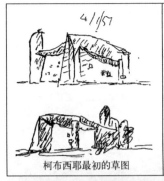 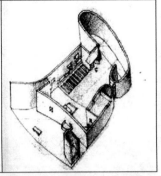

柯布西耶最初的草图

(a)

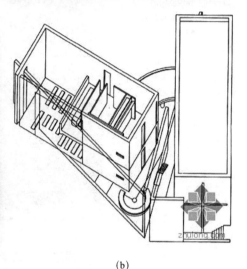

(b)

间得以认识，也就是说，如果我们不能使从连续的同质的空间里划割出来的那部分空间（建筑空间）与其他空间有所区别，我们就会失败。

这样看来，为了发现和认识建筑空间区别于其他空间的真正性质，我们就必须遵循某种间接的方式。

一种是发生的或操作性的理解，即建筑空间是用墙面、地面和顶面（顶棚）等平面实体所限定的和围合起来的空间（图1-7）。认识论表明，范畴总是成对出现的，对其中一个范畴的认识和理解可以通过它与其相对立的另一范畴之间的关系来实现。在几何学中的许多概念常常通过操作性认识来理解，如：圆是平面上绕一定点作等距离运动而形成的封闭曲线。在建筑学中，空间与实体是一对最基本的概念或范畴，对它们的认识也是建立在其相互关系的理解之上的，遵循这种方式，老子在《道德经》中论述：

"埏埴以为器；当其无，有器之用。凿户牖以为室；当其无，有室之用。是故有之以为利，无之以为用。"

这算是世界上最古老而深刻地对空间采用的发生学定义了。

另一种方式可以通过所谓的"原型＋变量"的方式来认识。这种方

图1-6 空间因为能够感知和辨识其差别而被铭记
图（a）为柯布西耶设计的朗香教堂（1955年）；
图（b）为安藤忠雄设计的光之教堂（1989年）。

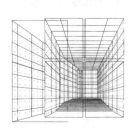

图1-7 划割出来的空间

图 1-8 《避暑山庄七十二景》之一

一般认为，中国人的传统空间概念是综合直观的，对事与物的认识都是以"感"代"思"的结果，很少遵循"以思代感"的现代逻辑学的解读方式。

在艺术领域，感性优先、物象并发的造型原则整合了各种经验和分类知识，从而使得中国传统造型艺术达到一种独特的境界。中国画就是建立在主观感受之上的一种典型的造型空间。这必将给我们对于建筑空间的理解和表达提供洞见！

式如同形式逻辑学中的"属加种差"的定义方法。

例如：人（种概念）是会制造工具和使用语言（种差别，即人与其他动物种类之间的差别）的动物（属概念）。

同样地，对建筑空间的理解亦可采用"原型＋变量"的方法。即曰：建筑空间是具有某种目的、某种属性和某种尺度的空间。其中，自然空间可以理解为建筑空间的原型，而目的、属性和尺度等则是建筑空间所必须具有的特征变量，包括对不同的使用功能的满足（目的变量）、对不同文化和审美要求的联系（属性变量）以及对视觉效果的控制（尺度变量）等（图 1-8）。

由上可见，第一种方法帮助人们获得一种一般意义上的几何空间，属于容积的概念；第二种方法则帮助人们获得一种具有特殊识别性的空间，属于领域或场所的概念。人们对空间的知觉和认识基于上述两种方法的结合，换句话说，建筑空间是设计者和使用者以及观者的一种**知觉空间**。

知觉：在感觉（视、听、触、嗅、味）的基础上对事物的表面特征进行整体概括的过程。

1.2 形式直观

1.2.1 形式认知

建筑设计的第一目的或者说直接目的无疑是获得某种有用的使用空间。

然而，建筑学的"空间"与物理学的重力概念以及心理学的"态度"概念非常相似，我们不能摸到它、看到它或拿到它。

事实上，研究目标的抽象性并没有妨碍自然科学和社会科学的进展，因为无论物理学家还是心理学家都应用了一种有效的方法，即通过测量和控制那些标志着它们存在的因素（力，态度）来推断它们的影响和形成过程。

同样地，建筑师在建筑空间表现方面的进展也是通过控制和组织那些标志着空间存在的特定因素而取得的。这些因素首先来自形式领域，包括形状、形象、尺寸、尺度、色彩、质感等因素。它们是建筑师在方案设计过程中所使用的图式语言（图1-9），也是标志着建筑空间存在的视觉属性。

图1-9　Attention 这不是建筑师的观察方式

工业革命百年之后，人们普遍相信：哲学是最抽象最深刻的一种思维方法；文学是最微妙最复杂的一种认识方式；科学是最精确最有效的一种实践工具；艺术则是最生动直观的一种反映手段。

1.2.2　形式概念

无论是一幢建筑物还是某个单一的建筑空间，总是呈现出一定的形式。例如建筑物是对称式的还是非对称式的；某个房间是封闭式的还是开敞式的，等等。当我们从"形式"的角度来观看建筑时，意味着我们想获知它的最基本的也是最主要的特征。可以说，形式这一概念包含了构成事物内在诸要素的结构、组织和存在方式。

建筑的形式美是一种具有相对独立性的审美对象，是指构成建筑物的物质材料的自然属性（色彩、形状、线条等）及其组合效果（如整体性、节奏与韵律、对比与渐变、虚实关系等）所呈现出来的审美特性，是一种含蓄的、有意味的形式。

在现代艺术理论中，形式的含义有二：

一是与"内容"相对立，具有工具性；二是与"内容"相同一，具有自足性，形式主义艺术追求"有意味的形式"。

1.2.3　视觉属性

1）形状：是形式的主要可辨认特征，或者说是人们认识和辨别空间形式的基本条件。它是由物体的外轮廓或有限空间虚体的外边缘线或面所构成的。

形状可分为具有一定几何关系的规则图形和无规则的自由图形。在所有的图形中，形状愈简单和愈是有规则就愈是容易使人感知和理解。例如，圆、三角形和正方形等，它们构成了形式中最重要的基本形状。同样地，基本的形状通过展开或旋转而形成有规则的和容易认知的基本形体，例如，圆可以生成球、圆锥和圆柱体；三角形可以派生出棱锥和棱柱体；正方形可以形成棱锥和立方体等等，这些基本形体也被称为柏拉图体（图1-10）。

以上这些形状和形体对于我们的视觉来说具有极大的优越性，表现了一种普遍的而又特殊的形态美（图1-11，图1-12）。

图 1-10　五种基本的柏拉图体

柏拉图体的定义为：如果一个多面体的所有面都是全等正多边形，所有多面角也全等，我们就说它是正多面体（柏拉图体）。二维平面中有无限多种正多边形，而三维空间中正多面体只有五种。

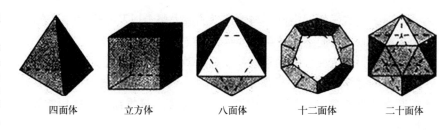

四面体	立方体	八面体	十二面体	二十面体

图 1-11　柏拉图体建筑
图（a）为 20 世纪早期的建筑实例。由上到下依次为农房、小教堂、纪念塔；
图（b）是正在施工中的杭州国家会议中心，高 88m。于 2008 年建成。

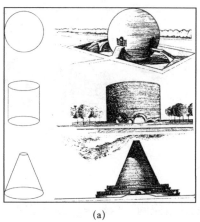

(a)　　　　　　　　　(b)

图 1-12　基本形体与建筑
图（a）为圆柱螺旋体；
图（b）为巴西里约热内卢大都会教堂（呈圆台形，高75m，底部直径106m，可容纳两万人。1964—1976 年）；
图（c）为巴西库里蒂巴市的旋转大楼（2006 年），每一层都可以独立地围绕轴心进行水平 360° 的旋转。

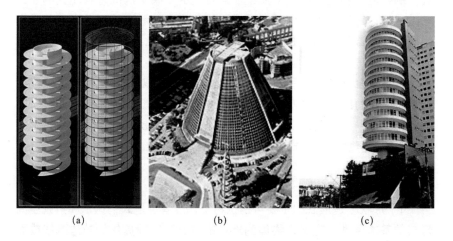

(a)　　　　　　　　　(b)　　　　　　　　　(c)

2）尺度：我们已经知道，抽象的形式主要是通过呈现在视觉中的具体的形状而表达的。但是一种形式，例如一扇"门"或一把"汤匙"或一个"空间"，可以有无数种具体的形状来表达。因此，在实际的设计过程中，形式或形状的选择和应用往往还要涉及别的因素，其中对尺度问题的考量和推敲往往影响到形状的重要性和含义。

然而，尺度到底是什么呢？

一种情况是，我们常常用规模这个词来谈论事物，例如大规模的城市中心区开发或小规模的一个住宅组团规划。有时我们也用尺寸这个词来直接说明物体之大小。有时我们还会用比较的方式来建立某种印象。

例如航空母舰的甲板可以容纳 N 个标准足球场，或者天文爱好者通过木星上的大红斑与地球的比较来感受木星的巨大体积，进一步比较的结果，如果你了解太阳系中所有行星质量的总和仅占太阳的 1/100，那么你就会感叹这颗恒星的巨大！而它又只是银河系中的一点儿浮尘而已（图1-13）。

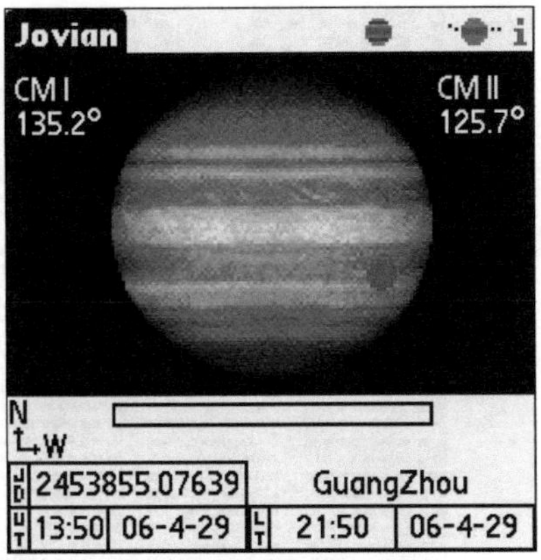

图1-13　木星大红斑能容纳三个地球，从中建立起一个比较的尺度

　　再一种情况是，一个建筑方案图上总会标定一个比例尺，意思是说以某一约定长度作为度量单位，去代表实际建筑中的实际尺寸。除此之外，人们常常用所谓的"亲切的尺度"或"纪念性尺度"或"夸张的尺度"等来评论一座整幢建筑物的体量或建筑物中某一局部的印象，如门厅的大小。当然，其中谈论和应用最多的术语是常人的尺度——古希腊时期的普罗泰戈拉在《论真理》一书留传下来的最重要的哲学名言就是："人是万物的尺度，存在时万物存在，不存在时万物不存在。"他这里说的人就是指人的感觉。建筑是什么，有多大，有多重，都要以人的感觉为标准，确切地说，是以人的日常经验为比较基础而得到的感觉。

　　由上可见，人们运用这么多的术语，想必是要说明什么事情。事实上，尺度的概念是要求人们在一种事物与另外一种事物之间建立起一种对比和比较关系。这种比较关系包含下面两层含义：

　　（1）一是整体与局部之间的关系：

　　例如，对于一个巨大的室内空间，内部雕塑的大小处理就需格外小心。美国旧金山的海特摄政（Hyatt 凯悦，1974）旅馆的中庭的雕塑若像家用地球仪大小则明显是不恰当的（图1-14）。

图1-14　比较尺度

图 1–15 相对尺度是整体与局部的比较关系，也是物与物之间的客体关系
图（a）、（b）、（c）为丹下健三设计的东京市政大厦（The New Tokyo City Hall, Japan, 1986—1991 年）；
图（d）是日本民居立面图。

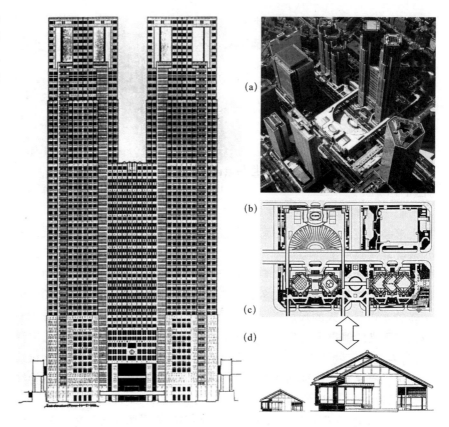

同样，如果东京市政大厦的门廊高度仅相当于日本传统住宅的檐廊大小，则也会被认为是荒诞的（图 1-15）。建筑物的整体与其局部之间相对关系所反映的尺度被称为相对尺度。

（2）二是主体与客体之间的关系：

尺度的这一层含义是与上面所说的常人尺度这一概念密切相关的。常人尺度也称人体尺度，是人们在日常经验中以对该物的熟悉尺寸或常规尺寸为标准而建立的比较认识。例如门的高度、宽度，窗台的高度，楼梯的宽度以及日常生活中家具的常规尺寸等都是常用的度量物。人们往往用这些熟悉而常规的尺寸作为度量单位来认识和理解空间的大小和高低感受的，并在这种比较中得出某种结果，如局促的、紧张的；温暖的、舒适的；自由的、空旷的；亲切的、敬畏的等等空间感受均来自人体尺度的度量关系（图 1-16）。这种与常人尺度相联系所建立的度量关系反映了建筑物的绝对尺度。

由于一些建筑物在我们的生活中扮演着重要角色，例如纪念性建筑、地区的标志性建筑等，这些建筑形式中需要蕴含一种可理解的力量和情感。相对尺度和绝对尺度的应用则是塑造和释放这种力量与情感的有效途径之一。然而，对于图版上的建筑表现图来说，尺度最基本的作用是正确反映和预测建筑物在环境中的大小。这一点是很多建筑学专业学生

(a)

(b)

图1-16 绝对尺度是指主体与客体之间的比较关系,它是艺术形式与人类情感之间建立起联系的基本手段之一
图(a)是古希腊赫拉神庙遗址,采用科林斯柱式(Corinthian Order);
图(b)为柱础与常人之间的尺度比较示意图。

所不屑了解的。于是,他们的设计作业中不是让环境中的人物长得太高,就是把建筑附近的树木种得太矮,营造出一种莫名的超现实画境。离开正确的尺度把握,建筑空间设计也就无从谈起了(图1-17)。

3)方位:包括位置与朝向两个要素。

方位或者方位感是影响形状的重要性与含义的另一重要因素,也是建筑物在总平面环境中需要精心考虑的内容。

凯文·林奇在其《城市意象》(*The Image of the City*,1960年出版)中认为城市空间的结构可以由路径、边缘、区域、节点和标志这五种元素在人脑中重新构成一种可识别的"意象"。尽管林奇所关注的是美国城市的视觉品质,但是这种理论随后激发了人们对环境中人的行为模式和城市"认知地图"的广泛研究,为形态学和城市设计标准的制定起到了积极的作用。

城市意象五要素强调了这样一个事实,对形态或空间的内容和意义

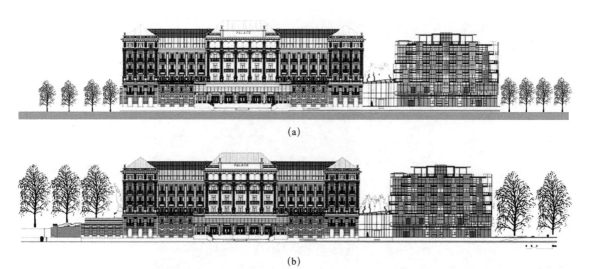

图 1-17 仔细比较这两种环境尺度处理

图（a）配景为新栽树苗（树的高度 ≤ 10m），建筑显得高大巍峨，环境夏天酷热冬天干寒；

图（b）配景为成材大树（树的高度 ≥ 15m），建筑尺度正确，传达一种亲切感，环境舒适。

（此图立面为斯洛文尼亚皮兰豪华酒店 Palace Hotel in Portoro，Slovenia。Api 建筑师事务所设计，2008 年。）

的认知依赖于它们所处的位置及其与周围事物所构成的关系。为了简明之计，我们仍以基本形状为例来说明这一问题。例如圆形是一个集中性和内向性极强的形状，通常在它所处的环境中是稳定的和以自我为中心的。当人们考虑它的方位属性时，就会发现，圆形处在一个场所的中心或处于边缘时，它的重要性和含义是不相同的（图 1-18）。

图 1-18 位置与含义图解
建筑形式所传达的视觉信息会引发和触动人的情感。

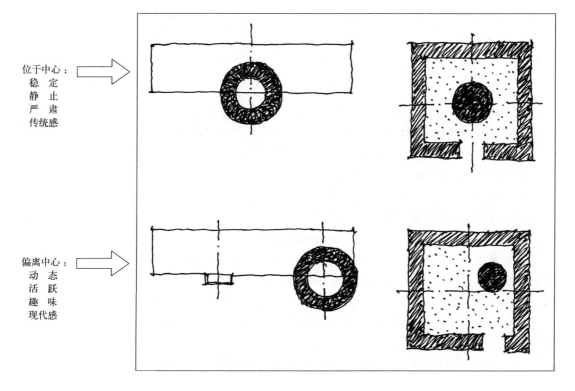

位于中心：
　稳　定
　静　止
　严　肃
　传统感

偏离中心：
　动　态
　活　跃
　趣　味
　现代感

16

同样，正方形在造型艺术的历史中代表着一种纯粹性和合理性，它通常是一种静态的和中性的形式，没有主导方向。当它的一个边与环境的主导交通方向（如城市道路）平行时或与人们的主要观看视线垂直时，它表现为静态和稳定。但是当它与环境或视域的方位关系处于其他状况时，则引起动态的和不稳定的视觉感受。正三角形亦然（图1-19）。

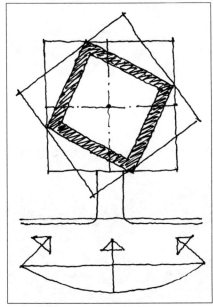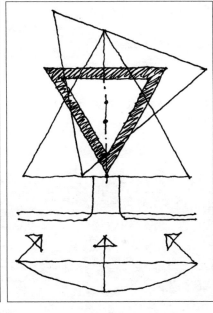

图1-19　图解方向与感受

由方位和朝向所表达出来的形式的视觉属性和主观体验，实际上都会受到它与环境、场所或人们的视域之间的相对关系的影响，这些影响包括围绕形体的视野范围、人们的透视角度和观察者与形体之间的距离等。

4）色彩与光影：学生在做建筑设计时，从始至终往往在对"形"的推敲上不惜花费大量精力和时间，却很少在色彩构成方面投入力量。生活中的"重色轻友"可以被理解，但在号称具有艺术气质的建筑设计领域实在是应该反思这种"重形轻色"的态度了。从建筑设计、室内设计到工业设计、标识设计等等领域，如果我们放眼看看色彩在造型中所起到的作用，那么就会意识到，色彩无疑是造型设计这座大厦的一根重要支柱（图1-20）。

远观建筑，形与色是我们获取的第一信息（图1-21）。

物理学告诉我们，色或俗称色彩只不过是可见光光波的波长变化而已，因此，色与彩都存在于光中，有光才有色有彩，而且物体的表面色彩会随着光源色和光源强度的不同而改变，有时甚至失去其原有的色相感觉。所谓的物体"固有色"，实际上不过是阳光下人们对它的习惯记忆而已。

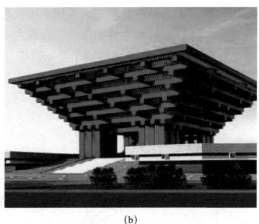

(a)   (b)

图 1-20   2010 年上海世博会中国馆"东方之冠"运用了色彩"中国红"
图（a）是施工现场；图（b）为效果图。

图 1-21   2010 年上海世博会世博园鸟瞰图

有关色彩对人情绪的影响研究早有大量的记述，甚至所谓的"色彩心理学""色彩性格学"的谈论也逐渐成为时尚。在实践中，色彩能传达出冷暖、轻重、悲喜、远近等感受，作为一种集体无意识被广泛用于各种设计之中。

考虑到建筑具有明显的地域性，色彩也是最能体现不同地域、民族、文化特征的高效、直观的载体之一（图 1-22）。

除了色彩与心理情感、地域文化之间的显而易见的联系之外，作为建筑形式的一个重要视觉属性，在 20 世纪现代建筑史中，以色彩表

图 1-22 拉萨火车站
崔愷设计，2006 年

　　作为世界上最高、距离最长的高原铁路，站房采用传统藏式宫殿式。

　　色彩方面，中央大厅地面铺设着白色和红色为主的石材，大厅内高高立着的 8 根大柱子，柱子的设计采用了藏式建筑风格。柱子内部是钢结构，而外面包裹着的是特殊处理过的红松木。

现而留名的首推"白色派"（The Whites，有时亦称"纽约五"）【埃森曼（Peter Eisenman）、格雷夫斯（Michael Graves）、格瓦斯梅（Charles Gwathmey）、海杜克（John Hedjuk）和理查德·迈耶（Richard Meier）为核心的建筑创作组织】他们在 20 世纪 70 年代前后最为活跃，引领一时潮流。他们对于白色所带来的纯净的建筑空间、体量和阳光下的立体主义构图、光影变化等特点十分偏爱。故建筑史评论家们称之为早期现代主义建筑的复兴派（图 1-23）。

　　与白色派的执着相反，东方的建筑师注意到了作品与环境相和谐的重要性，这是东方人的自然观念和特有的乡土价值观的传承，历史传统塑造了现代审美标准（图 1-24）。

　　抛开高傲的价值观不说，从设计策略的角度来看，形式和色彩的伪装与隐藏是自然界中动植物普遍采取的生存技巧——既是本能也是智慧。现代建筑师看到了这一点，并把它作为设计创新的一个机会（图 1-25，图 1-26）。

　　有时，建筑色彩的伪装与隐形虽然能取得与环境相和谐的效果，但是可能与生态设计无关，只是一种视觉诡计而已。

图 1-23 白色派建筑道格拉斯住宅 Douglas House，密歇根州，美国，迈耶设计，1971

理查德·迈耶是现代建筑中白色派的重要代表。迈耶认为：白色能将建筑和当地的环境很好地分隔开。白色也是在光与影、空旷与实体的展示中获得最好的鉴赏，而且，从传统意义上说，白色是纯洁、透明和完美的象征。

图 1-24 贵州侗族村寨

建筑与环境和谐共生的观念已经成为当代社会的核心价值观，指引未来建筑设计方向。

(a)

(b)

图 1-25 伪装与隐形

图（a）为某绿色建筑概念设计效果图；

图（b）是街头行为艺术："一起变老还是一起透明？"

图 1-26 Project for landscape development，1997 年，ROCHE，DSV&SIEP（法国）设计与表现

这是一个概念竞赛作品，建筑外表面采用镜面玻璃来映射并融入环境之中，从而使建筑物达到伪装与隐形的目的。

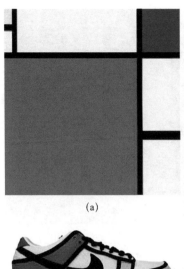

(a)

(b)

(c)

图1-27 面积优势与形状优势

图（a）是蒙德里安的"红黄蓝"系列作品之一。画面中红色占据整体的2/3以上的面积，显示了面积优势。图（b）是具有蒙德里安风格的运动鞋设计。其中"耐克"标识形象因为熟悉而被最早认出，显示了形状优势。图（c）是毕加索（Pablo Picasso，1881—1973年）的立体主义作品《鸽子与豌豆》（1912年），在重叠的不规则方格子之间虽然出现了弧形，但是，画中各种构图要素的形状与面积处于均衡之中，蕴含一种微妙的情绪。

在整体构图中，形状划分和面积大小也是色彩设计与体验的一个重要特性。特别的形状或者大面积色块的应用在色彩设计中分别称为形状优势或者面积优势（图1-27）。

5）**材料与质感**：前文说到，远观建筑时，形与色是我们获取的第一信息。那么，近观建筑时，材料的质感与纹理将清晰地呈现出来，为人们准确的理解形式和空间提供全面、多重信息。

因为是建筑造型，所以建筑材料的类型与前面提到的艺术构成中的形式与色彩相比就有很大的限制。建筑材料是有限的，艺术构成中的形式和色彩是无限的。从这个意义上讲，有限性制约无限性，材料决定形式、形态、色彩和质感。

历史经验表明，每一种建筑材料都有着相对稳定的心理暗示，这种集体无意识引导着人们对于材料意义的解读。

石材因其坚硬、沉重、耐久和昂贵的特性而多用于纪念性建筑和我们认为是"重要的"建筑中。一般公共建筑的基座或底层部分也常用石材贴面来强调"稳定感"。

砖能给建筑赋予更多的人文气质和乡土气息（图1-28～图1-30）。随着社会工业化与现代化意识的增强，砖的这一特性在当代语境中显得弥足珍贵，甚至成为一种时尚符号。

木材和砖石材料一样属于自然的、传统的范畴。但它更是一种令人"亲切的"

图1-28 法古斯鞋楦工厂（Fagus-Werk）

法古斯鞋楦工厂位于德国下萨克森州的阿尔费尔德（Alfeld），是1911年由著名设计师沃尔特·格罗皮乌斯和汉纳斯·梅耶尔（Hannes Meyer）设计的。该建筑造型简洁、轻快、透明，具有现代建筑特征。

它是框架结构，砖砌外墙与支柱脱离，是建筑史上首次在整个立面中以玻璃为主构造幕墙的建筑。同时，砖的使用体现了工业化语境中的人文气息，该建筑强调材料质感的对比手法被后来的现代建筑所借鉴。

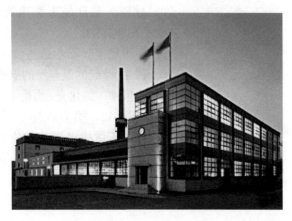

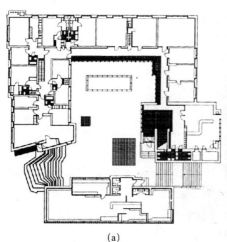

(a)　　　　　　　　　　　　　　　　　　(b)

图 1-29　芬兰珊纳特赛罗市政中心（Saynatsalo Town Hall 1950—1952 年），阿尔瓦·阿尔托（Alvar Aalto，1898—1976 年）设计
图（a）是二层平面图；
图（b）是院落的主入口透视图。
　　阿尔托是芬兰现代建筑师，人情化建筑理论的倡导者。该设计是他在第二次世界大战后最著名的作品之一。此后，在他的影响下，地方材料中尤其是砖的运用几乎成了那个时期人情化、乡土化和地域性的代名词。

图 1-30　中央美术学院新校园（2001.10）
　　建筑采用灰色小面砖饰面，以此体现"青砖文化"寓意。

材料，而且是人类建筑活动中体现"人造自然"之理念的最佳材料（图 1-31）。

除了砖石木这些传统材料之外，混凝土、钢和玻璃这些人造材料堪称 20 世纪的最典型的象征。它们是 20 世纪初现代建筑运动时期体现"时代精神"的化身，也是半个世纪以来艺术家们塑造"现代性"的完美载体（图 1-32，图 1-33）。

正像很多评论家指出的那样，各种材料和形式总是在经验上被赋予一种视觉上的外貌，而这种外貌好像是在"翻译"它们的功能和触觉性质。

一般认为，早期的混凝土建筑是建筑师们从"不修边幅"的钢筋混

图1-31　日本兵库县木殿堂（1991年，安藤忠雄）
该建筑是为了纪念第45届全国植树节而建造的。基地四周森林茂密，自然环境优美，该建筑以尽一切可能不破坏现有的森林植被为原则，使建筑成为人造的自然。

凝土的毛糙、沉重和粗野感中寻求形式上的出路，并由此发展成粗野主义（Brutalism）。事实上，正如《外国近现代建筑史》教材中的一段经典引述那样：

"假如不把粗野主义试图客观地对待现实这回事考虑进去——社会文化的种种目的，其近切性、技术等等——任何关于粗野主义的讨论都是

图 1-32 马赛公寓，1947—1952 年，柯布西耶

图 1-33 印度昌迪加尔议会大楼，1955 年，柯布西耶

不中要害的。粗野主义者想要面对一个大量生产的社会，并想从目前存在着的混乱的强大力量中，牵引出一阵粗鲁的诗意来。"

　　事实上，在粗野主义作为一个概念形成之前，西方现代主义文学中有关"荒原"意象早已成为一个重要的话题：荒原作为和现实相对立的诗性空间，肩负着对战争、机器文明、传统断裂和人性异化等等重大主题的反思重任。粗野主义也许是这种社会思潮的反映。从这个角度来看，粗糙的混凝土也许是现代社会中最具诗意的材料。这就不难解释安藤忠雄在"光之教堂"设计中采用清水混凝土这一几近"裸饰"的空间处理手法带给人们心灵的震撼——对不起，句子有点长——两者一脉相承。
　　离开建筑史的讨论，书归正传。

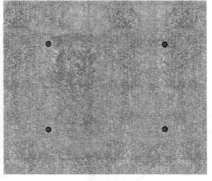

清水混凝土

图 1-34 风教堂室内（安藤忠雄）

建筑是大地的艺术，形式表现却是社会的，创造和解释都离不开社会文化语境。时过境迁，现代生活需要某种更加"友好的"表面处理方式的回归：清水混凝土或许是一种妥协后的折中材料，以此获得广泛的应用（图 1-34，图 1-35）。

清水混凝土需要划分，砖石材料需要堆叠，这就形成了材料的另一种特性：表面肌理。

我们在图板上或电脑屏幕中进行建筑设计时，使用的"材料"并不是真正的建筑材料，而是模拟各种材料的表面肌理。

玻璃幕墙、清水混凝土、规整的面砖等表面经过划分设计后形成的肌理，与实际的建筑表面效果很接近，换言之，这类规则性的表面肌理虽然复杂，但它们的仿真度高（图 1-36，图 1-37）。

图 1-35 大连软件园 9 号楼，中国建筑设计研究院、崔愷等设计，2004 年

该楼是我国目前最大的清水混凝土挂板工程。挂板通过预埋构件直接与结构的梁板连接，板块按照基本模数划分，并统一组织门窗等洞口尺寸，做到完整和谐。图（a）为沿街全景。

(a)

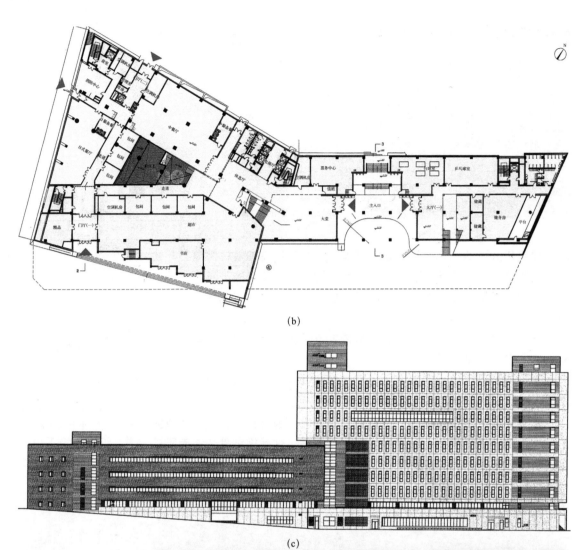

(b)

(c)

图 1-35 大连软件园 9 号楼，中国建筑设计研究院、崔愷等设计，2004 年（续）
图（b）为底层平面图；图（c）为北立面图。

图 1-36 法国南特市法院，努维尔设计，2002 年
肌理语言传达着"精确、公正、公平、正直、平衡"等文化意义。

(a)
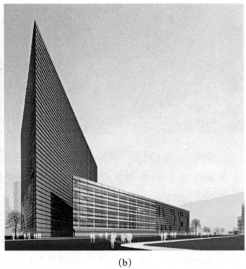
(b)

图 1-37
图（a）是巴蒂斯塔教堂
（Church of San Giovanni
Bat-tista），博塔（Mario
Botta）1998 年设计。材料
纹理与光影交错在一起，更
加突出了迷离且神秘的宗教
氛围；
图（b）是某方案效果图。
统一的水平纹理将人的注意
力集中到材料对比上。

　　相比之下，木材、石材等表面由于存在天然纹理而使得这类材料的
表面肌理难以模拟（图 1-38 ～图 1-41）。

　　以上，我们是按照材料的视觉属性进行讨论的。无论从经验还是从
社会文化的角度来看，这些材料所被"期望的"外貌都是非常重要的，
我们在设计过程中有充分的理由去理解它们并顺从它们。这是建筑师的
语言之一，也是交流的开端。

　　6）知觉恒常性：在上面的内容中，我们已经知道，形式的视觉属性
由于受到形状、尺度、方位以及色彩、质感等因素的影响而有所变化。但是，
日常经验中的许多事实表明还存在另外一种感知现象，这种现象就是由
实验心理学所揭示的一系列的所谓"知觉恒常性"现象。

图 1-38　四川某村石墙（左）
图 1-39　四川阿坝桃坪羌
寨碉房内部（右）

图 1-40 四川阿坝马尔康松岗土司碉楼（左）

图 1-41 石笼墙（右）

采用钢丝网将石子填装形成砌筑单元，广泛用于乡土建筑、水坝护坡等。此方法既可以解决快速施工问题，又可以获得较好的肌理效果。

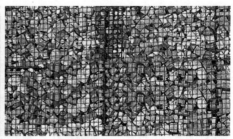

例如一面白墙，不论是在日光灯还是在白炽灯照射下，也不论是在点光源还是平行光源的条件下，我们对它的感知仍然是"白色的"。这种在照明光源变化条件下而物体色感觉不发生变化的现象，被称之为"色觉恒常"（colour constancy）。

另外，人对物体大小的知觉不完全随对象远近而变化，它趋向于保持物体的实际大小，即"大小恒常"（size constancy）。

对于形体及其形状的恒常性，透视画法便是一个极好的例子，人们对画面中物体形状或形体的感知不会由于距离远近产生的透视变形而歪曲。有关物体大小的恒常性问题在日常生活中更是随处可见，例如，一辆位于远处的小汽车的影像，与一个位于近处的果皮箱相比要小得多，但在我们看来，汽车仍然是一辆具有标准大小的汽车（图 1-42）。

知觉恒常性 constancy of perception：是指知觉的稳定性或不变性。知觉在照度、距离和位置等发生变化的条件下，对物体的知觉仍旧保持不变的趋势。知觉的恒常性使人们在观察条件发生变化的情况下，仍能达到对物体特征的精确知觉，这是人类适应环境的一种重要能力。如外形的恒常性、大小恒常性、明度恒常性、颜色恒常性、对比恒常性、方位恒常性（orientation constancy）等，这些都是由于人们在实际生活中建立了大小、距离、形状与角度的联系。因此，你对物体熟悉程度越高，对它的知觉恒常性就越大。

图 1-42 知觉恒常性

熟悉程度越高，知觉恒常性就越大。

颜色恒常、大小恒常和形状恒常是常见的三种恒常性。

一般说来，如果我们"知道"那是什么物体，那么我们就会立刻知道或感知到该物体相应的大小、体积和意义和其他性质。我们对某物体的熟悉程度越高，对该物体的知觉恒常性就越大。教堂总是被看成教堂，即使它已经改用作仓库。

知觉的恒常性通常只有在实验室所创造的特殊条件下才可能被打破。这种特殊条件的本质在于它使被感知物的文脉关系或背景关系被取消或歪曲，从而失去了通常用以鉴别对象物特征的某些关键线索。反之，在生活中，知觉恒常性的线索总是在那儿的，不会被取消。也正因为如此，美国人拉普卜特（A.Rapoport）在《建成环境的意义——非言语表达方法》中始终强调：

"（我们）在可以得出任何意义之前，必须注意线索（cue）……这是推导意义的先决条件。"

其实，关注恒常性的线索不只对观众是重要的，它对于设计者也同样重要。观众所看到的正是设计者所给予的。但这只是问题的一个方面，另一方面，设计者所给予的，与使用者所理解的或者所期望的是否一致（图 1-43，图 1-44），这是个问题。

建筑是一种形象语言，与这种语言的交流依赖于建筑师与用户之间共享的语境。从恒常性的角度来看，建筑设计领域的重要方面之一是它过去是现在也是强调人们如何思考以及考虑什么；而不是单纯地、片面地强调设计者个人的独特趣味。

图 1-43 天子大酒楼
位于北京燕郊开发区
外形为传统的"福禄寿"三星彩塑，像高 41.6m。酒店共 10 层，全部藏在三位神仙"身体"里。

图 1-44 篮子大楼，美国俄亥俄州
作为卖菜篮子的 Longaberger 公司的总部大楼，这是非常典型的通过放大实物尺寸引起注意的最容易的途径。

第 **2** 章 形式与空间构成

2.1 空间形态

我们已经知道形式的概念包含了事物内在诸要素的结构、组织和存在方式。这是一种抽象的认识或抽象的解释。

在建筑设计中,形式问题首先是一种视觉要素。了解这一点至关重要。甚至可以说,直接的视觉是建筑设计中有关信息含义和思想的第一个源泉和前提(图 2-1)。正因如此,我们看到在当代所谓的虚拟空间和虚拟建筑中,设计者仍然无可奈何地和煞费苦心地把这个"虚拟对象"呈现在人们的眼前。这就是形象与思辨之间的辩证法。不同时代的建筑设计和每一时代的不同建筑师均难以摆脱这个法则。

从形态分析的角度来看,为了掌握建筑空间的构成情况和形态呈现出的视觉特征,我们必须对这种视觉特征进行概念性的归纳,从而了解其内在的运作规律。

2.1.1 元素与形态

在丰富多样的建筑形态中,点、线、面、体四类概念是它们的原生要素。可从下面两方面进行观察解释(图 2-2):

 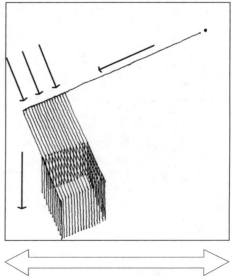

图 2-1 子曰:"目击而道存"(左)

直接的视觉效果是建筑设计信息含义的第一个源泉和前提。

图 2-2 元素与形态的两种解释(右)

从几何学的角度来看，点，又是其中最基本的要素。由点的移动生成线，再生成面，再生成体。每次移动都增加一个维度。

从建筑学的角度来看，其构成情况恰好相反，体是建筑形式的基本要素，体在它的一个维度或两个或三个维度上的缩减则得到面、线和点要素。从这个意义上看，建筑空间设计本质上是属于立体构成的范畴。我们在建筑图上所画出的每一个点、每一条线或每一个面，都占有一定的空间，具有长、宽和高度上的规定。

在建筑设计中，要知道区别开几何学的解释与建筑学的解释的重要性。一个短而高的线体（例如，柱子）在空间中很可能被当作一个点要素来理解和使用。因此，应培养从建筑学的角度来看待建筑平面设计中的各种元素。

1）点：几何学认为，点没有量度，它只代表空间中的一个位置。显然，在几何学的概念中，点是一个"非存在"。因此，点的概念在建筑学中没有意义。但是，点可以标志一个位置，这一功能却在建筑设计和景观规划中有着广泛的应用。

首先，一个点可以用来控制一个范围或者形成一个领域的中心，即使这个点从中心偏移时，它仍然具有视觉上的控制地位。在这种情况下，点状物常常代表着一种独立的垂直物，如方尖碑、纪念碑、雕塑或雕像以及塔楼等建筑实体（图2-3）。

其次，一个面积或体量集中的建筑物在大环境中也常常作为点元素来参与整体构图。由于孤立独处的物体（独立性）在视觉中容易吸引注意力而具有超重性，因此，它在自由构图中往往作为一种平衡手段来应用，并且在实际的效果中较容易地取得均衡的心理体验（图2-4）。

图2-3　圣马可广场（Plazza San Marco，又称威尼斯中心广场）

　　它被拿破仑称为"世界上最美丽的客厅"。

　　圣马可广场完成于文艺复兴时期。圣马可钟塔是广场最突出的标志，这座钟塔建于15世纪，高99m，共9层，位于大广场与小广场之间，起到了统治空间与过渡的作用。钟塔于1902年倒塌后按原样重建。

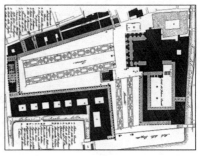

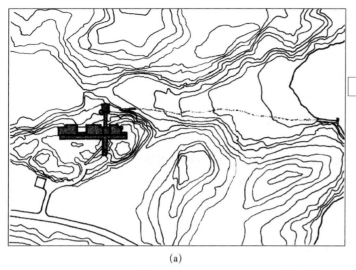

(a)

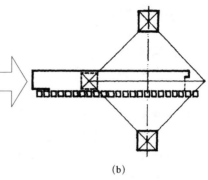

(b)

图 2-4　同样的建筑物在图（a）的大环境中被标识为一个点；在图（b）中建筑自身被上下两个点状物所平衡

(a)

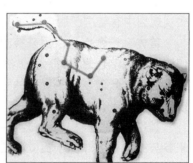

图 2-5　大熊座北斗七星

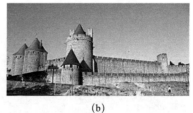

(b)

图 2-6　欧洲中世纪城堡
图（a）是苏格兰 Dunrobin 城堡；图（b）是法国南部卡卡颂 Carcassonne 城堡。
　　出于防御或者景观的目的，在建筑物的转角和端点处常常做特殊的标志性构图，成为"城堡模式"或"城堡情结"。这种模式在现代建筑设计中被广泛应用，是经典模式之一。只不过是从原来的防御功能转变成纯粹的观赏性构图

　　再次，一个点也常常用来标志建筑物的转角或两端，以及两个线状建筑物的交叉点，就像北斗七星图形那样（图 2-5）。实际上，我们常见的在建筑物的上述部位上所凸出的某些特殊处理，如穹顶、锥体或空框架等都是这种标志作用的体现（图 2-6）。
　　此外，在建筑群体构图中，点的标志作用具有多重性。一个建筑物端点同时也是另一个领域的视觉中心（图 2-7）。

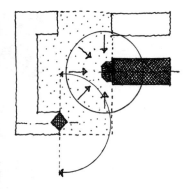

图2-7　一个建筑物的端点有可能是另一个领域的视觉中心

这种手法在城市设计、小区规划及公共外部空间的景观组织中常见

还有一种情况，在更大的环境范围内，尤其是在高密度的建筑环境中，点元素也可能是一个虚体，即一块公共广场、绿地或水面等，其他的建筑实体均围绕着这一虚空间来组织。

2）线：几何学认为，点的运动轨迹形成一条线。同点元素一样，线没有宽度和厚度，但它具有一定长度。对于观察者来说，具有一定长度的线段在空间中的位置又具有方向感，如水平、竖直或斜线。在空间中处于水平或垂直方向的线体在视觉中呈现一种静止和稳定的状态。而斜线则是平衡状态的偏离，因而具有运动和生长的特征。

在建筑思维中，任何元素都具有长、宽、高三个维度中的至少两个维度，本质上都属于体（实体或虚体）和面的存在。

一般说来，建筑设计中对线的体验取决于人们对它的两种视觉特征的感知，一是长宽比（L/B）的大小。长宽比越大，线的体验就越强，反之则越弱。二是连续程度。相似的元素如柱子，沿一条线（直线或弧线）重复排列时，其连续程度越完整则线的体验越强，反之，当这种排列过程被隔断或被其他东西严重干扰时，则线的体验就变弱，甚至消失了（图2-8，图2-9）。

在建筑设计中，我们可以把很多东西看作是线条。因此，从建筑群体组合到建筑单体立面，再到建筑内部空间划分等各个方面，线状元素无处不在。线的功能很多，概括起来有下面几种典型的应用：

一是连接作用。如长廊和建筑内部的交通过道等。它是联系或连接两个领域、两个房间或两座建筑物时常用的要素。

二是支撑作用。如建筑中的柱子、梁和网架的杆件等。

三是装饰作用。如暴露的柱子或空框架，它们表现了面和体的轮廓，并赋予面或体以确定的形状。同时，线还可以描述一个面的外表质感特征（图2-10a、b、c、d）。

四是组织作用。在设计中建筑师常常用一种不可见的、抽象存

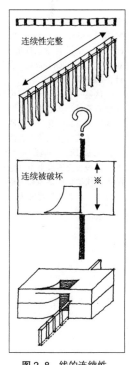

图2-8　线的连续性

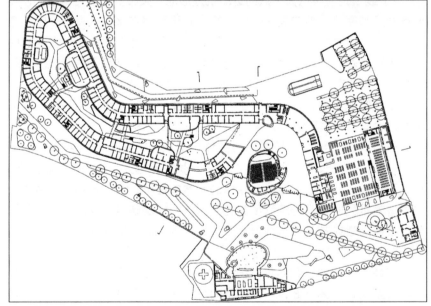

图 2-9 德国联邦环境机构大楼（Federal agency for the environment），萨尔伯鲁希·霍顿（Sauerbruch Hutton）设计，2005 年

这是一个考虑环保与可持续的项目。基地原址是旧工业厂区，其中有一个旧铁轨线。建筑有意识地沿着铁轨拉长成 1km 蜿蜒的流线型。其漫长交通线由中央庭院中树状结构的路径和天桥来解决，功能与景观俱佳。

在的线来组织环境和空间的实体要素。典型的例子就是轴线的应用（图 2-11）。轴线是一条抽象的控制线，其他各要素均参照此线在其两侧作对称式的安排。有时，建筑师为获得对某景物的观赏而在设计中常常考虑保留一条视觉通道。这时，视线的控制作用并不要求其他要素作对称式布局。

3）**面和体**：即使从纯几何学的观点来看，面和体的关系也是极其密切的。一条线段沿着一条直线运动可以形成一个面。当线段沿着一个闭

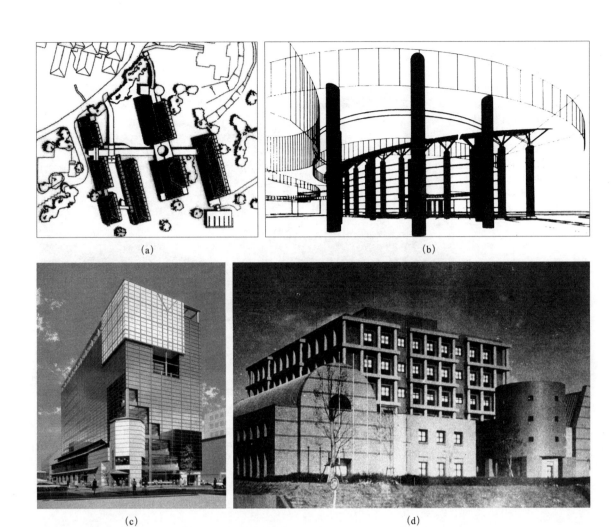

图 2-10 线的各种功能
图 (a) 连接；图 (b) 支撑；图 (c) 和图 (d) 装饰与描述。

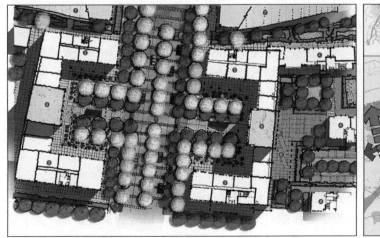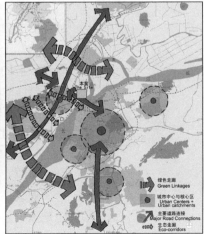

图 2-11 某景观规划示例
　　从城市规划到景观设计再到建筑空间组织，轴线都是一条重要的控制线。

图 2-12 远藤秀平的非组合建筑作品之日本琵琶町，2002 年

波纹钢板是远藤擅长使用的一种建筑面材，通过这种廉价工业材料所具有的结构强度和可塑性，可以实现他独特的设计理念：建筑内外空间的连续，打破建筑组合构件之间的区分，以此来颠覆现代主义建筑所固有的某些特性。

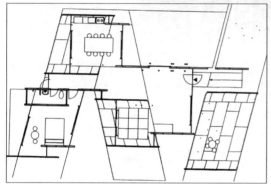
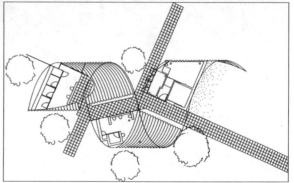

合的曲线或折线而运动时，则会形成锥面、圆柱面和棱柱面，同时也形成了锥体、圆柱体和棱柱体。

可见，建筑中的实体和空间（虚体）是由面要素的折叠和围合而成的（图 2-12，图 2-13）。

实际上，人们在看一个建筑物时，建筑的面特征和体特征是同时呈现在眼前的。但由于建筑物所处的位置以及与环境的关系不同，人们对建筑整体的感知有时侧重于面要素（位于街道两侧的建筑），有时建筑的体特征具有较高的吸引力（处于广场中的建筑）。面和体要素共同影响建筑的形态和空间的感知。

2.1.2 原理与构图

建筑是形式与空间的艺术，形式与空间不仅构成了建筑的本体，同时，也是建筑艺术表达其思想、文化含义和人文价值观的重要媒介。关于建筑的内在含义问题，由于这些内容常常受到人言人殊的解释和不同文化影响的支配，因此，它主要是建筑史的研究对象，本书不作更多的探讨。

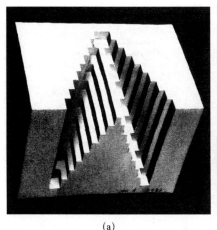

(a)   (b)

图 2-13　图（a）是某立体构成作品之折叠；图（b）是台湾台中会展中心方案，北京 MAD 事务所设计 2007 年
　　建筑表面模拟褶皱状的"山体"意象，既模糊了建筑、景观和城市公共空间的界限，塑造了独特的形体，也使得建筑表皮本身
成为一个具有独立性的审美观照对象。

　　其实，建筑的形式和空间设计中有一个基本的领域，那就是全部的形式和空间要素聚集在建筑中所呈现的视觉效果问题。这是一种非常重要的基础性常识。在当代，尽管人们习惯地称建筑设计是一种语言表达，但应注意，建筑中的形式语言同一般的语言有一个根本的区别，那就是在建筑艺术中，任何概念在它找到恰当的视觉表现形式之前都是不可言说的，或者说，直接的视觉效果和视觉体验是某种设计思想的最后归宿（图 2-14）。

　　语言表达的一个基本方式是组词造句，设计语言的初步训练则是体量组合。在现实中，由单一的形体构成的建筑是少见的。大多数情况下，建筑的平面和体量总是由不同的形状和体块聚集而成的（图 2-15）。

　　由上可见，这种聚集过程是为了实现某种功能目的和精神需要而进行的。建筑设计仅仅确定了目标合理性（如概念）还不够，建筑设计还有其独特的语法，那就是对过程合理性（如方法）的认识。也就

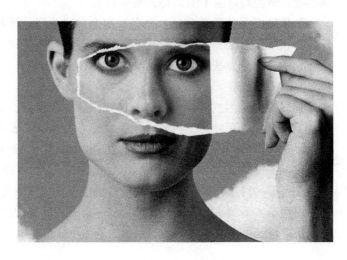

图 2-14　在建筑语言中，直接的视觉效果构成了建筑语言的极限：任何概念在它找到恰当的视觉表现形式之前都是"不可言说的"，即不具有传达性

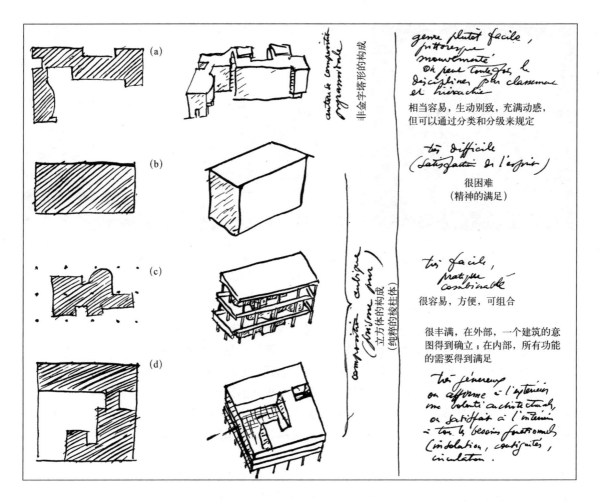

（a）

（b）

（c）

（d）

非金字塔形的构成

立方体的构成
（纯粹的棱柱体）

相当容易，生动别致，充满动感，
但可以通过分类和分级来规定

很困难
（精神的满足）

很容易，方便，可组合

很丰满，在外部，一个建筑的意
图得到确立；在内部，所有功能
的需要得到满足

图 2-15 柯布西耶在 1929
年对独立式别墅所做的四种
构图组合类型草图
图（a）拉罗歇住宅（1923—
1924 年）：按照不同的功能
来设计形体，根据加法原理
聚集一起；
图（b）加歇住宅（1927 年）：
单一纯粹的形体，难度大，
但能获得极大的精神满足；
图（c）斯图加特魏森霍
夫居住区住宅（1927 年）：
A+B 方便容易可组合；
图（d）萨伏伊别墅（1929
年）：A+B+C 在外部，一个
满足主观意图的形体得以确
立；在内部，各种功能需要
得以匹配相应的形体。

是说，为了更好地实现某种功能，建筑构图的基本原理和方法便显得
极为重要了。

建筑中各种形状和体块的组合过程，实质上是建筑空间的分类和组
织过程，不同的组合状态反映了各要素之间不同的"关系"，并呈现出不
同的视觉体验和意图（图 2-16，图 2-17）。

以这些视觉体验为基础，对各种组合规律进行分析和归纳，便可在
感性上和概念上形成了一定的具有普遍指导意义的构图原理。

构图原理分为基本范畴和基本原理两个层次。

1）基本范畴

前面提到的形式的视觉属性，诸如形状（包含长、宽、高等维度）、
尺寸、方位和表面特征（色彩、质感纹理等）以及由表面特征引起的视
觉重量感等因素，都属于构图的基本范畴。此外，隐含在两个或两个以
上要素间关系之中的潜在的视觉效果，诸如对称及均衡、比例及尺度、
韵律及节奏、对比与微差、变换与等级也是建筑构图的重要范畴。可见，
构图原理基本范畴实际上就是建筑形式中首要的、直观的和特有的要素，
同时也是建筑师实现和协调体量组合的基本手段。

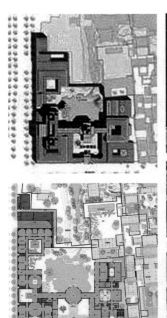
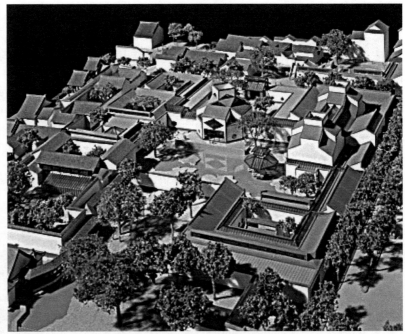

图 2-16　苏州博物馆新馆（2006 年，贝聿铭）
　　新馆建筑群坐北朝南，被分成三大块：中央部分为入口、中央大厅和主庭院；西部为博物馆主展区；东部为次展区和行政办公区。新馆与原有拙政园的建筑以中轴线及园林、庭园空间将两者结合起来，相互借景、相互辉映。

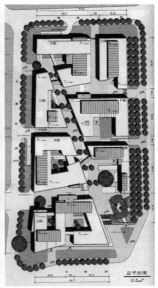

图 2-17　德胜尚城（崔愷等设计，2002 年）
　　按传统街坊组成 7 个院落空间，其主轴斜街正对城楼，形成视觉走廊。

（1）对称与均衡
　　建筑史表明，建筑艺术在某种意义上讲是建立在左右对称的基础上的（图 2-18）。在相当长的时间内，不对称的建筑被认为是古怪的，需要作出某种解释（图 2-19）。

在现代时期，不对称的均衡构图可以认为是现代建筑艺术的基石。意大利人布鲁诺·赛维（B.zevi）在《现代建筑语言》（1978 年）中认为非对称性是现代设计的首要要求。

其实，在当代的建筑造型中，对称式构图比我们想象的要多得多，对称式并不是专属于古典时期，它仍然具有广泛的应用领域，早已成为现代人审美中的集体无意识之一。

（2）比例与尺度

在建筑设计中，建筑形式的表现力以及建筑美学的很多特性都源于

图 2-18 帕提农神庙是对称美学的典范，对古典美学影响深远

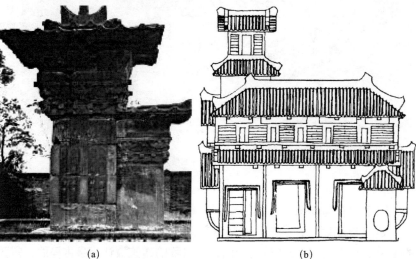

图 2-19
图（a）为四川渠县汉阙它是我国最早的汉阙之一。每个不对称石阙必定成对成双出现，构成对称布局。
图（b）为汉代画像砖刻，构图均衡鲜活，反映生活图景，体现视死如生的观念。

(a)   (b)

 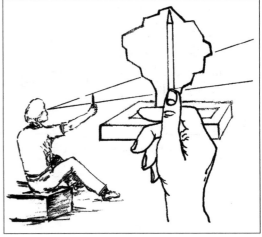

图 2-20　比例是指图形与实物相应要素的线性尺寸之比。用于反映总体的构成或者结构
　　　　透视法的产生与文艺复兴时期的建筑学、几何学的发展密不可分。一般认为，15 世纪意大利建筑家伯鲁涅列斯基创造了透视学。

比例的观察和运用（图 2-20）。

在统计学中，比例是一个总体中各个部分的数量占总体数量的比重，通常反映总体的构成和结构。

在建筑制图中是指图形与其实物相应要素的线性尺寸之比。比例可分为三种：

①　等值比例，比值等于 1 的比例，即 1∶1；

②　放大比例，比值大于 1 的比例，如 2∶1 等；

③　缩小比例，比值小于 1 的比例，如 1∶2 等。

建筑设计一般只用缩小比例，如 1/100；1/200；1/500 等等。

在数学中，当两个数值的比，例如 $a∶b$ 或 $c∶d$ 相等的时候，比例的概念便建立起来了。比例是两个比相等：$a∶b=c∶d$。那么，问题随之便来了，a、b 或 c、d 在建筑中能代表什么呢？

我们说过，建筑形式的第一性的东西是它的几何形状。因此，在建筑师的实际工作中，通常不只是考虑数量比值的相等，而是采用更加直观的方式，即用几何直线来研究比例关系，换言之，图形的几何相似性是表现比例的视觉依据。

在图形相似的种类中最多和最常用的一种是矩形相似，当两个矩形的对角线平行或相互垂直时，那么这两个矩形是相似形，因而，两矩形之间的比例关系便出现了（图 2-21 ～图 2-23）。

如果把若干个相似矩形连续地排列在一起，就会发现两种基本比例关系：算术比例和几何比例。

算术比例是指相邻两个矩形之间的高度差为一常数 h。即：

$$H_1-H_2 = H_2-H_3 = H_3-H_4 = h$$

几何比例是指相邻矩形之间的边长之比相等，即：

《房屋建筑制图统一标准》GB/T 14690—1993 第 5.0.1 条定义："图样的比例，应为图形与其实物相应要素的线性尺寸之比。比例的大小，是指比值的大小，例如 1∶50 大于 1∶100。比例应以阿拉伯数字表示"。

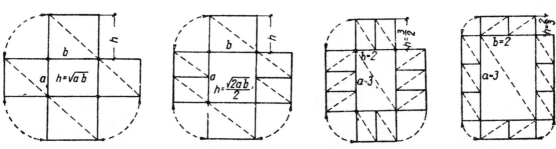

图 2-21　矩形相似是指对角线相互平行或者相互垂直的两个矩形为几何相似形

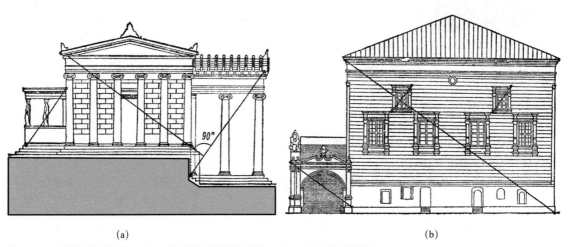

（a）　　　　　　　　　　　　　　　　　（b）

图 2-22　矩形相似原理应用，既是一种源远流长的设计方法，也是一种典型的分析方法

图（a）是雅典的伊瑞克提翁神庙（Erectheon，海神庙，神庙门廊有六个女人像柱）；

图（b）是克林姆林的多棱宫（Facettenpalastes，它是莫斯科克里姆林宫中唯一的民用建筑，建于 1487—1491 年间）的侧立面比例分析。

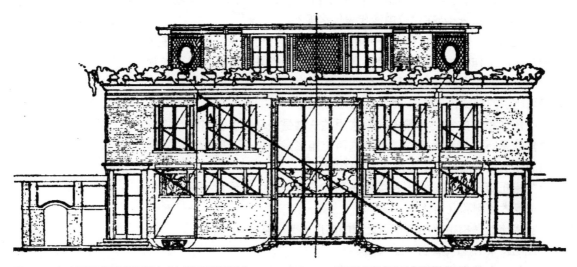

图 2-23　柯布西耶采用矩形相似法对小特里亚侬别墅（Residence de Trianon）设计所进行的比例分析（1916）

$$H_1 : H_2 = H_2 : H_3 = H_3 : H_4$$

有关算术比例和几何比例的应用问题,自古以来就引起过建筑师的注意。例如,为了使一个空间的长、宽、高之间有一个全面的比例关系,或者说为使一个空间具有良好的比例感,那么,在确定房间高度时就需要借用算术比例或几何比例来协调。

在确立一个立方体空间高度时,维特鲁威、阿尔伯蒂,帕拉第奥等人就曾建议根据平面尺寸(a和b)来决定室内高度(h),即$h= (a+b) /2$(算术比例)或$h=\sqrt{ab}$(几何比例)(图2-24)。

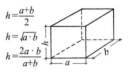

$$h=\frac{a+b}{2}$$
$$h=\sqrt{a\cdot b}$$
$$h=\frac{2a\cdot b}{a+b}$$

图2-24　室内高度确定

中国古建筑空间建造中同样遵循明确的局部与整体之间的和谐关系(图2-25)。

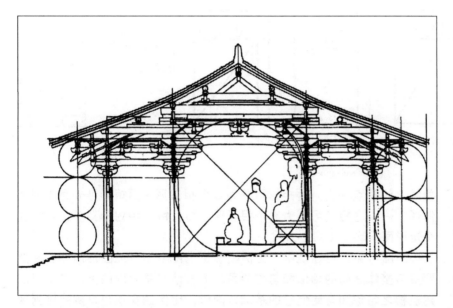

图2-25 【唐】山西五台山佛光寺大殿(公元857年)室内比例体系分析

大殿为中型木构殿堂,面阔7间,通长34m;进深4间,17.66m。殿内有1圈内柱,后部设"扇面墙",3面包围着佛坛,坛上有唐代雕塑。正立面及室内的柱高与开间的比例接近正方形,外檐斗栱高度约为柱高的1/2。

在比例的种类中,**黄金分割**始终占有特殊地位,在文艺复兴时曾被奉为"神的比例"。黄金比是几何比例的特例,在几何比例中,当把最后一项用前两项之和替代时,即$a : b=b : (a+b)$,(注意,式中$b>a$),此时便可得到一个著名的数列:

$1 : 1 : 2 : 3 : 5 : 8 : 13 : 21 : 34 : 55$等。

不难看出,从第三项开始,任何一项均等于前两项之和,相邻两项的比值将趋近黄金比:0.618…

黄金比可以通过几何作图法简单求出(图2-26)。

比例在建筑的窗或墙面的艺术划分中有着广泛的应用。例如在高度为3个单位的建筑物部分,可以进一步划分出2～3个相似形。同样,高为4的建筑物部分,可以进一步划分为3～4个相似形。以此类推(图2-27)。

此外,还可以利用$\sqrt{2}$～$\sqrt{5}$矩形的特性进行整除划分。例如利用对

黄金分割比例

$$\frac{ab}{ac}=\frac{ac}{cb}$$

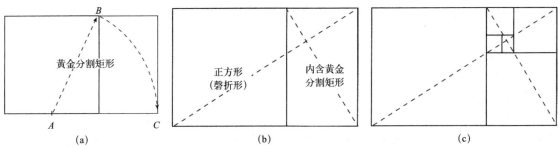

图 2-26 黄金分割作图法
图（a）：以正方形一边中点 A 与顶点 B 的连线为半径画弧线，与正方形边延长线交于 C，则大小两个矩形皆是黄金矩形。
图（b）、图（c）：按照对角线的垂直关系可以进一步划分出多个黄金矩形，以至无穷。

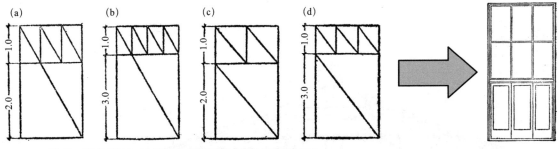

图 2-27 利用矩形相似原理（对角线相互平行或者垂直关系）对门窗划分
　　　目的是获得各形式间的协调与统一效果。

角线之间垂直关系，$\sqrt{2}$矩形可分为 2 个相似形；$\sqrt{3}$矩形可分为 3 个相似形，…，$\sqrt{5}$矩形可分为 5 个相似形，而且每一种划分都能正好把整个矩形面积除尽（图 2-28）。

　　由图可见，在建筑中，比例概念是指两个图形或图形内部各局部要素与整体之间的相似和匀称关系。形式诸要素之间的类似或相似是建筑物之匀称和有比例感的基础，同时，比例的实质也是韵律排列规律的表现。

图 2-28 根号矩形的划分

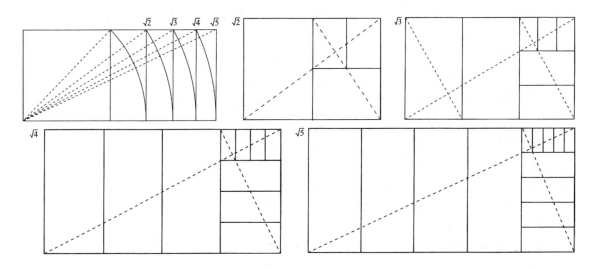

以上，我们概略地讨论了比例的含义和应用。在考虑比例问题时，重要的事情在于要避免**两种错误倾向**，一种是偏爱某一比例系统（如黄金比），而把其他比例系统摆在次要地位，另一种倾向更应引起注意，那就是在建筑设计中，比例问题不仅存在于纯数学关系中，事实上，建筑物的功能要求和结构类型的力学性能总是决定着比例的性质和特点。如柱间距、跨度随着材料性能（砖石、木、混凝土、钢结构等）的不同而呈现出不同的适宜表现，它们对比例的表现力有着决定性的影响。

总之，比例的目的可以使构图获得和谐，建筑中的比例从本质上说来源于图形相似关系的建立、结构类型的逻辑表达以及功能需要对尺寸关系的支配和调整等等一系列综合作用。

在第 1 章中我们初步了解了尺度概念。作为一种视知觉特性，尺度是建筑设计和构图表现的基本手段之一，用来表现建筑形式、体量和规模的宏大程度。

尺度同比例的作用一样，是建立在两个因素之间的比较和衡量关系之中的。但是，当我们比较两个体积相等的建筑物时，建筑师又根据什么说一个剧院的尺度能够比一组绝对体积和它相等的住宅的建筑尺度更大呢（图 2-29）？这样看来，比例与尺度所衡量的内容是有根本区别的。比例关系从属于数量定义，而尺度则是一个质量概念：涉及建筑的主题（纪念性与非纪念性、居住建筑与公共建筑等），涉及纯数量关系之外的形式力度感，如强弱、大小、轻重等。此外还涉及由于位置和环境的关系而要求建筑的形象性和象征性等主观、客观的压力的满足等。

由于上述原因，我们在实际经验中知道，建筑物的绝对尺寸小时也能有很大的尺度（如陵墓或纪念碑），而大的建筑物尺度却可能很小（如多层住宅），因此，实际体积相同的建筑物由于所处环境、位置和使用性质的不同而有不同的尺度表现。

如果说，比例的运用追求的是一种**客观形状"相似"**的和谐，那么，

两种错误倾向：
一是过度偏爱某个比例系统；
二是比例表现脱离结构类型。

图 2-29 比例涉及两个图形相似；尺度涉及人对建筑的体验与理解

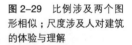

图2-30 瑞士 Police and Justice Centre，JPC，方案模型，建筑师 Xaveer de Geyter

基于"公正"与"服务"的理念，警政与司法大楼没有采用中轴对称、巨柱式、高台阶的庄重古典语言，取而代之的是在高度与体量方面注重与周围环境相协调的尺度处理，并以一系列相似形组织获得了自身的识别性

比例与尺度在建筑造型中具有独特的作用。

尺度的运用则在建筑与人之间或者建筑与环境之间追求一种**主观形象"相称"的和谐**，即与人们的知识、经验和期望相称。

在建筑设计中，良好的尺度感总是建立在建筑物同周围环境相称、与建筑物内在主题相称、与人的尺度和期望相称这三者综合考量之中的。

因此，在尺度推敲方面，建立一个包括环境、现状的全景模式是极其理想的直观手段（图2-30）。

总之，建筑构图中的比例感和尺度感虽然是最基本的要求，但需要花费大量的心血才能达到。为了能够正确理解、真实地评价建筑物的组合、地位、意义及其与周围环境的相互关系，多投入一些时间、精力和物质成本是非常值得的。因为，尺度感的建立是步入建筑艺术殿堂的一道门槛。

（3）对比与微差

建筑学中的对比与微差是反映和说明建筑物中同类性质和特性元素之间相似或相区别的程度的一对构图范畴。对比和微差关系，可以在尺寸和形式以及色彩、材料表面特性处理乃至光影变化和室内照度等方面被发现（图2-31）。

首先，对比关系是指性质相同但又存在明显的差异，如大小、轻重、水平与垂直之间的关系。

其次，微差关系则相反，是指尺寸、形式和色彩等彼此区别不大的细微差别，它反映出一种性质和状态向另一种性质和状态转变的、连续性的渐变趋势（图2-32）。

在建筑构图中，运用对比和微差时应符合两个条件：

其一，并非建筑的任何性质和特性的随意比较都能称之为对比和微差，作为不同种类和性质的要素之间不存在比较的基础，即相异元素之

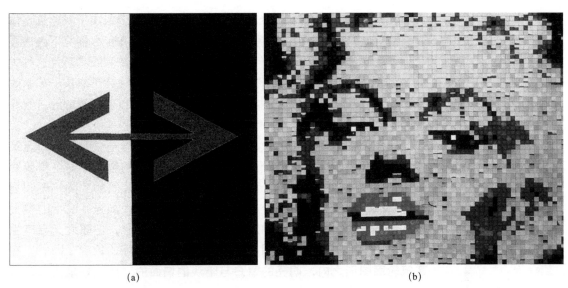

(a)　　　　　　　　　　　　　　(b)

图 2-31　对比关系
图（a）与微差关系；图（b）是平面构成设计中的基本手法。

(a)　　　　　　　　　　　　　　(b)

图 2-32　对比与微差在建筑设计中的应用实例
图（a）是纽约古根海姆博物馆（赖特设计 1959 年）的圆与方形体对比；
图（b）是捷克布拉格舞蹈大厦（盖里设计）开窗高度的微差渐变。

间没有可比性，如工业建筑和住宅建筑之间、门与窗之间等。

其二，同类元素之间在大小、形式、色彩、表面处理方面进行比较时，还必须考虑到人们处于正常状态下的感觉的敏感度，也就是说，只有当观众能够通过视觉直接、直观地识别出差异时，微差才能作为构图的艺术因素而起作用。如果实际的差异难以被直观感知和识别，甚至只有通过仪器测量或推测才能判断，那么，微差的艺术表现力也就消失了。

在建筑设计实践中，对比和微差在构图中的价值取决于对建筑整体效果的贡献，也就是说，从整体效果出发来考虑，在什么情况下应该显示和强调这种关系，而又在什么条件下则应相反地缓和或者避免这种关系。尤其是对于尺寸方面的微差来说，对它的应用通常不取决于艺术效果因素，而常常受制于建筑构件的标准化、模数化以及建造的经济性等现实要求。

此外，在运用对比和微差时还应特别注意这样一个事实，即建筑中的对比和微差关系是一个动态效果，例如光线的影响是一个重要因素。在白天强烈的日照下，我们能明确地辨别出建筑物主要构图和划分的特点，建筑物受光部分与阴影部分的对比大大加强。晚上的情况显然就不同了，光照产生的对比和微差关系消失了，但随之又会产生新的对比，建筑物在夜空明亮的背景上显出了清晰的轮廓；同时，在建筑轮廓图形之内，明亮的窗户与暗淡的墙面的对比正好是白天时对比关系的反转（图 2-33）。

（4）韵律与节奏

在建筑构图中，韵律和节奏均是由于构图要素的重复而形成的。重复的类型有两种：即韵律的重复和节奏的重复。

首先，韵律来自简单的重复。在建筑上经常表现为窗、窗间墙等均匀地交替布置。其次，节奏是较为复杂的重复，当构图要素不是均匀地交替，而是有疏密急缓等变化时，则出现节奏上的重复（图 2-34）。

图 2-33 某建筑方案表现图
图（a）是日景；
图（b）是夜景效果。
　　对比关系会随时间而有所变化。

(a)　　　　　　　　　　　　　　　　(b)

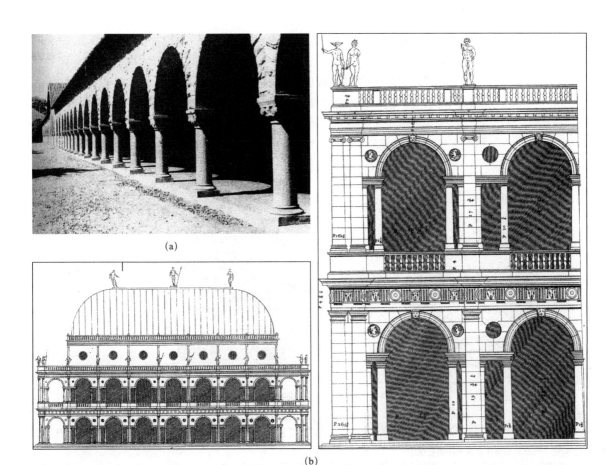

(a)

(b)

图 2-34 两种重复

图（a）是简单重复；图（b）是复杂重复——维琴察巴西利卡帕拉第奥母题（Palladian motive）1549 年。

帕拉第奥母题是指一种立面柱式构图：处于两个壁之间的三个窗洞的处理——即当中的呈券形，高而且宽；两旁的竖向矩形，低而且狭。此又称为帕拉第奥式窗。

此外，某些要素在重复过程中还伴有其他视觉属性（如形状、大小、数量、方向等）的变化时，则表现出一种韵律和节奏的配合（图 2-35）。

形式要素以上述方式的重复，归根结底是建筑的结构和功能的直接表现。从原则上讲，美学的构图应服从这个根据。

如果从结构和功能的角度来看待韵律和节奏，那么，我们在一些复杂的结构体系中会看到韵律和节奏重复的一些变体，如在高层建筑中，除了水平方向的窗、窗间墙、柱间距等韵律构成之外，在垂直方向上还会由于

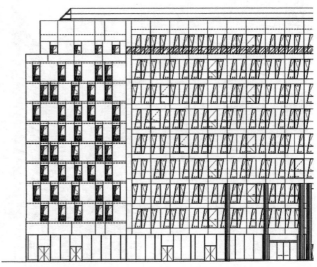

图 2-35 某建筑局部立面

矩形窗或梯形窗都有节奏与韵律的双重变化。

层高的变化或者竖向分区而形成的节奏构图（图 2-36，图 2-37）。

表面上看来，在建筑构图中，形成韵律和节奏的建筑要素之间的关系可以呈现出几何级数比（等比序列）也可以搞成算术级数比（等差序列）。但是，精确的数学比不是节奏的基本性质。同前面提到的"对比

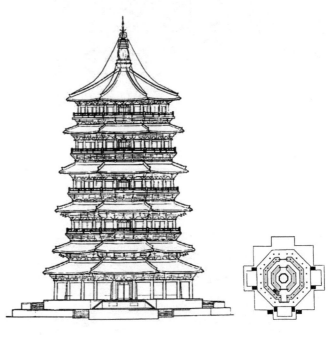

图 2-36 节奏与韵律在垂直方向的变化
此图为山西应县木塔，正式的名称应是"佛宫寺释迦塔"，是我国现存最高最古老的一座木构塔式建筑，也是唯一一座木结构楼阁式塔，建于辽清宁二年（公元 1056 年）。它与意大利比萨斜塔，法国埃菲尔铁塔，埃及金字塔并称世界四大奇塔。塔建造在 4m 高的台基上，塔高 67.31m，底层直径 30.27m，呈平面八角形。第一层立面重檐，以上各层均为单檐，共 5 层 6 檐，各层间夹设暗层，实为 9 层。因底层为重檐并有回廊，故塔的外观为 6 层屋檐。

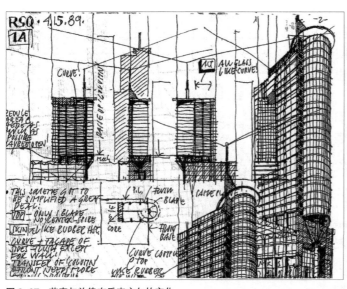

图 2-37 节奏与韵律在垂直方向的变化
此图为日立公司办公大楼（Hitachi Tower，新加坡，墨菲/杨事务所设计，1992 年）的设计草图及建筑外观立面效果。

和微差"问题一样,节奏和韵律效果的形成不一定要依据某些数学比值,而首先必定是视觉所能感觉到的排列。此外,在创造节奏排列的表现力时,不仅是节奏因素的特点和布置手法起重要作用,而且还在于节奏因素的数量。

研究表明,形成最简单的韵律排列或者节奏排列,至少需要 3 ~ 4 个能造成连续变化的因素。数量越多,越能反映出排列的性质和特点。但是,话又得说回来,数量的增加虽然可以加强节奏的表现力,但这只是在一定的限度之内。要是没有任何限度,必将导致相反的结果,产生千篇一律和单调冗长的感觉。

因此,关于节奏和韵律的运用实际上包含两个问题,一个是上面提到的关于形成节奏和韵律的条件问题,另一个则是关于节奏的结束或停顿问题。

此时,我们只要回顾一下关于"对比和微差"的讨论,就会发现其中已经蕴含了解决节奏停顿问题的一般处理方法。利用微差处理手法,节奏序列与其相邻的形式特点之间可以产生和谐的过渡关系,从而使节奏序列完成自然的结束。而通过对比,则可以使节奏序列产生明确的中断。在这种情况下,节奏序列的美学特性很大程度上取决于中断因素的位置和性质。如果把节奏序列看成是一系列的主动因素(称之为重音)和被动因素(称为间歇)的交替过程,那么,节奏的中断和停顿可以通过加强中央要素的对比变化而使节奏序列呈现出明确收敛效应(图 2-38)。

2)基本原理

前面我们已经从形式美学的角度探讨了若干对基本范畴的性质和特点,在建筑的整体构图中,对范畴的选择和运用最重要的方面在于要服从一定的基本原理。

由于建筑的综合性和多种目的之间的层次性,建筑构图的基本原理亦表现为一种并列的层级要求。这种并列的层级要求最早的表述就是众所周知的"保持坚固、适用、美观的原则。"(维特鲁威:《建筑十书》)

图 2-38　加强中央部位的对比而达到向心性收敛效应
图 (a) 是 Residential & Office Building,博塔设计,1991 年;图 (b) 是 Watari-um Museum of Modern Art,博塔,1990 年。

(a)　　　　　　　　　　　　　　　　　(b)

一千多年以后，在西方资本主义初期，另一位建筑大师沙利文（Sullivan）在美国芝加哥的摩天楼设计实践中更是极而言之地指出了建筑构图中的本质问题。1896 年他写道：

"全部物质的与形而上学之物……都存在一条普遍法则，即形式永远追随功能（form ever follows function），这就是法则。"

在随后的半个世纪中，这条法则极大地影响了建筑构图和建筑设计。从某种意义上讲，21 世纪所谓的生态建筑设计中又再次证明了这一法则的价值和潜力。

在我国的现代建筑初期，也曾把"适用、经济，在可能条件下注意美观"作为建筑设计的总方针（1952 年，第一次建筑工程会议）。即使在当代，适用、经济、美观也一直是指导建筑构图和评价建筑设计的基本依据。

由上可见，无论是古今还是中外，虽然建筑设计的基本原则、方针或法则在表述上各有侧重，但它们的观点都有一致性的地方，那就是对功能的强调。因此，以适用为第一目标的功能法则是建筑构图原理的第一层含义（图 2-39）。

从功能的角度来看，建筑物实际用途或使用上的完整性是构图的首要条件。因为我们都知道，办一件事情总要依次经历一定的手续或程序。人们活动范围的统一或使用上的完整性要求各个相关房间在位置安排上应该有一种合理的联系。同样，我们的经验表明，房间窗户的某种尺寸、顶棚的高度以及许多物体的一般形状只适合于某些目标（功能）而不会适应于别的目的。从这个意义上讲，"形式追随功能"所确立的是一种合

形式与功能的关系，听起来就好像是先有鸡还是先有蛋的问题那样无解。对于熟悉 20 世纪现代建筑历史的人来讲，其重要性不言自明。

1923 年《走向新建筑》出版，柯布西耶的口号"住房是居住机器"对 20 世纪的功能主义产生了强大影响。功能主义建筑渴望创造居住空间上的最大效率。工业设计领域，以人在人机环境中的健康、安全和舒适性为研究目标的人体工程学应时地诞生于第二次世界大战之后的 1960 年代。

1961 年，当时美国总统肯尼迪正式宣布，美国要在 60 年代末实现把人送上月球的目标。这就是"阿波罗登月计划"。

1969 年 7 月 16 日美国东部时间下午 4 时 17 分 42 秒，阿姆斯特朗将左脚小心翼翼地踏上了月球表面。

图 2-39 《2001：A Space Odyssey》（导演斯坦利 Stanley Kubrick，1968 年作品）中的一个场景"希尔顿空间站"

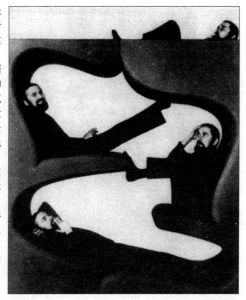

理性原则。鉴于这条法则本身所遭致的种种批评——有些时候是不公正的——我们不妨把这条法则作为一种底线策略：假如建筑构图损害了功能的合理性，那么显然就不是一个好的方案。使用的完整性和行为逻辑的连贯性一旦受到破坏，不管其他方面设计得如何，看上去都将会令人觉得无目的而且表面化。

　　建筑构图原理的第二层含义是与建筑主题的相称性。建筑的主题除了形式和空间之外，还有更为广泛和深奥的内容，例如上面提到的功能（目的主题）。建筑对人们精神状态，如信念、意志、期望等——的象征性表现亦构成了建筑主题要反映的重要方面。建筑师在拿到设计任务的同时，常常会听到业主的类似要求："我们想通过建筑来表现我们的 XYZ"，或者"甲乙丙丁象征我们公司的 ABCD"。这时候，业主的某些意志和期望便构成了建筑的主题内容之一了（图 2-40，图 2-41）。

　　如何把上述那样的抽象的概念同建筑的形象性联系起来，这的确很困难，但却是建筑师推脱不掉的责任。对于某一文化背景中的大多数人来说，概念和形象之间已经建立起了牢固的联系，这是一种可学习的联系。对于现代西方人来讲，教堂就是教堂，即使在教堂已改用为仓库时亦然。

脸谱是指中国传统戏剧里男演员脸部的彩色化妆。这种脸部化妆主要用于净（花脸）和丑（小丑）。它在形式、色彩和类型上有一定的格式。内行的观众从脸谱上就可以分辨出这个角色是英雄还是坏人，聪明或愚蠢。具有相称性。

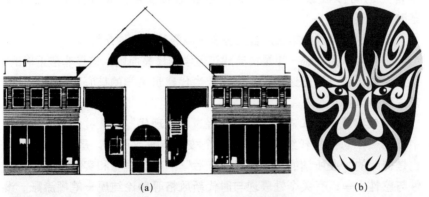

(a)　　　　　　　　　　(b)

图 2-40　图（a）为某商业化建筑立面示意图；图（b）是京剧脸谱之一

图 2-41　杭州拱墅区政府大楼

　　不完全统计，我国省市区县等地方政府大楼的建筑语言中，对称式布局、大台阶或大草坪、柱廊等形式元素占绝大多数。

　　《权力与建筑》的作者迪耶·萨迪奇开篇发问"我们为何而建？"随后解读了建筑与权力之间复杂而又微妙的关系。

　　尼采宣布"上帝已死"之后断言："艺术是所有的存在者的出场方式。"是语经百年不爽。

认知的相称性：造型艺术的独特性和挑战均源于视觉解读。"看起来像""看起来是那么回儿事"——这种市井俚语似的评价有时就是建筑师梦寐以求的效果。

同样，对于某些西方人来讲，只有哥特式才意味着"教堂"，他们觉得，只有哥特式教堂才能与他们的期望相称。

这种**认知的相称性**在日常生活中的例子很多。比如，收音机、radio、电匣子都是同一事物的指称，一般人都说"收音机"，学过英语的人有时也叫它"radio"，而东北农村的农民常说"电匣子"。如果你是一个知识分子，平时都讲"收音机"，但对radio也可以接受和理解，并且也可以使用。与此同时你还可以知道收音机有一个俗名叫"电匣子"，但平时是不用的。一旦使用，人们马上会感觉出它的地方性、知识水平，使用者的身份等。

认知的相称性在心理学研究文献当中有一个相应的理论，叫作"期待状态理论"。其实，在没有理论的时候，生活事实总在教导我们怀有这样的期待。

在建筑形式和体量构图中，公共建筑看上去就要像公共建筑，住宅看上去就要像住宅，而纪念性建筑看上去就要有纪念性。造成类型上差别的根本原因在于不同尺度的运用。这一点已经明确了。而在同一类型中（如在公共建筑类型中），不同建筑物之间形象上的差别首先也同样根源于尺度和比例等视觉的因素，其次才是其他美学范畴的表现。

建筑构图原理的第三层含义也是最高级的原则便是统一。

很多人认为，统一律是古典建筑美学的最高原则，这是非常正确的，但如果说，统一律已经退位于现代或当代建筑美学的核心范畴，则是非常片面的观点。

从历史的角度看，现代建筑、后现代建筑和当代建筑只不过是时间上的划分，但从思想特征上看，划分的实质在于它们对建筑的表现方式和解释方式是完全不同的。可以说是从设计的前提依据到对结果的评价标准都处在不同的层面上。

当代建筑美学和建筑构图原理经过"**后现代**"的洗礼之后，要想从中找出一个可以替代统一律的另一个核心范畴或原则，是非常困难的，也是徒劳的。在所谓的"现代建筑之后"的建筑理论和实践中，有关理性与感性之争，有关个性表现与时代新风格等争论纯属一笔糊涂账。设计理论家往往过多地注重前卫的设计、探索性的设计、形成（局部）运动的设计，其结果是往往忽视了现实中主流的、大量的与普通人的审美趣味和要求相称的设计，这种只见树木、不见森林的媒体导向加重了混乱的理论状况。

当然，从社会发展的角度来看，我们处于知识迅速膨胀、更新的所谓信息时代，其中，建筑杂志的数量和理论的视角也随之增加和扩大，这是一个不争的事实。但是，从"知识"或"经济"的角度来想，知识的年折旧率是多少，知识的淘汰率又几何呢？显然，其答案随行业和领域的不同而有不同的运算。

对于当代建筑艺术理论来讲，它具有双重特点，一方面它表现为随着时代的进程而呈现出整体膨胀的特点，这是共性方面。另一方面则是建筑学的专业特性所决定的，即它的艺术属性决定了所谓折旧和淘汰问题是毫无意义的。在过去的若干年中，建筑的艺术表现方面只不过是以

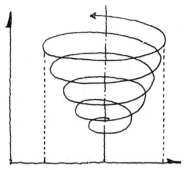

图 2-42 螺旋上升模式

历史的重复与艺术趣味的循环演进在时尚与艺术表现领域屡见不鲜。相应的知识系统通过传统元素的重复、重组和置换创新达到整体膨胀，所谓"踩在巨人的肩膀上前行"是也。

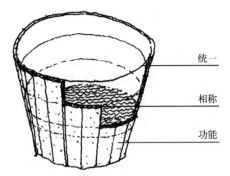

图 2-43 木桶原理的层次性

木桶曰："设计构图的层次性是水平问题。功能是短板，统一是最高标准，相称因涉及范围广大而有一定难度"。

某种方式卷入了对过去百年或者千年知识、价值、情感的重复。我们的历史、建筑的历史所允许的只是置换、重组和重复（图 2-42）。从西方的古希腊和罗马风格到中国的汉唐神韵、大屋顶以及乡土民居风情均构成了现代生活的有机部分。它们的物质式样连同其中的构图理想——统一原则在今天仍然制约和规范着当代建筑设计，持久地成为所向往的经典追忆。

在基本的方面，统一性的含义和效果常常用和谐、协调、呼应、完整性和一致性等次一级的量度来体现。它要求建筑构图中部分与整体之间的主从关系、细部构件和装饰同主体尺度感的协调，以及建筑材料质感、色彩之间的匹配与和谐等外在统一性。同时，它也要求使用功能的完整性和连贯性，功能、结构与形式之间的逻辑关系以及平面、立面和剖面之间的技术合理性等内在统一性。

近年来，随着社会的发展，评价建筑构图的统一标准已从美学的范畴走出来，向着城市环境和社会生活质量的更高、更综合的方向发展。例如，建筑构图与场地综合开发、利用之间的综合平衡关系，建筑构图与城市人文环境之间的关系、建筑构图与地域的自然环境之间的关系等。也就是说，场地周边的现状、城市景观规划、所处地段的历史文脉以及建筑物所处地域的气候、阳光、日照、风向、雨量等生态因素都可以是建筑构图中统一的一致性基础。

由上可见，从过去到现在，建筑构图中的统一理想没有改变，但是形成统一的基础因素随时代发展而变得多元和深入，从有形的因素到无形的因素，从可见的形态标准到不可见的质量标准等（图 2-43）。但应该知道，变化过程本身反映了统一律具有不同的层次性，而不意味着可以用一个层面的要求来替代甚至取消另一层面的要求。

总之，在建筑设计中，失败的原因常常在于：

统一问题并没有统一地考虑过。

2.2 空间构成

假定一下，如果应物理学家的请求，下一届建筑师罗马奖（Prix de Rome）竞赛出的题目是"宇宙设计"，情况会如何呢？

一看是要设计宇宙，许多人的第一反应大概就会把设计方案搞得极其繁杂，以便使他们设计的宇宙能够展示出各种各样令人感兴趣的现象（图 2-44）。

用复杂的设计来产生复杂的效果并不难，但现代物理学家并不是沿着这一方向来工作的。相反，他会只给出几种基本粒子，如电子、质子，还有光子等，然后再制定出支配粒子之间相互作用的几种方式：引力作用、电磁作用、强作用和弱作用。这就是现代物理学对宇宙的认识和设计的起点（图 2-45）。

关于建筑空间，相对于古典建筑设计而言，现代建筑师对建筑中的"空的部分"即空间的兴趣有增无减，并且从本体论上承认空间是建筑的"主角"或本质之一。在现代设计中，当它触及哲学、心理学、艺术和科学的诸多分支领域的知识时，空间设计的复杂性无疑就像"宇宙设计"一样的难题摆在初学者面前。不过，幸好有现代物理学家的工作为我们提供了一种参考，他们认为自然界的现实就像洋葱一样有着层级组织的，对它的认识可以分层进行，人们可以不必理解原子核就可以理解

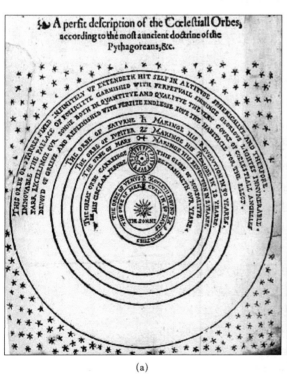

(a)

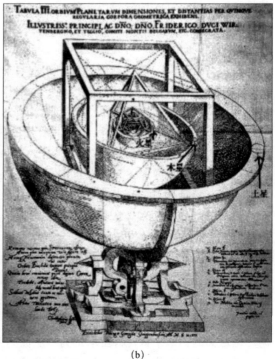

(b)

图 2-44 科学史中的宇宙模型假说设计
图（a）是 16 世纪哥白尼的日心说示意图；图（b）是 17 世纪开普勒的多面体宇宙模型。

图2-45　爱因斯坦1915年提出的广义相对论成了现代宇宙学的理论工具。1917年根据狭义相对论提出的宇宙模型：主张宇宙是一体积有限没有边界的静态弯曲封闭体

原子，核物理学家也不必等待粒子物理学的工作。同样的，对建筑空间的设计也不必等待全部的知识系统都被理解之后才能动手工作。

从最基本的层次上看，空间构成设计可以简单地理解为建立界面三要素以及它对量、形、质等基本属性的满足。

2.2.1　界面

一个房间总是由地面、顶棚和墙面来限定的。因而，基面、顶面和垂直面是空间界面的三要素。一个独立的面，其可以识别的第一性特征便是形状，它是由面的外边缘轮廓线所确定的。独立面的形状的种类可以有无穷种。

然而，建筑中独立的面是较少见的。因而，一旦出现独立的面，那就意味着需要依附特殊的目的和特别的解释（图2-46）。

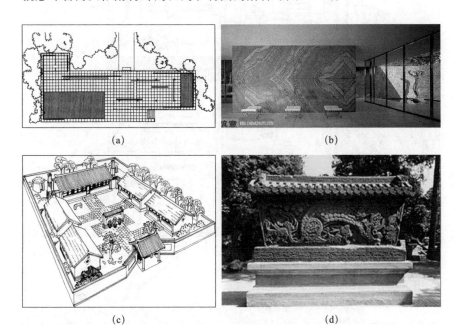

(a)

(b)

(c)

(d)

图2-46　建筑中的独立的面
图（a）、图（b）是巴塞罗那世博会德国馆（L.密斯·凡·德·罗设计，1929年）平面及室内大理石墙壁因不承重而可以一片片地自由布置，形成一些既分隔又连通的空间，即"流动空间"，这是现代建筑的最初成果之一；图（c）、图（d）是中国传统民居中特有的独立墙——影壁或照壁。

在通常情况下，建筑中的各个面要素之间总是相互联结而延续的。这时，面的表面特征，如材料、质感、色彩以及虚实关系（实墙面与门、窗洞口之间的关系）等因素将成为面设计语汇中的关键要素。

1）基面

包括地平面以及各层楼的地面。

考虑到绝大多数的使用者都不愿成为梁上君子，因此，基面设计是必要的，它支撑着人们在建筑中的各种活动（图2-47）。

一般说来，人们对基面的注意力不太自觉，因此在设计中常常把它做成连续水平面，以满足正常的、多种行为活动的要求。

如果有必要把基面设计成可感知的变化，就必须对质感、色彩和图案图形等要素进行有效的控制。如机场迎宾仪式中在地面上铺一条红地毯以取得引导作用；舞厅中地面材料、质感及图案变化可以划分活动的

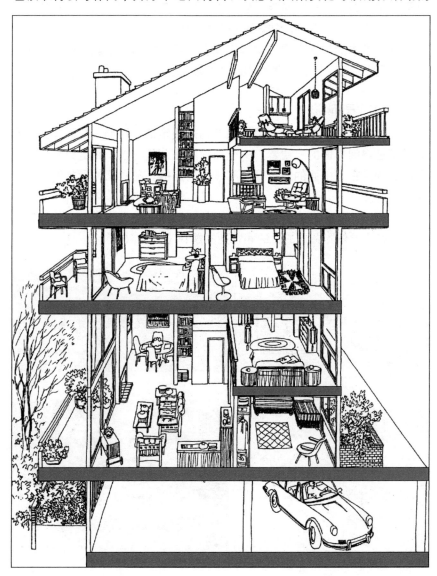

图2-47 地面和楼面是提供各种活动的基面

在政策规范与社会生活中，场地面积和建筑面积都是一项极其重要的技术经济指标。

领域。此外，地面标高的变化既可以划分空间又可以获得无障碍视线或取得无干扰的休憩环境（图 2-48）。

　　2）顶面

　　建筑空间与外部的自然空间不同之处在于：建筑空间的塑造必须有高度上的限定，顶面就是空间容积的上限要素。为了认识从自然空间中划分建筑空间的过程，我们只需打开手中的雨伞，慢慢使之靠拢头部或抬高，这样，我们马上就会感受到顶面对于空间的重要性。

(a)

(b)

图 2-48　在建筑设计中不但要有面积分配（"量"的控制），也有必要对地面做出可感知的艺术处理（"质"的区分）

图（a）是东京国家会议中心的大厅效果图（1989 年国际竞赛中标方案，建筑师 Rafael Vinoly）；

图（b）是某艺术博物馆室外环境设计效果图。

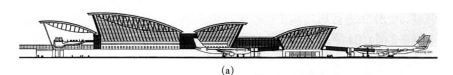
(a)

(b)

图 2-49　上海浦东国际机场一期工程（华东院设计）

浦东国际机场位于浦东新区的滨海地带，机场场址用地由海滩发育而成，其中一半土地由"围海促淤"而成。1995 年 6 月浦东国际机场建设工程启动，于 1999 年 10 月正式通航。造型寓意为"展翅的海鸥"。

空港室内大空间采用深蓝色金属吊顶，仅遮盖钢屋架的上弦形成弧面，宛若深邃无垠的天穹，其下悬垂根根白色的圆钢腹杆，以黑色高强预应力钢索串联，展现了结构的力度和独特的韵律，成为机场标志性的景观。

通常，从空间内部看，建筑的顶面就是楼板、横梁以及吊顶等组成的水平面，而且，除了特殊的、个别的空间顶面需要强调和处理成有趣味的视觉效果外（图 2-49），多数空间的顶棚要保持简洁。

从外部环境的角度看，建筑物的主要顶面要素乃是屋顶面。它不但影响建筑物整体的造型效果，而且还是体现结构技术水平、自然气候特征和社会文化传统的直观的空间形体（图 2-50）。

现代建筑屋顶除了遮风避雨外还可能被赋予更多的功能。

其一是对地面功能的拓展与补偿。主要包括在平屋顶上部建造屋顶花园（图 2-51），以及直升机停机坪、停车场等等。

其二是在当代建筑表现领域，屋顶被称为"第五立面"。随着高层建筑越来越多，建筑的屋面更加频繁地进入人们的视野，"建筑第五立面"愈发显得重要，成为不可或缺的信息媒介，此时，"建筑第五立面"上升到"城市第五立面"（图 2-52）。

其三是建筑屋顶的再功能化。主要包括屋顶的太阳能收集、屋顶的生态绿化以及基于垂直绿化演变而来的屋顶垂直农业模式等（图 2-53a，b，c）。

3）垂直要素

在建筑空间中，我们通常更为了解的是垂直面，而不是基面或顶面。

(a)

(b)

图 2-50

图 (a) 是罗马万神庙 (Pantheon)。公元前 27 年为了纪念早年的奥古斯都 (屋大维) 打败安东尼和克娄巴特拉 (埃及艳后) 而建，后几经毁坏重建。其穹顶直径达 43.3m，顶端高度也是 43.3m，穹顶中央开了一个直径 8.9m 的圆洞，是罗马穹顶技术的最高代表。

图 (b) 是北京紫禁城 (Forbidden City)。是中国明、清两代 24 个皇帝的皇宫。明朝第三位皇帝朱棣在夺取帝位后，决定迁都北京，即开始营造紫禁城宫殿，至明永乐十八年 (1420 年) 落成。是当今世界上现存规模最大、建筑最雄伟、保存最完整的古代宫殿和古建筑群。

图 2-51 萨伏伊别墅 (Villa Savoy) 勒·柯布西耶于 1928 年设计，1930 年建成

柯布西耶在早期的别墅设计都使用了屋顶花园概念——他认为屋顶花园是补偿自然的一种方法，"意图是恢复被房屋占去的地面"。

垂直的各种要素总是与我们面对面地存在，因而它在人们的视野中是最为活跃和最为重要的一种空间构成要素，也因而最具有视觉上的趣味性。

垂直要素是空间的分隔者和背景。

一般而言，垂直要素分为垂直的面要素和垂直的线要素两大类别。这两大类别对应于空间的两种典型形态：完全封闭空间和完全开敞空

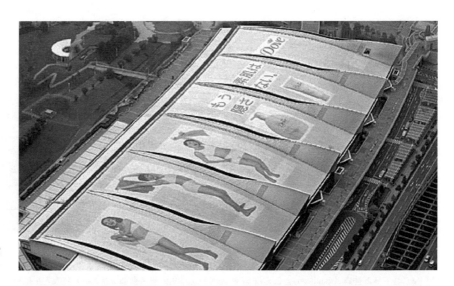

图 2-52 日本横滨展览馆
屋面上某化妆品公司的广告

图 2-53 屋面的再功能化
图（a）是上海生态建筑办
公示范楼，2004。3R 材料
的使用率达到 80%，屋面太
阳能系统居国内领先水平；
图(b)是东京的蒲公英之家，
1995 年日本建筑师藤森照信
设计的"自邸"；是立体绿
化的代表作；
图（c）是"空中村庄"，
2009 年荷兰 MVRDV 建筑
设计事务所和丹麦 ADEPT
建筑设计事务所合作设计的
"空中村庄"方案在新型的
居住城区竞赛中获胜。

(a)

(b)

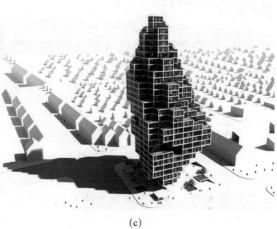

(c)

间。完全封闭空间是由四个垂直墙面围合而成；完全开敞空间是由四个角柱暗示出来的。前者是一种实体形态空间，后者则是一种虚体形态空间（图 2-54）。

由垂直要素限定的空间中，"封闭性"和"开敞性"是空间的两种基本特征。在实际的工作中，建筑师常常兼用这两个基本手法来创造空间，从而取得丰富多变的空间形态（图 2-55）。

实际上，空间的封闭性与开敞性之间的相互关系可以通过两种途径来理解：一个是面要素的减少（减法）；另一个是线要素的增加（加法）。

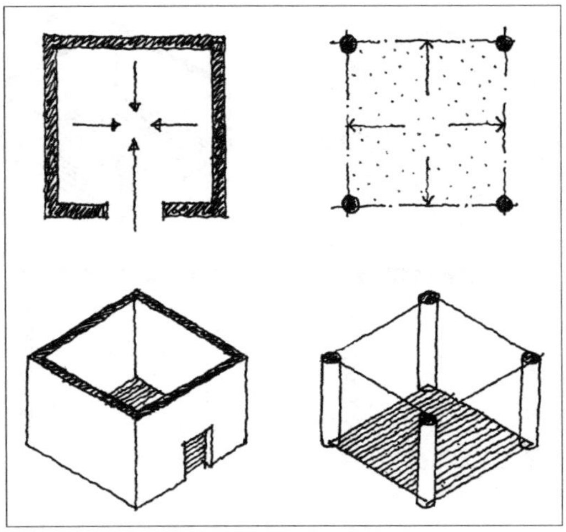

（1）面要素的减少

相对于完全封闭空间形态，通过减少其中一个或两个或三个垂直面，可以相应地获得各种形态的空间，如"U"形空间、"L"形空间、平行面空间以及独立的垂直面所限定的空间等等。

图 2-54 两种典型的空间形态

图 2-55 比希尔中心办公楼（Central Beheer Oficce Building），赫曼·赫兹伯格（Herman Hertzberger）设计，1972 年

赫兹伯格认为，领域的划分取决于谁有权决定这一空间的布置和陈设。封闭与开敞关乎私密性与社会交往之事。

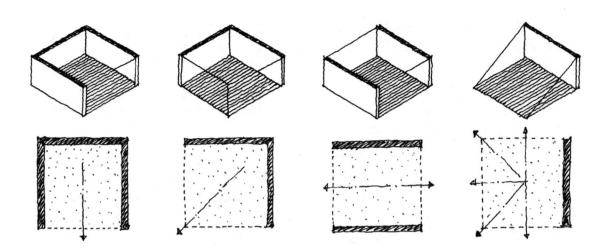

图 2-56 面要素的变化带来空间的开放性与方向性

随着面要素的减少，空间的封闭感减弱，而开敞性逐渐增强。重要的是空间的开敞性带来了空间方向性的变化（图 2-56）。

（2）线要素的增加

在视觉上，线要素——空间中的柱子的间距逐渐变小，柱子数量增多时，它就逐渐形成"面"的感觉，因而，围合感增强。

但是，在建筑设计中，柱子的主要作用不是用来围合空间的，而是用来支撑其上部屋面或楼面荷载的结构构件。因此，建筑中，柱的数量、柱间距及跨度的大小主要应遵循结构力学的要求。在正常情况下，柱子对围合空间的贡献只是一种"副作用"。在建筑立面设计时，格栅式幕墙、大片遮阳板、连续性栏杆等是经常遇到的线要素（图 2-57a，b）。

（3）加法与减法共同作用

要素的增加或减少对空间设计影响很大。正如空间设计与建筑造型应该遵循功能适用、认知相称、构图统一的三原则一样，加法和减法的运用归根结底也是要依据这三个目标，在统一中求变化，在变化中求完整，最终达到一个恰当的平衡。通常，加法用于虚体，减法用于实体（图 2-58，图 2-59）。

图 2-57 线要素的增加带来具有透明性的面特征 图（b）是某建筑局部立面。

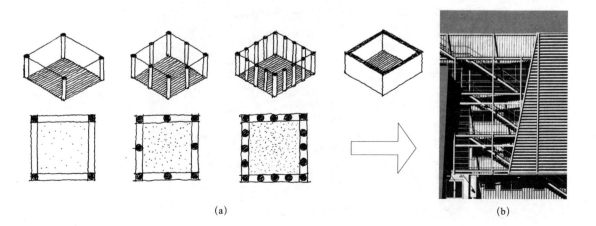

(a)　　　　　　　　　　　　　　　　　　　　　　(b)

图 2-58 韦克斯纳艺术中心（Wexner Center for the arts 1989）

位于美国俄亥俄州立大学校园内，是美国解构建筑师彼得·埃森曼（Peter Eisenman）从解构理论到建筑实践的第一个公共建筑作品。其主要灵感来自当地历史中 1958 年被烧毁的兵工厂。在这个项目中，埃森曼做出关于地点价值的评述："建筑需要外部的参数，建筑只有在环境的框架中才能有意义。"因此兼顾城市与校园两种肌理，彼得·埃森曼在设计时引入网格、轨迹等等，并利用了图解的方法，加入了两个扭转 12.25° 轴线网格，分别代表城市与校园，形成了艺术的加减重叠空间。

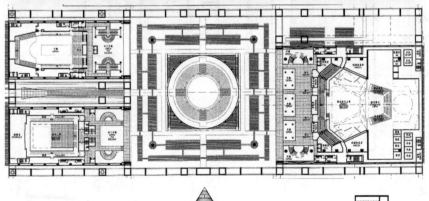

图 2-59 上海艺术中心方案，2001，J·Portman（波特曼事务所）设计

以系列框架柱将场地划分成三个正方形：左边为影视商业中心；中间是开放公园带有下沉式圆形半露天剧场，剧场上部设一圆锥形玻璃顶；右边为 3000 座大剧院。

2.2.2 控制

其实，围合或开放本身没有任何价值。围合的程度和质量只有与给定空间的功能发生联系时才有意义。也就是说，空间的构成方式要受到功能的制约。一般说来，功能对建筑空间的规定性体现在三个方面，即量、形、质的规定性。

1）量的规定性

一个画家也许从来就不去数一数他作品中究竟画了多少个人或形体，因为其数目常常是视觉根据构图的需要而直接确定的。但对于建筑设计而言，最初，建筑师必须明确该建筑或一个房间是为什么人而建造的，其内部将进行哪些活动，以及人们的活动或行为通常需要多大的空间范围（图 2-60）。也就是说，平面面积的大小将为我们的设计工作提供最初的和最基本的信息和线索。

2）形的规定性

在建筑方案设计中，单单知道使用房间的平面面积大小，还不足以导致一种有用的使用空间，因为它还缺少与量的因素同样重要的属性——形的规定性。也就是说，平面的形状或长宽比例是其中另一项需要考虑的重要因素。

解析几何的数学知识告诉我们，平面面积相同的房间可以有多种乃至无数种形状与之对应。但如果考虑到使用功能的情况，那么在无数种平面形状中可供选择的数量便会少之又少。以中小学的普通教室为例，

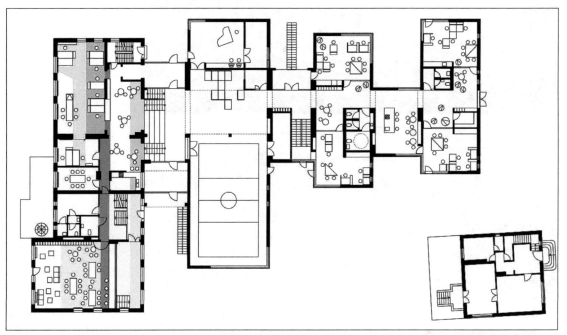

图 2-60　丹麦 S ø gaard School 是一所特殊学校。2005 年 CEBRA 建筑事务所与市政当局展开合作，专为一些残疾儿童和学习有障碍的儿童而建，2008 年完成。左图是其中一部分平面图。

考虑到使用者及其活动的特殊性，教室的平面大小和家具布置都是有针对性地进行设计。

在容量为 50 人，平面面积为 $60m^2$ 左右的教室中，由于受到教学方式、桌椅尺寸和排列方式等具体使用功能的限制，那么，教室的平面形状、进深和开间大小（长宽比）就应得到特别的关注。

可见，要获得一个有用的空间，首先就要具备两个条件：一是满足一定的容量（容纳的人数以及相应的面积、规模），另一个是控制形状（即长 × 宽 × 高，比例关系）（图 2-61）。

3）质的规定性

从最基本的层面而言，我们已知道空间的量与形是某种功能活动所需要的必要条件。但如果仅仅停留在这一点上，就会掩盖许多重要的细节，从而使建筑设计这一与人类生活息息相关的伟大艺术失去了应有的深度和广度。比较而言，如果说，量 + 形的规定性保证了空间的适用性（实用性），那么，质的规定性则赋予了空间的舒适度。

质的规定性或空间的舒适度包含下列两方面因素：

一个是生理和物理方面。显然，温度是人类舒适的主要尺度，其次重要的是湿度（尤其是在夏季高温时）。在日常生活中，人们都知道影响房间内热舒适的各种因素，例如日照以及空气流动或对流造成的热转移等。

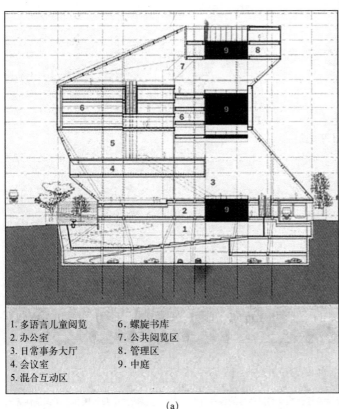

1. 多语言儿童阅览　　6. 螺旋书库
2. 办公室　　　　　　7. 公共阅览区
3. 日常事务大厅　　　8. 管理区
4. 会议室　　　　　　9. 中庭
5. 混合互动区

(a)

(b)

图（b）是图书馆外观；
图（c）是空间构成分析图：深色体块是图书馆中"确定性"空间部分。

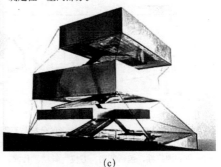

(c)

图 2-61　美国　西雅图中央图书馆（Seattle Central Library 38300m^2），2004.5，OMA 雷姆·库哈斯设计
　　设计者把图书馆的功能归纳成 9 个模块，并进一步按照确定性与非确定性划分成两类：职员办公室、会议室、停车场等的空间大小和形状是确定的，可按照常规形状设计；儿童阅览、日常事务大厅、混合互动区和公共阅览等属于非确定性空间（剖面图中的 1，3，5，7 层空间）。非确定性空间的形状与规模具有机动性和弹性。

气象数据表明，在夏季晴朗的日子，暴露在日光下温度计上的记录，要比阴凉处的温度高 20℃（68°F）左右。在我国南方地区的夏季太阳辐射十分强烈，据测试 24h 的太阳辐射热总量，东西墙是南向墙的 2 倍以上，屋面则是南向墙的 3.5 倍左右。因此，夏季的辐射热是造成人们舒适或难受的一项重要因素，也是建筑节能设计须重点解决的问题之一。

一般说来，温度、湿度、空气流动（通风）和辐射是影响生理舒适的主要外部因素。因此，在主要的或重要的使用空间设计中，考虑房间的朝向、方位、开窗大小以及通风气流的组织等这些质的规定性尤为重要，对东晒、西晒和顶层房间的处理需要格外关心（图 2-62）。尤其在倡导节能、生态设计和可持续发展思想的当代设计中更应引起高度的重视。

舒适性设计的第二个方面是人文领域所追求的领域性、文化归属感或者场所识别性等社会文化及心理层面。这是空间设计中质的规定性的重要内含之一。这部分内容将在本书的后面章节中继续讨论。

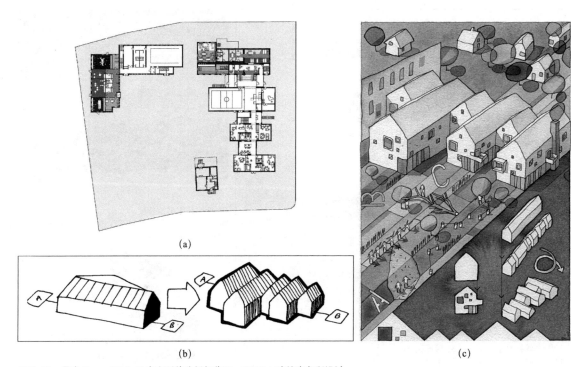

(a)

(b)

(c)

图 2-62　丹麦 Søgaard School 方案形体分析与草图，CEBRA 建筑事务所设计

图（a）是场地平面图；图（b）是剖面位置 AB 对应内部空间分析；图（c）是环境效果图。

质的规定性，包括朝向、方位、景观、日照、通风等等影响空间舒适度的各种自然因素，也包括文化归属感和场所识别性等人文因素。

第 **3** 章　建筑方案设计原理与方法

在我们的学习和工作的各个阶段，几乎每一件事情都有个开始，都得从头做起。同时，一提到开头，人们就会习惯性地想到这句话："万事开头难"，想必每一位学生都对此深有感触。

其实，之所以"万事开头难"，究其原因主要有二：

一是知识不足。表现为初学者对建筑设计的条件、方法和原理等或知之不够，或知之有误；

二是思路不对。表现为对建筑设计的起点的忽视甚至漠视。

由于初学者往往"志向远大""无知而无畏"，因此常常对设计的一般条件和基本限制因素或者看不到，或者不想看。不难理解，一般人们所普遍关心的是设计的结果，例如建筑是否与众不同、样式是否流行以及使用上是否方便等。对"结果"的关心并不是建筑师所特有的，作为一种"职业思维"，其特点更多地体现在设计者及其同行对设计的起点问题的思考方面，即考虑为何这样设计和如何才能达到这个结果问题。

很多情况下，**"结果何如"** 和 **"如何如此"** 的问题答案不是来自空想，而首先是来源于那些实实在在的、对于学生来讲又常常是"视而不见"的场地条件。从学习的角度说，建筑的场地条件分析既是设计的程序之始，同时也是建筑思维的开头。

何如：对"**结果**"的关注

如何：对"**起点**"的思考

3.1　总平面图：场地分析与建筑形态

建筑方案设计应具备哪些条件？

建筑理论家科林·圣约翰·威尔逊（Colin St.John Wilson）曾引用阿尔贝蒂（Alberti）的话来阐释建筑设计的条件：

它是艺术的一种特殊形式——将实际的功用转换成神圣的形象……然而，这种转换需要一定的条件，即它必须来源于实际使用的需要，而且往往是那些"低下"的需要……如果建筑作品失去了需要的根基，它就会失去作为转换的桥梁的地位。

让我们也从那些"低下的条件"分析开始吧。

在进行设计之前，每个人都会接到一份"设计任务书"。那么，"任务书"中所开列的清单是否就是方案设计的全部条件呢？

在回答问题之前，我们先想一想在设计教室中经常听到的一些"短语"：例如教师有时常问"总图什么样，拿来看看"或者"用地周边情况

图 3-1 场地提供了那些条件和线索？
实地调研、观察环境——就像春节前排队买回乡的车票一样，尽量早做准备。

如何？"有时甚至建议"把这两部分调换一下"或者"把整个构图换个方向是不是更好？"以此来提示学生在建筑构思中所忽略的某些必要的环境线索。而在学生方面，经典的用语"地形能改造吗？"或者"要不然就换块场地吧！"则充分反映了年轻人的自由意志和对场地条件的漠视与无所谓。

克里斯蒂安·诺伯格-舒尔茨（Christian Norberg-Schulz）在他的重要著作《场所精神——迈向建筑现象学》（Genius Loci, Towards a Phenomenology of Architecture）中阐释了建筑的基本作用在于"理解场所的召唤"。这一思想贯穿整个著作。他认为，当"建筑物汇集了场所的特质并且使这些特质贴近于人类"的时候，建筑就获得了诗歌的特征。简言之，建筑与场地之间的相互作用是产生建筑方案的一个基本动力（图 3-1，图 3-2）。

挖掘和表达来自场地的力量几乎决定了 20 世纪下半叶以来建筑项目的主题。

事实上，作为建筑方案设计的条件，有些是明显的、有些则是潜在的；有时是明确的、有时又是笼统的。归纳起来大致有如下几方面：

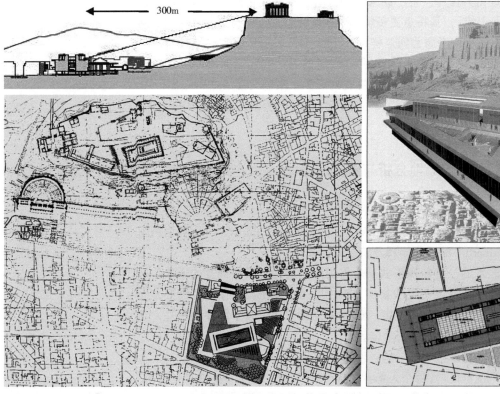

图 3-2 雅典新卫城博物馆，2009 落成。瑞士建筑师伯纳德·特屈米和希腊建筑师米哈利斯中标设计
雅典卫城博物馆的首次构想始于 1976 年 9 月，新馆建筑设计在 1976 年、1979 年和 1989 年相继发起了国际建筑设计竞赛，但直到 2000 年才成功获得结果。新馆整个建筑内部结构与帕提农神庙的内殿完全相同，而在外部的玻璃走廊则可欣赏 300m 远的帕提农神庙以及雅典全城风貌。

一是"设计任务书"。一般是由建设单位或业主依据使用计划与意图而提出（大型建筑项目须经"可行性研究"后提出），经过审定和批准而作为设计主要依据的文件。从一个完整的设计任务书清单中可获知这样四类信息：①项目类型与名称（工业、民用；住宅、公建；商业、办公、文教、娱乐……），建设规模与标准，使用内容及其面积分配等。②用地概况描述及城市规划要求等。③投资规模建设标准及设计进度等。④有时，任务书中还包括建设单位（业主）的一些主观意图描述。例如，业主常常提出一些"大口号"："国内领先水平""20年不落后"或者希望设计成某地区的"标志性建筑"等。这些要求和想法通常被认为是属于建筑的时代性问题。

二是"公共限制"条件。新建筑一旦介入到城市或区域的环境当中，就会引起现状的某些改变。为了保证公共利益以及建筑场地与其周围土地所有者的各自利益，场地的开发和建筑设计必须遵守一定的公共限制。

公共限制条件主要来自国家及/或地方政府的有关法律、法规、规范、标准等规定。任务书中的城市规划部门的要求以及与建设有关的消防、人防、交通、环保、市政等主管部门的要求同样是公共限制条件的重要内容（图3-3）。

图3-3 公共限制示意——关于建筑高度分区、建筑入口方位、交通管制情况、建筑退线要求、建筑间距规定等

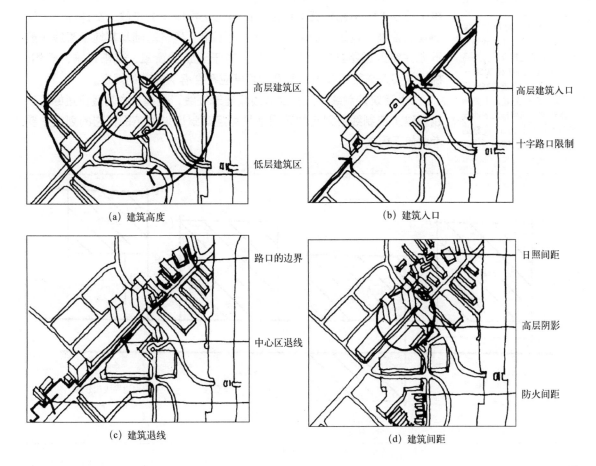

(a) 建筑高度　　高层建筑区　低层建筑区

(b) 建筑入口　　高层建筑入口　十字路口限制

(c) 建筑退线　　路口的边界　中心区退线

(d) 建筑间距　　日照间距　高层阴影　防火间距

三是"图式条件"。任务书清单内容以及公共限制的规范要求大多是以文字条文的形式提供的，设计"作图"之前应把这些条件转化为总平面图中的图式条件。图式条件可从两方面来考虑，一是平面限度：即场地平面中最大可建建筑区域的确定；二是剖面限度：场地剖面中最大可建建筑容量的确定。

3.1.1 平面限度

建筑用地一般都比较大，但是允许建筑物落座的范围却很小。因此，整理图式条件的最基本的目的是确定场地内可以盖房子的范围。这一范围构成了单体建筑的平面限度，它要求单体建筑的最大长度和最大进深都不得超出这个限定尺寸。平面限度中一般包括下列边界限制：

1）**建设用地边界线**　即业主（开发商、建设单位或土地使用者）所取得使用权的土地边界线。在土地私有的西方国家，一般称之为地产线（Property Line）。在我国，该线有时又被称为征地线。建设用地边界线是场地的最外围界线，它侧重于强调土地使用、收益和处分等权利的财富属性和经济责任，具有严谨的法律意义。但地产线并不是对场地可建设使用范围的最终限定。

2）**道路红线**　它是城市道路（含居住区级道路）用地的规划控制线（图3-4）。道路红线之间限定的范围是由城市的市政、交通部门来统一建设管理，建筑物的地下部分或地下室、建筑基础及其地下管线一般不允许突入道路红线之内。此外，对于建筑的窗罩、遮阳设施、雨棚、挑檐等突入道路红线内的宽度和高度应符合有关规范的规定。

3）**建筑控制线**　又称建筑线或建筑红线，是建筑物基底位置的控制线。建筑控制线所划定的范围就是可建建筑区域的范围，它的划定主要考虑如下因素：

图3-4 道路红线与用地边界线的四种关系
道路红线的划定与城市规模、道路性质、两侧用地、交通流量等有关。交通性主干路道路红线以50～60m为宜，主干道道路红线以36～50m为宜，主要为道路两侧生活用地服务的次干路不宜大于30m。支路的宽度在24m以下为宜。

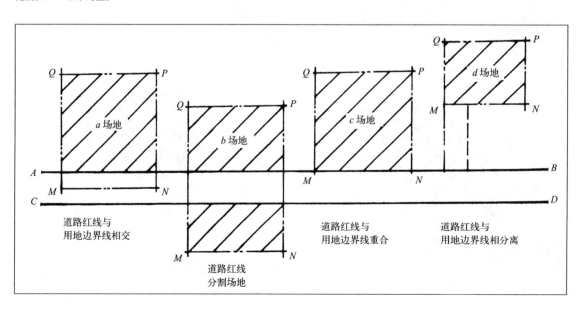

（1）道路红线后退：场地与道路红线重合时，一般以道路红线为建筑控制线。有时因城市规划需要，主管部门常常在道路红线以外另定建筑控制线，这种情况称为红线后退（或后退红线）。

（2）用地边界后退：在确定建筑物基底位置时还要考虑到建筑与相邻场地或相邻建筑之间的关系。为了满足防火间距、消防通道和日照间距而划定的建筑控制线，称为后退边界（图3-5）。

图3-5 一级注册建筑师考试题目

根据要求制定建筑控制线，并画出场地最大可建范围。

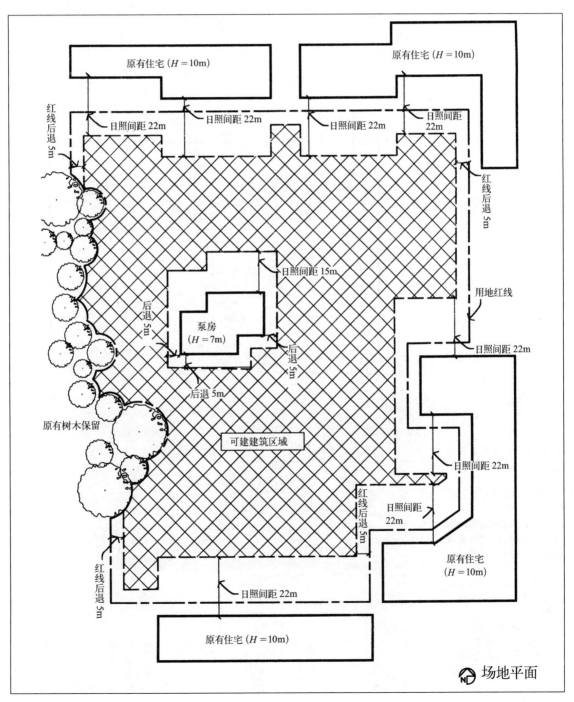

建筑是属于某个特定地点的。一块建设用地（场地）有着与众不同的特征，包括地形地貌、临街宽度、朝向风向、入口景观以及它的历史文脉等。因此，在进行建筑设计之前，熟悉场地并理解场地是一名建筑师的最基本要求（图3-6～图3-9）。

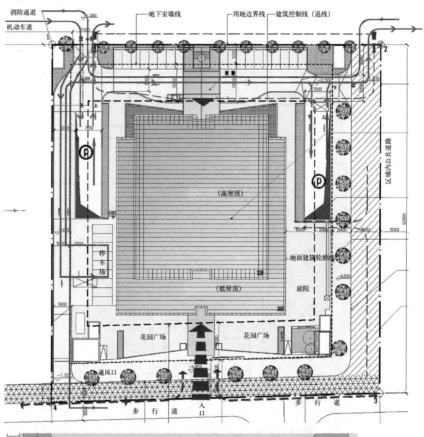

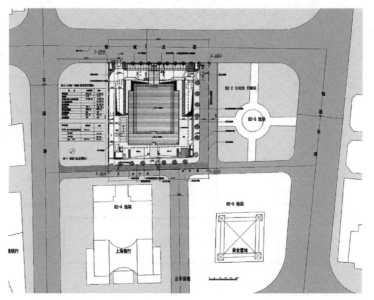

图3-6 上海浦东新资大厦方案（总平面及流线分析图）

KPF和华东建筑设计院设计，2002年

图中，建筑的用地紧凑且划分明确。主体建筑的落位、地下室的范围以及地面上的场地出入口、人行道、机动车道与车库坡道、消防车道以及树木栽种应避开地下室的范围等都要严格按照相应的平面限度进行综合考虑。

各种控制线既是场地的有效限制，也是总图设计的条件。

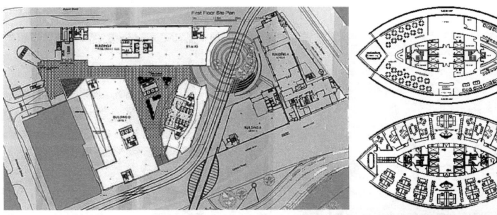

(a)

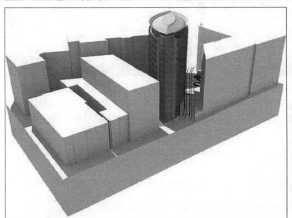

图3-7 曼彻斯特Piccadilly大街新城镇总体规划项目，2002，理查德·墨菲建筑事务所（苏格兰爱丁堡）

曼彻斯特在1996年的爱尔兰共和军（IRA）炸弹事件中，市中心大部分被炸毁。6年后在那里展开了为复兴市中心的重建计划（Masterplanning Manchester's New Urban Quarter - Piccadilly Place）。新的市中心总体规划着重于公共空间的建设而并非建筑本身。图（a）是为数不多的高层办公建筑项目。总平面中的一条城市机动车道路斜穿而过，这对建筑师来讲既是挑战，也是创造空间的独特线索。总平面设计是建筑师分析场地、理解城市的综合结果。

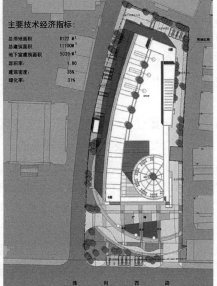

主要技术经济指标：

总用地面积	8122 M²
总建筑面积	11100 M²
地下室建筑面积	5039 M²
容积率	1.80
建筑密度	35%
绿化率	31%

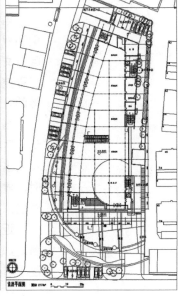

图3-8 某商业建筑设计

根据环境特点采用内向布局。建筑四面邻路，保持街道界面完整。主入口后退形成广场，且外部空间延伸至建筑内部中庭。

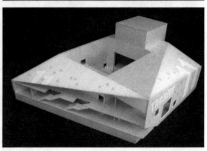

图3-9（ Theater 11（第十一剧场，瑞士苏黎世。项目规划指导者：Christof Zollinger, Verena Lindenmayer，建筑设计：EM2N，2005年）

这个项目是关于苏黎世一家剧院的建筑扩建，扩建后的剧院增加了700个座位和一个更大的前厅。考虑到剧场周围的环境是直角梯形场地、附近有大尺度建筑（贸易中心、体育馆），EM2N公司用一种直接的、工业的方式来表达这座建筑特色：总图平面和谐、建筑单体切面。反映了建筑师对环境的理解。

3.1.2　剖面限度

场地内建筑物的高度和容量影响着场地空间形态，反映着土地利用情况，同时，又与建筑的社会效益和环境效益密切相关，因此是场地设计中重要的因素。

在许多人的观念里，建筑的高度是自然而然出现的：当清点完建筑层数，并把层高累加起来便得到了建筑高度。其实，建筑的高度问题不仅与其面积规模相关，而且，更重要的是它还与建筑的地点有关。这或许出乎一些人的意外。

当建筑处于保护区或建筑控制地带（按照国家或地方制定的有关条例和保护规则，在国家或地方公布的各级历史文化名城、历史文化保护区、文物保护单位和风景名胜区及其周围一定范围内划定的需要对有关工程建设行为加以限制的区域或地带）时，对建筑的高度限制是不难理解的。

当建筑处于居住区内，或比邻于居住区的住宅楼时，建筑的高度要受到日影规划的影响，这也是不难理解的。

当建筑处于市中心或区中心的临街位置，或处于步行街两侧的位置时，建筑的高度同样要考虑街道宽度对它的影响。为了确保道路日照而对建筑高度的限制称为"斜线控制"（图3-10）。

近年来，伴随着我国城市化的发展，土地资源的稀缺，建筑的密度随之加大，高层乃至超高层建筑的数量迅猛增加，相邻建筑的采光问题逐年增多，司法实践中有关采光权的纠纷不断出现。

在法律层面，《民法通则》中没有采光权的具体规定，只是对于相邻权作了一个抽象的规定（第八十三条）：

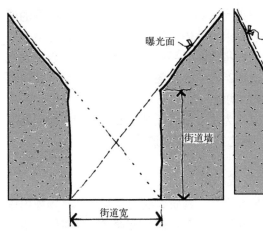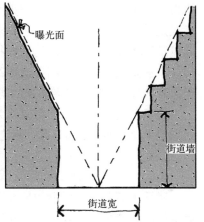

图3-10　斜线控制
1973年后美国提出的基本日照权和日照控制面的概念

"不动产的相邻各方，应当按照有利生产、方便生活、团结互助、公平合理的精神，正确处理截水、排水、通行、通风、采光等方面的相邻关系。给相邻方造成妨碍或者损失的，应当停止侵害，排除妨碍，赔偿损失。"

可见，采光权是相互毗邻不动产（建筑物）的所有权、占有权、使用权人的一项特殊的民事权益，因其实质上是相邻建筑物所有权和使用权的扩张，所以其本身并没有超出建筑物所有权或使用权的范围。采光权之所以列入相邻关系中，是由相邻建筑的距离远近、位置高低所决定的。

《物权法》第七章（第八十九条）对采光权有明文规定：

"建造建筑物，不得违反国家有关工程建设标准，妨碍相邻建筑物的通风、采光和日照。"

也就是说，相邻双方建造建筑物，应以不妨碍相邻建筑的通风、采光和日照为设计和建设的前提条件。

此外，在建筑《规范》层面，建筑高度限制也是确定建筑物等级、防火与消防标准、建筑设备配置要求的重要参数。

通过平面限度和高度限度分析就可以知道场地内最大可建建筑范围（图3-11）。

有了这个限度，那么建筑物在总

中华人民共和国主席令
第 六十二 号
《中华人民共和国物权法》已由中华人民共和国第十届全国人民代表大会第五次会议于2007年3月16日通过，现予公布，自2007年10月1日起施行。
中华人民共和国主席　胡锦涛
2007年3月16日

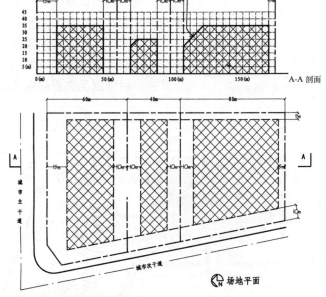

图3-11　一级注册建筑师考试题目：最大可建建筑范围
最大可建建筑范围由平面和剖面限度共同决定。这也是建筑物单体设计的前提条件之一。有些学生常常忘记这一点，以至于他们的单体建筑平面设计完成后，居然难以把它放回看似广大空旷的场地之中——礼物大于它的包装纸张！

平面中的位置问题是否就能迎刃而解呢？显然不行。最大可建范围的确定只是总平面设计的前提，它要求场地内建筑的长度、宽度或深度不能超越某些控制线。接下来的工作将涉及总平面的功能问题。主入口设在何处？主要立面应朝向哪条道路？建筑的构图形态与周边现状、景观有何关联等都是总图设计要解决的功能问题。

为了使问题简单化，可以认为在方案阶段总平面设计的中心问题便是场地内建筑物的位置选择、形态规划及交通流线规划。

3.1.3 总图设计：场地变成场所

对于大多数一般类型的场地而言，建筑物的位置与形态是场地内最重要的组织要素。而对于建筑物的位置与形态组合设计，建筑的性质与场地特征又是其最主要的影响因素。

首先，建筑的性质是场地布局和功能分区的基础。

不同类别和使用性质的建设项目，其总平面功能布局往往差别较大。例如剧场或电影院的总图设计中，按照规范要求，其主入口前应有至少 $0.2m^2/$ 座的集散空地，而且，大型剧场或电影院的集散空地深度应 $\geqslant 12m$。在大中型商店建筑的总平面设计中，则要求不少于两个面的出入口与城市道路相邻接，或基地应有不小于 1/4 的周边总长度与一边城市道路相邻接。这些与建筑性质相适应的特殊要求决定着总平面格局的基本面貌（图 3-12）。

可见，公共建筑的总平面设计所包括的内容是比较多的，除了根据项目性质和规模以及公共限制条件而合理地确定建筑物的位置（包括初步形态）之外，还应综合考虑场地内用于人流、物流及车流的活动路线、方式及空间，即场地内的集散用地、道路系统及停车场地等与建筑物的关系；同时还应考虑到场地内用于布置绿化、水面、环境小品等环境美化设施的用地以及必要的露天球场、儿童游戏场等室外休闲活动用地等

图 3-12 东京艺术剧场（Tokyo Metropolitan Art Space）1990 年，卢原建筑设计研究所

剧场位于一个 L 形场地中。建筑与场地各占一半，在 L 形转折处设置剧场门厅，并与同心圆式喷泉广场铺地连成一体，内外空间相互渗透，成为该地区的艺术文化中心。也是振兴东京文艺复兴的著名场所。

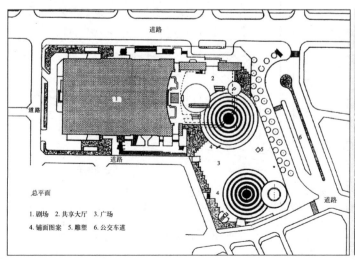

总平面
1. 剧场 2. 共享大厅 3. 广场
4. 铺面图案 5. 雕塑 6. 公交车道

等。简言之，总图设计就是要合理地确定场地内的建筑物、道路（广场）和绿化三者之间的空间关系，并进行具体的平面布置。其中，建筑物是场地功能的主要承载者，建筑物的落位直接影响到场内其他用地的划分和功用。

其次，场地特征是影响建筑形态及空间组合的主要因素。

从理论上讲，总平面设计中的建筑落位问题应根据建筑物所在的地区的地理纬度和局部气候特征而优先选择最佳朝向或适宜朝向。例如北京地区的最佳朝向为正南至南偏东30°以内，适宜朝向为南偏东45°至南偏西35°范围内。而拉萨地区的最佳朝向为南偏东10°或南偏西5°，适宜朝向则为南偏东15°或南偏西10°，等等。但是在场地总平面设计的实际工作中，建筑物的布局往往要受到用地现状条件的强有力的限制。这些场地特征条件包括场地形状与方位，地势变化以及场地周围建筑空间现状与景观等条件（图3-13）。

不难理解，建筑物作为城市街区的有机组成部分，为了保证该地块的和谐与完整，同时为了充分利用土地，建筑的布置应与场地边界以及城市道路走向形成一定的对应关系，其朝向也必然受到场地形状与方位的制约（图3-14）。

在特定情况下，场地的某些方位有优美的风景景观，如依山傍水或人文古迹、亭台楼阁等，建筑的方位也应充分考虑这些有利因素（图3-15，图3-16）。因此，建筑物在总平面中的布局应综合考虑各方面的影响，在理想与现实之间取得平衡，不应单纯追求某一方面的需求而忽视全局的处理。

一块空地、一个空间在什么时候、什么条件下成为地点？答案在于

图3-13　西班牙 Edificio Residencial, Murcia 2006 年
　　该住宅小区布局考虑到地中海气候特点，并结合了建筑场所的自然属性，在地形地势的依存关系中发展出一种院落式密集的住宅单元布置，同时创造了较好的公共空间。

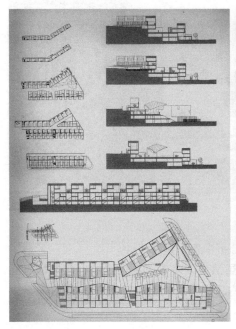

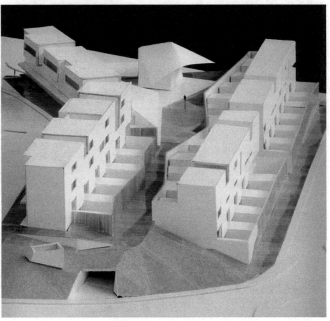

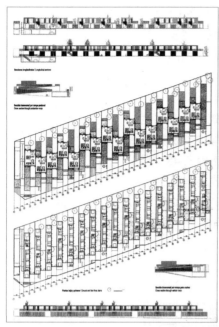
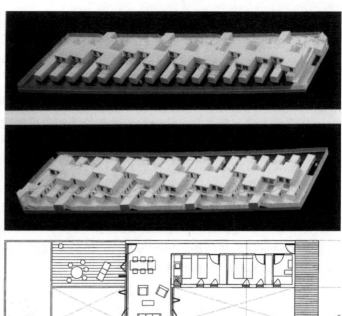

图 3-14　17 Dwellings in Vallecas，马德里 2005—2007 竞赛一等奖方案
这个 17 户小村设计中，每一户用地约为 8m×30m 的条形山坡台地，其中建筑占地 50%，拥有院落和屋顶平台。
在一定的密度和容积率下，最大化利用土地，并提供适宜的生活场所。在容量上反映了建筑与场地的制约关系。

在西方建筑历史长河中，约 90% 的时期内建筑美学受到神庙、教堂、贵族府邸这些主要建筑类型的影响。

从工业革命（18 世纪中叶）到 20 世纪初，能对建筑设计一般原理产生较大影响、并能与自然景观结合较紧密的建筑类型，就是别墅或者小型私人住宅。这一领域是许多建筑师扬名立万之所在。

在别墅的设计概念与表现效果方面，浪漫主义文学与自然风景画对它的影响是不可替代的。其中，"画境"的田园风光则是赋予现代建筑最重要的美学标准之一，从此，将绘画布局的准绳应用于建筑构图的愿景开始生根发芽，流传至今。

图 3-15　建筑的朝向方位与自然景观呼应

从城市的角度理解场地，从场地分析中着手建筑设计。

综上所述，建筑总平面设计虽然是以对建筑物位置的经营为核心问题，但是总体布局作为整个设计构思过程的关键环节之一，一般应满足以下一些基本要求：

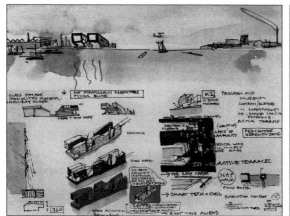
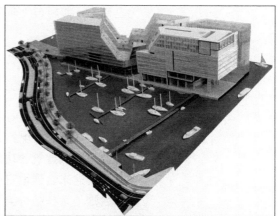
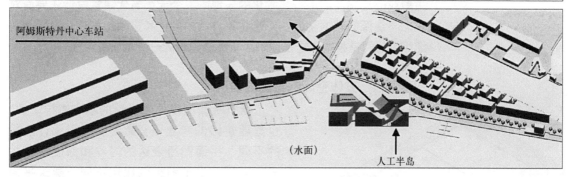

阿姆斯特丹中心车站

（水面）

人工半岛

（1）功能与形态：包括建筑物的落位，建筑与场地出入口位置的选择以及场地功能分区之间的空间关系等。

（2）卫生与舒适：包括主要朝向，不同方位的采光和日照间距、不同地区的气候特点和建筑通风问题，以及防止噪声干扰等。

（3）安全与经济：包括场地内交通组织、防火间距与安全疏散以及场地内的建筑层数设想与建筑面积密度、容积率水平等。

（4）环境与景观：包括建筑群体的组合设想、建筑物与其外部空间以及建筑场地与其外部城市景观之间的整体构思等。

3.2 建筑平面图设计

据说，公安刑侦部门一般专门设立"大案组"或者"重案组"，用以提高破案力度和效率，其成员大多是由身手敏捷经验丰富的干警或长期或临时组成。同理，从 20 世纪 70 年代末，为了提高建筑设计的水平和竞争力，许多建筑设计院在实际工作中都专门成立了"方案组"，其组员则由那些被认为是最有"灵气"的人组成。可见，建筑方案设计是当代建筑建造活动中最为重要的一个环节，也是最具创造力和想象力的一个设计阶段。建筑学专业的学生在五年的学习期间主要的内容便是建筑方案设计。就学习的过程和特点而言，建筑方案设计又以建筑平面图设计

图 3–16　荷兰"K2"办公楼概念设计，1999 年。波尔斯 + 威尔森建筑设计事务所

"K2"这个名字的由来是指荷兰的第二高山峰。城市规划者把阿姆斯特丹圆顶中心车站的后面的人造半岛这块地方设计成一个长宽分别为 175m 和 45m 的长方形，并将它划分为三个部分，每部分的建筑都由不同的建筑师严格按规划限制的体量来设计。波尔斯 + 威尔森建筑设计事务所负责的基地不是面向广阔的水面，它的对面是这座城市的"内陆"，从这里可以一览阿姆斯特丹优美的天际线。整个设计让这个"半岛"保持了与"内陆"的连续性。

为基础。正如柯布西耶在《走向新建筑》中所言：

> "平面布局是根本。明日的巨大问题……又再次提出平面布局的重要性。"

这也是柯布西耶向建筑师提出的三个要点之一。

从现代建筑出现到 20 世纪末的百余年间，建筑方案设计所概括的内容主要是解决建筑的功能、结构和艺术三方面要求，即根据不同的建筑性质和用途来合理地安排空间布局；根据建筑的规模、层数以及空间大小来合理地选择结构类型；以及根据不同的或为了满足某种特殊的美学主题或心理趣向而进行艺术化的表现等。今天，当代建筑设计还要面对生态与能源问题的挑战。无论建筑设计的条件和挑战如何变化，平面功能组织仍然是根本，这是建筑之所以是建筑的一个本质规定性。

3.2.1 立体空间的平面化表达

建筑平面图是建筑设计的基本图样之一，也是建筑师的专业语言之一。由于设计阶段的不同，平面图所表达的内容和深度亦不相同。同样，由于图纸的比例不同，建筑平面所表现的内容和深度也有所区别。但是，不论处于何种阶段和采用哪种比例，建筑平面所表达的一个基本内容是永远不变化，那就是对立体空间的反映，而不单纯是平面构成的结果（图 3-17）。

所谓建筑平面图，是用一个假想的水平切面在一定的高度位置（通常是在窗台高度以上、门洞高度以下）将房屋剖切后，作切面以下部分的水平投影图。其中剖切到的房屋轮廓实体以及房屋内部的墙、柱等实体截面用粗实线表示，其余可见的实体，如窗台、窗玻璃、门扇、半高的墙体、栏杆以及地面上的台阶踏步水池及花池的边缘甚至室内家具等实体的轮廓线则用细实线表示。此外，还会有纹样线、尺寸标注线及虚线等。

从结构的观点来看，平面图中首先区分了两种实体：一种是有承重和支撑作用的实体（如墙体、柱子），另一种是没有承重功能的实体。这是建筑师用粗实线和细实线所表达的基本含义。

把平面图看作是立体空间的平面化表达的

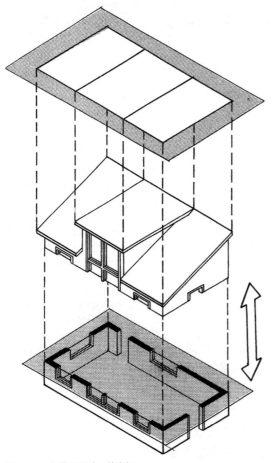

图 3-17 用平面反映立体空间
建筑平面图的概念是立体空间的平面化表达。它既与"平面构成"有联系，又有本质区别。

观点很重要，这是区别建筑方案与一般平面构成作品的关键所在。

3.2.2　平面秩序的建立

从平面图的概念和表达方法中我们看到，建筑师设计的建筑平面图中往往充满了各种符号，例如点和线、粗线和细线，有时还有色彩或数字等，这些都是人们"读图"时的线索（图3-18）。

从建筑设计的角度来思考，平面图中各种符号的位置、形态、大小等关系是如何确定的呢？也就是说，如何进行设计。

广义地讲，所谓设计，就是设想、运筹、规划与预算，是为了实现某种特定目标而进行的一种决策过程。对于建筑设计来讲，建筑或营造的直接目的是提供某种使用空间，而且这种空间能够适合人们的生活或进行某种社会活动。由于人们的生活或社会活动内容既不是单调的，也

图3-18　读图的线索

平面图中使用了各种各样的制图符号，它们都属于建筑语言或者说是图示语言：包括墙体、隔断、楼梯、门窗、平台、踏步、设施和家具等。此外还有一些辅助性的符号，例如表达上下空间对位关系的虚线、链接其他图纸的索引符号、表达环境景观方面的树木、草地、道路、停车场车位、广场地面分格线以及必要的文字和数字说明等等。

最后也是最必不可少的标注符号是比例尺、指北针和图名。

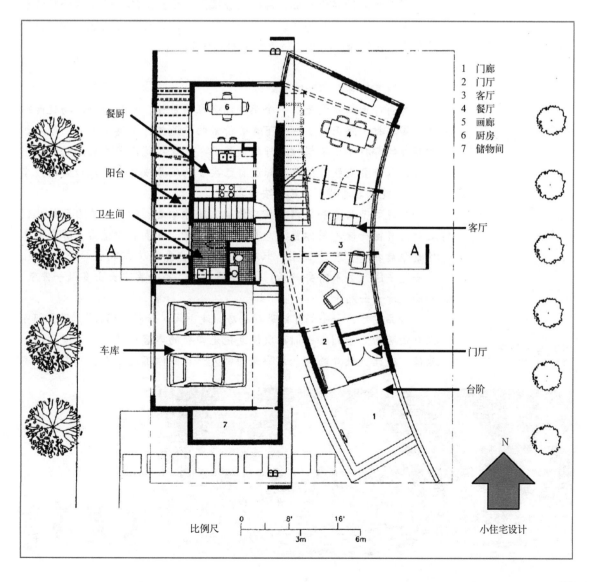

1　门廊
2　门厅
3　客厅
4　餐厅
5　画廊
6　厨房
7　储物间

餐厨

阳台

卫生间

A

客厅

门厅

台阶

车库

7

比例尺　0　8'　16'
3m　6m

N

小住宅设计

不是杂乱无序的，而是依据某种组织和秩序展开的，因而建筑提供的使用空间不是单一的，而是各种空间的组合——建筑平面设计的任务就是把人们生活和工作中这种有序的活动编入空间的关系序列，通过把人的活动或行为分类、分区，在图纸上转译成为功能分区规划、面积和容积分配、出入口及路径安排等地图式的空间序列。可以说，建筑平面设计的本质就是一种编序或编程的过程。对于初学者来讲，至于建筑的其他目的，如精神上的或美学上的追求，不妨把这些作为平面编序过程的修正变量来看待。

设计即决策。既依据人的行为规律，又决定人的行动路径。

1）功能模型与动线分析

如果我们能够察觉到图书馆与电影院之间在使用方式上的差别，那么我们就已经意识到了建筑平面布局同人们行为方式之间存在着逻辑上的对应关系。

我们个人的经验是如何被组织或编入一个开放的、公用的公共建筑的平面图之中的呢？为了说明这个问题，不妨先假想或回忆一次应邀参加某个正式而隆重的舞会时情景（图 3-19）：

你与其他客人们陆续地到达。

舞会外面的穿堂先有一个鸡尾酒会在等着你，好让你一到场就能跟其他宾客打个照面，了解一下舞会请来的尽是些什么英雄美人。等到该打招呼的都打了，不想打招呼的也见了，大伙儿就在一片热闹的气氛中纷纷进入舞会大堂。你只要知道自己桌子的编号或者查看入口处的"座位图"，就很容易找到自己的安身之处。

当晚的节目表和菜谱都摆在你桌上随你翻看。除了注意自己的礼仪之处，其他一概不用你费心。有菜上你就吃，有表演你就看，有人鼓掌你就跟着拍手。整个晚上，只有三件事你需要主动去做：①跟人交谈，②去洗手间（如果需要的话），③告辞离场。男士要比女士多做一件事，就是：请女士跳舞。

甜品过后，女士们可以进补粉房（洗手间）修补"门面"，男士们可以自由活动。等到女士们再次恢复艳光四射的姿容出现，男士就要回到座位。就此，跳舞的跳舞，聊天的聊天。只要你不是主人，只要你以不

图 3-19 记忆中的舞会是否大同小异？

扫别人的雅兴为前提，你喜欢什么时候告辞都行。

——引自《洋相》1991 年

上面一段文字，从社会心理学的角度来解读便是：

社会化的人 X，在 Z 情景中，典型地采取 Y 行为。 $\longrightarrow$　　　$Y=f\ (X, Z)$

心理学家称之为"情景模型"（situational models），是指记忆中或经验中的一种特定知识结构。模型或模式的出现既是以前在类似情景中个人经历感受的积累，同时又受到社会文化习俗制约，是个人化与社会化相互作用的结果。

让我们回到最初的问题。建筑场所内部所发生的事是社会生活和活动的延续，建筑师在建筑平面的空间组合设计中是否也应参照这种情景模型呢？从理论上看是必要的。但由于情景模型中包含有太多的细枝末节和太多的个人化经验，因此，建筑师没有能力也没有必要去关注那些复杂的情节，取而代之的是关注不同场所特有的构成知识。例如场所中事件的性质、空间、界线以及道具等。这些与情景模型密切相关。建筑师在设计中常常用另一种比较简单的模型来模拟它，这就是功能分析模式（图 3-20）。

在进行建筑方案或者建筑平面设计时，之所以首先强调进行功能分析，其目的是在整体上采用空间序列的方式再现某种实际情景。因而，功能分析的主要内容就是对某类情景或事件赖以展开的两个可操控的物质性要素

图 3-20　舞厅的功能分析
图（a）是功能关系方框图：空间分布；
图（b）是功能关系气泡图：动线分析。

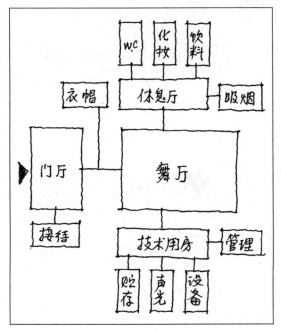

(a)

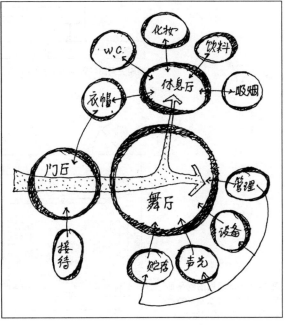

(b)

进行理解和识别。这两个要素一个是空间分布方面，包括空间的分类、位置与界线强弱等，即方框图；另一个是动线分析，包括人群的分类、流量与路径组织等。其中，动线分析可以说是功能分析的灵魂，换句话说，如果把建筑的功能分析图看作是一棵梧桐树，那么，它的根深扎在现实生活情景中，建筑的各种空间就像它的叶片一样各得其所，有的凸显，有的隐蔽，有的朝南而获得好的日照，有的则朝北而不争其荣。至于树干和枝杈则左右穿插相互联系顾盼生情，最能体现树的姿态和神韵：建筑中的动线组织若能像枝干一样呈现主次分明、疏密有致、流畅而井然，则无疑为方案设计搭构了一个良好的框架，构想中的凤凰将诞生其中。

2）转译的两种典型途径

每一种类型的建筑，例如图书馆或旅馆甚至消防站等都有它们特有的功能关系图式，这在一般的建筑设计资料书籍中都常见。通过功能分析，我们获得的只是关于该类建筑中空间关系的一般认识，是具有共性的组织原则。因此，熟知了功能图式并不意味着可以直接把它转化为建筑平面图。在两种图式之间尚存在一个关键环节，即由共性到个性，由一般到具体的转变（图3-21）。

具体的空间组织是对抽象构思的转化和翻译。将概念和创意转译成视觉的形式和形象，这种转化能力既是我们学习设计的重点之一，也是建筑师一生的工作。

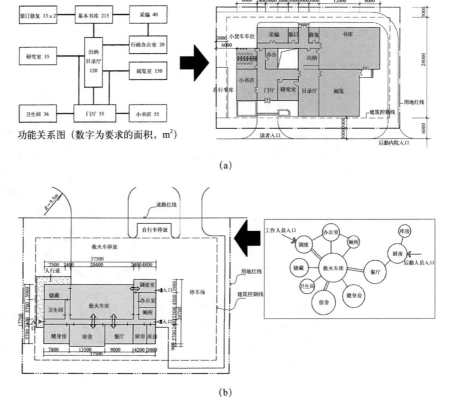

图 3-21 从功能图到平面图之间存在一个关键环节
图（a）是小型图书馆设计；
图（b）是小型消防站设计。

就转译的内容来讲，主要涉及"量"与"形"的具体化，即首先应意识到面积与形状、距离与位置，这两组概念是推敲空间关系时所采用的基本变量。值得强调的是，每一个概念都是一个具有弹性的变量，也就是说一个 $100m^2$ 的房间与 $99m^2$ 或 $102m^2$ 的房间同样适用于某种活动，而相同面积的空间可以是方形或矩形或圆形等。至于距离和位置则更具有相对性和可变化。

这种灵活性和模糊性可能让一些人感到困惑，特别是当下习惯于用计算机绘图的学生。但这种特性却能够给我们带来乐趣，并且能够和游戏般的工作方式联系起来，因此是创作性工作中最令人感兴趣的方面之一。用游戏般的态度来使用这些变量来建立空间关系，这是设计的艺术性带给你的一种开放的心态。

为了分析上的方便，转译可以概括为两种典型途径：一种是由外向内或由大到小的设计方法；另一种是由内向外或由小到大的设计方法。

（1）由外向内

这种方法的特点在于强调从场地分析和总平面设计入手进行建筑设计（图 3-22）。其关键就是"抓大关系"，好比学习画素描一样，先从大的轮廓、大的明暗关系着手一样。

图 3-22　新加坡雅科本设计公司概念草图 2002 年图（a）与图（b）方案因对外部环境的设想不同而采取不同的建筑布局。

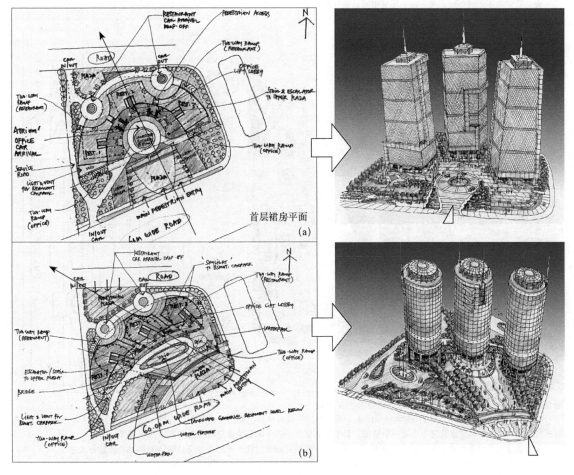

作为一种图形组织，建筑设计的第一个令人纠结的问题，是"创意"OR"构图"？这两个词已成为建筑设计专业圈内的时尚，对它们的重视也自有其道理。其实，建筑作为视觉艺术这一认知本身就给出了答案："创意"与"构图"是不可分割的。

由外向内或从大到小的思路强调，有创意的构图是与环境分析和景观塑造密不可分的（图 3-23 ～图 3-25 ）。

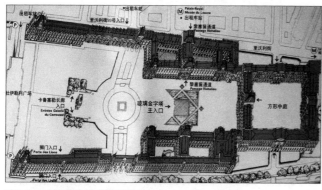 

图 3-23　法国卢浮宫扩建工程，1984—1988 年，贝聿铭

贝聿铭通过对其周围环境进行研究后，创造性地将 7 万余 m² 的扩建部分放置在卢浮宫地下，避开了场地狭窄的困难和新旧建筑冲突的矛盾。入口设计成一个边长 35m、高 21.6m 的玻璃金字塔。

★当新建筑不可避免地出现在特定环境中时，就让它的消极影响最小化——弱化自己是表达对环境敬意方式之一。

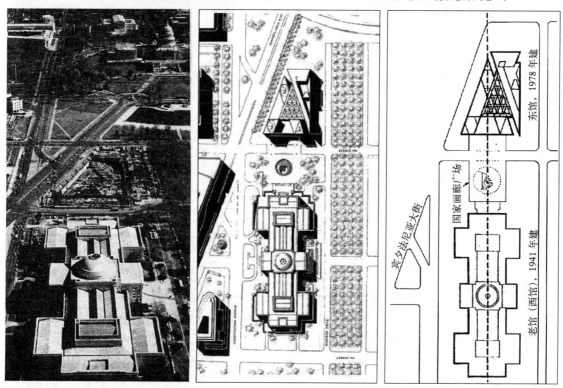

图 3-24　华盛顿国家美术馆东馆，1968—1978 年，贝聿铭

东馆位于一块 3.64hm²（公顷）的梯形地段上，贝聿铭用一条对角线把梯形分成两个三角形。这种划分使两大部分在体形上有明显的区别，但整个新老建筑又不失为一个整体。贝聿铭凭借这一源于环境的创意构图而蜚声世界建筑界。

★当新建筑不可避免地出现在特定环境中时，就让它的积极贡献最大化——减小冲突是表达对环境的敬意方式之二。

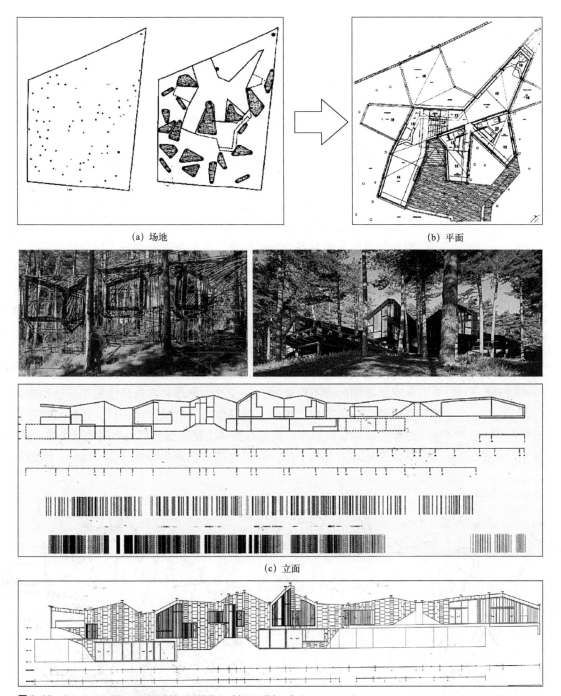

(a) 场地　　　　　　　　　　　　　　　　　(b) 平面

(c) 立面

图 3-25　Casa Levene House，Madrid，2009.7. Architect：Eduardo Arroyo

项目概念：反森林空间 Anti-forest/construction。这是以自然环境为主导的设计。

图（a）基地中树木丛生，留给建筑师的空间非常有限。建筑师将"树"这一自然元素作为第一考虑对象，建筑似乎是树林空隙的填充物。"假设丛生的树木在树林里起主要作用，其他的事物都是被称为'反森林'空间，挖掘这部分可建造空间正是对场地限制的回应。"

图（b）在最大限度地尊重自然环境，不破坏现状植被的前提下，建筑师提出"反森林而居"的概念：指状形态。

图（c）景观影响最大化：立面景观密度 。

在每个立面的处理上，建筑师依照一种不变的法则：根据树木的数量、位置和阴影来为立面的设计提供依据。

将立面展开，把一层和二层看到的树木统计数据在两排中列出。树木与立面的距离不同，在图中表示的颜色也有所不同；同样将阴影叠加，用阴影的颜色深浅不同，形成"条形码"一样的图解，直观显示景观密度。

★当新建筑不可避免地出现在特定环境中时，就让它顺从同化外部条件——这是表达对环境的敬意方式之三。

89

以上的三个案例用不同的方式表达了建筑师对环境的敬意，是三个典型的属于环境决定论的设计。其实，在前一节"总平面设计"中的大多数方案也都是类似的例子。

由上可见，建设场地的地形图本身为我们提供了场地特征与限度两类信息。而同时更应该意识到，场地又处于一个更大的环境之中——这一视野转换至关重要。

环境特征赋予了建筑的基本形态。这一形态是否合理，还要依赖于对建筑单体的具体设计。比如，首先对设计任务书清单进行整理，把相同性质的房间进行分类和归纳，组成几个功能区块，即所谓的"功能分区"，从大的区块角度来了解和掌握建筑物的构成情况。接下来，便是按照功能模型来组装各个功能区块，从而快速检查一下综合后的整体形态与外部环境是否吻合——出现冲突时如何调整？此时或许最需要的是指导教师的意见。

上述过程听起来就像是车间里的生产流水线作业，显得机械而刻板，似乎与艺术活动不沾边儿。但是这个过程存在于建筑师的头脑中，也存在于大师展示的纷乱的草图中（图 3-26）。

建筑设计作为一项引人入胜的艺术劳动，其原因就在于设计的结果永远是模糊的和不可全知的。设计的原理和方法只道出了行动的方向所在，却对结果不加以明示，就好像古代的预言家一样。正如我们在设计过程中所体会的那样，我们在整体上把建筑分解为有限地几个功能区块，尽管要处理的要素不多，但是当把它们聚集和组合在一起时，所遇到的

图3-26 草图是唯一能与人的大脑思维速度匹配的表达手段，特别适合于构思阶段。它既是建筑师的自言自语，也是建筑师的内心独白图（a）是悉尼奥林匹克体育馆构思草图，菲利普·考克斯；
图（b）是德国柏林波茨坦广场规划（Potsdam Square，1992 年），伦佐·皮阿诺的总体设计一等奖。

(a)

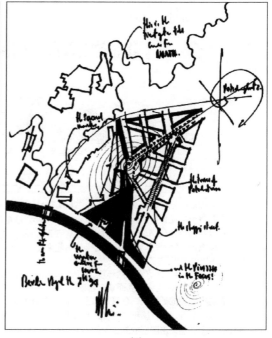

(b)

问题却不少，时时面临调整和选择。例如，以功能分区之间的关联问题为例，每个功能区块都涉及面积、形态、距离和位置等变量，是以水平联系为主，还是垂直方面联系为主；联系是直接的，还是有过渡空间要求等。当我们进行选择的时候，每一次每一种决策都会带来建筑构图、体量分配、建筑轮廓线以及建筑整体形态与场地景观之间的关系变化。重要的是，这个过程能够帮助你实实在在捕捉、充实建筑的创意。反之，你的创意、幻想和某种形而上学的追求也会引导着方案的构图、体量感和轮廓线的修饰。这种互动游戏的过程会把结果引向何方，恐怕无人知道，包括你自己。艺术创作的结果是在过程中被发现的，它是创作过程的一次中断（stop-off）。

尽管具有不确定性，场地分析和环境中的线索确实是一个有效的思路，它是我们理解城市和塑造建筑的最好切入点。在当今服从效率和听从时间表的严密计划的时代，方法的合理性和有效性是必需的。

（2）由内向外

这种方法的着手点是从建筑单体设计或先从建筑单体中的某些局部设计开始，然后"生长"成整体（图 3-27，图 3-28）。

由内向外的设计方法对于初学者来讲是有风险的。你或许有过或者听说过有人画完平面图后，却又忙着修改用地边界或更换地形图的事迹

图 3-27　由内向外，单元
的重复与拼接

图 3-28 荷兰阿姆斯特丹市立孤儿院，阿尔多·凡·艾克（Aldo van Eyck）设计，1959—1960 年

1975 年改设成荷兰历史博物馆。

从建筑平面到空间体块用大量重复单体构成的形式正是凡·艾克的结构主义美学的实践，也是所谓"数量美学"理论的反映。

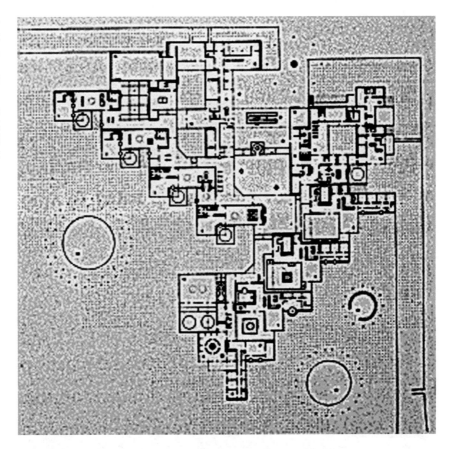

吧。因为单体建筑做得太大了或太长了，超出了场地的限度条件。其实，作为一种设计方法，它有自己的适用条件，一是场地大小没有限制，这个现实性几乎为零。二是它只适用于某些特殊性质的建筑设计。例如，住宅建筑设计中往往先从居住单元入手；中小学的教学楼设计中先考虑合理的教室形状；旅馆设计中先选择适当的标准客房的开间及进深尺寸；而在高层建筑的设计中，标准层的设计是至关重要的，往往要优先考虑。

（3）内外结合

其实，不论是由外向内，还是由内向外，只是做设计的切入角度问题，而不是相互替代的独立方法。

让我们重新叙述一下。在着手设计之前，你打开电脑，拿出手机，戴上耳机（也许电脑切换出聊天页面、手机准备充电、耳机内已响起动听的音乐。尽管不建议做这样的准备工作，包括零食与饮料，但这确实是新一代学生的特色）。接下来的设计会进入怎样的准备模式呢？——我们的桌案上摆放着地形图、设计任务书文本以及你从资料集中查到的该类建筑所共有的功能模型图式，它们将为下面的设计提供一些关键信息。

从整体出发的场地分析和功能分区与从局部出发的单体设计是一个

设计过程中必须要做的内容，区别在于是先做还是后做的程序问题。在建筑设计的实际过程中，关注整体性问题和关注局部性问题，这两者总是交替出现的，一般表现为从整体到局部再到整体，

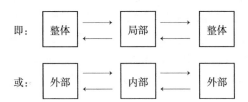

由于在功能模型图式与建筑平面方案之间不存在一一对应关系，因此，符合同一功能模式的同一类型的建筑设计呈现出不同的建筑平面构图，实际的实况也正是如此。例如，一个班级的同学在做同一题目的设计时，每个人都有不同的解决方案，提供了不同的构图。而每一个方案同样要经过总图环境和单体平立剖之间的相互修正（图3-29）。

正是由于存在着多种可能性和可行性，因此，同一个人面对设计问题时必须经过多做方案、多次反复才能确定下方案。可以说，反复性是学习设计的必由之路，除此之外别无捷径。

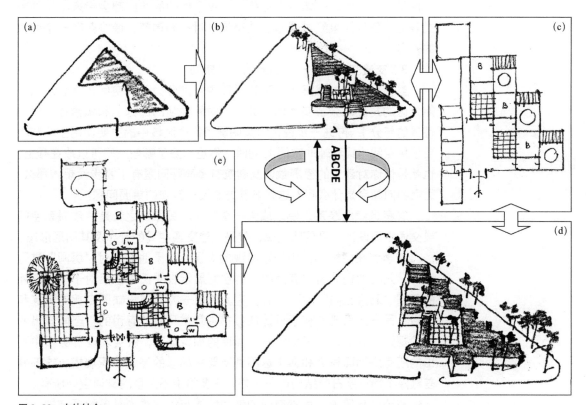

图3-29 内外结合
　　以幼儿园设计为例：依据黄为隽教授《建筑设计草图与手法》（1995年）中的草图重新排版整理。图（a）、图（b）是两种场地利用情形的比较；图（c）平面设计是对图（b）总图的验证，确定形体具有合理性和可行性；图（d）总图的形态和环境效果是对图（c）平面设计的深化，从而最终确定建筑平面图（e）。

头脑风暴法，是现代创造学奠基人美国奥斯本提出的，是一种创造能力的集体训练法。要求从不同角度，不同层次，不同方位，大胆地展开想象，追求数量是它的首要任务。期间既不肯定某个设想，又不否定某个设想，即延迟评判，始终保持多个方案间的平行思维。最后再对已获得的设想进行整理分析，以便选出有价值的创造性设想。

·

头脑风暴法 ←→ 疯狂草图法

方案设计过程中的反复性或许就是方案构思的标准方法，有如"头脑风暴法"在现代决策中的应用。

事实表明，头脑风暴法作为一种集体方法，其工作方式的有效原则也可以在个人身上取得成功。在建筑方案设计阶段便是如此，用建筑学的语言说就是"疯狂草图法"。遗憾的是疯狂草图法已经失传很久了。总之，我们所强调的内外结合的设计方法实质上就是要求设计者以平行思路、多向思维和多重角度来看待建筑功能与建筑构图之间的转译过程。通过整体与局部或外部与内部的反复比较、调整和尝试来发掘和获得要素组织的各种图式。

显然，在方案（构思）设计阶段，除了不违背功能合理的原则下，还有两点价值观需要明确：

一是在构思过程方面，要知道在寻找答案的过程中"量"比"质"重要。

二是在评估结果方面，要知道所谓的"创新"就是构成要素的重新组合。

如果你赞同这两点，那么在你面对每一个设计题目时就不会头脑发呆，纸笔闲置，而会通过一些刺激性问题来激发你的表达欲望。比如，可以用其他方法吗？可以转换成其他方式吗？可以改变位置吗？可以改变形状吗？等等，一切皆有可能。对每个提问的响应都会带来不同的图式表达。各种结果经过课堂上的交流、讨论和调整，最终获得一个满意的方案。

3）交通空间：是一种重要的积极空间

当你已经基本想好了，建筑平面中可划分为几类空间，或者说从功能分区的角度区分了空间的公共性（对外性强的部分）和私密性（对内性强的部分），再进一步说，你又明确了每个区域中的主要使用空间和次要使用空间（或称辅助空间）；同时，你也想好了哪些空间可以放在楼上，也就是说你对建筑的楼层数以及建筑有多高等问题有了初步设想，那么，之后的问题会是什么呢？这是触及方案设计灵魂的重要问题。

答案是建立联系，使之成为一个整体。具体言之就是关注联系空间或交通空间设计。再具体地说，就是关注交通空间的分布及其图形形态。

初学者在建筑设计中经常出现的失误，在于他们只对"房间"进行设计，只将他们认为"有用的"的空间展示在平面中，而对于房间其外的所谓"剩余空间"漠不关心。究其原因一方面在于缺乏专业的训练和指导；另一方面或许在于设计任务书中常常只对"有用的"空间做出明确的规定。其实，如果你做一次简单的加减运算，就会发现任务书中列出的所有房间面积之和通常达不到所要求的总的建筑面积规模。这部分差额除了墙体所占的结构面积之外，主要是由不定型的交通空间所有。

在公共建筑中，尽管空间的使用性质与组成类型是多种多样的，但是概括起来都可以划分为目的空间（主要使用部分）、辅助空间（次要使用部分）以及交通空间（联系纽带部分）三大部分。对于交通空间来

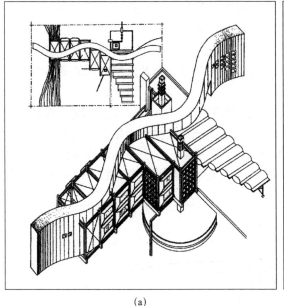

(a)

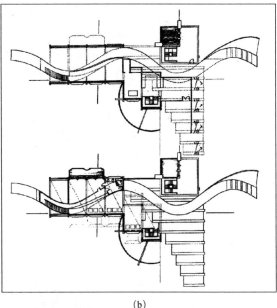

(b)

讲，建筑师的看法与一般的观点不同，交通空间并不是目的空间与辅助空间的剩余领域，而是一种积极空间，它有明确限定的图形与组织原则（图 3-30）。

有经验的建筑师都承认交通空间的设计对建筑平面的秩序感以及建筑物的适用性和经济性影响重大，而且其影响程度随着建筑规模的增加而增大。可以这样说，交通空间的设计是否合理以及它占总建筑面积的比例是衡量建筑设计的重要标准之一。

在内容上，交通空间包括水平交通空间（如走道、走廊等）、垂直交通空间设施（如楼梯、电梯、坡道等）及其枢纽空间（如门厅、过厅以及门厅、过厅与楼电梯组合的枢纽等）三种形式。一般说来，这三种交通空间同时存在于任何一个建筑中，构成了建筑物的内部交通系统。

在本质上，交通空间设计，或者说交通流线组织反映了建筑中的人和物的活动和移动路线，称为建筑中的动线。由于动线的主体是人，而且，人作为建筑的使用者（用户）又是多种多样的。因此，动线的类型大致可分为三种：

一是公共流线。它是建筑物主要使用者的活动路线，具有开放性。如车站中的旅客流线，展览馆中的参观流线等。公共流线具有方向性多、流量大、使用频度高的特点，因而是公共建筑设计中要解决的主要矛盾。

二是内部流线。它相对来说具有一定的排外性，即通常只允许在建筑内日常工作的人员通行。

三是辅助流线。它是人与物的结合。如餐馆中的食物供应流线，火车站中的行包流线，医院中的器械药品的供应线等。

根据具体情况，内部流线与辅助流线有时可以合二为一。

　　由上可见，动线设计是以人作为考虑的第一要素，以人的运行方向、流量及频度等活动规律和活动方式为依据。其中，公共流线是动线设计或交通流线组织的"主导线"，同时考虑其他流线的安排。具体说来，要考虑不同性质的流线的领域、边缘和终点，以及流线之间必要的联系和交叉。

　　在设计上，交通空间是一种积极空间，这一观点是如何体现在建筑平面构图之中呢？对此，初学者可以用一种最简单也是最直观的方法来检验，即用铅笔将平面中属于交通空间的面积涂上不同深浅颜色，以此来观察它是否是一个连贯的而又相对独立的通道系统（图 3-31 ～图 3-34）。

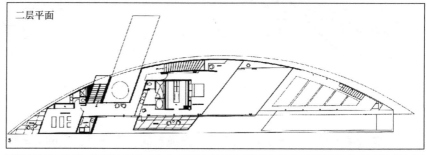

二层平面

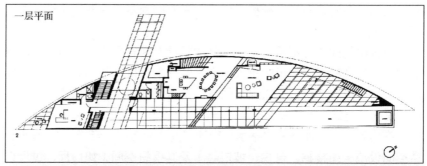

一层平面

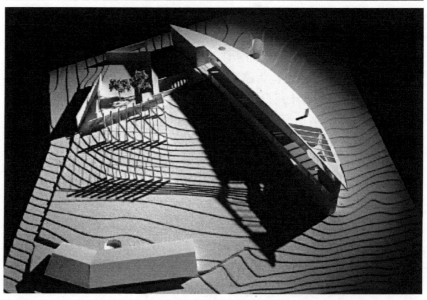

图 3-31 Crawford Residence，独户住宅（美国加利福尼亚州蒙特奇托/1987—1992 年）汤姆·梅恩（Thom Mayne）和迈可·罗通蒂（Michael Rotondi）的事务所设计

　　独立的交通设计确保了房间私密性。

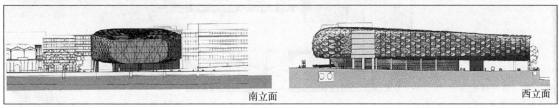

南立面　　　　　　　　　　　　西立面

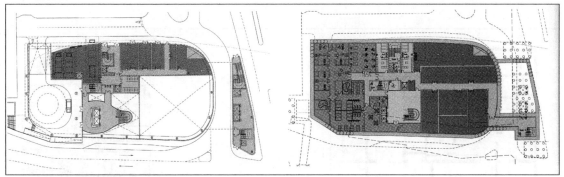

如果我们在平面图中观察不到这样一个独立的系统，那么就意味着平面中的某些目的空间有相互"穿套"与干扰现象。如果我们在图中能够提取这样的交通结构，那么还要进一步考察该通道的采光与通风情况，就像我们在设计"有用的"房间时要考虑采光与通风要求时一样。

如果我们把视野进一步扩大，宏观上的城市开发，中观上的居住区规划，微观上的建筑设计，道路交通和流线设计在各个层面上都是首先考虑的关键因素。

4）交通空间设计：动线上的要点控制

交通空间设计，首先，在整体上要满足上述两点要求，即形成一个相对独立而连贯的通道系统，同时要有（或局部上有）自然采光和通风的条件。其次，交通空间在局部上的形状要取决于人的活动方式。

图 3-32 Puddle Dock 酒店，伦敦，Alsop 建筑师事务所设计

地上 6 层，地下 2 层，28000m²，位于泰晤士河岸。主入口在建筑左端架空处，车辆采用即停即离方式，员工为独立流线，货物出入口在最右端的独立部分。

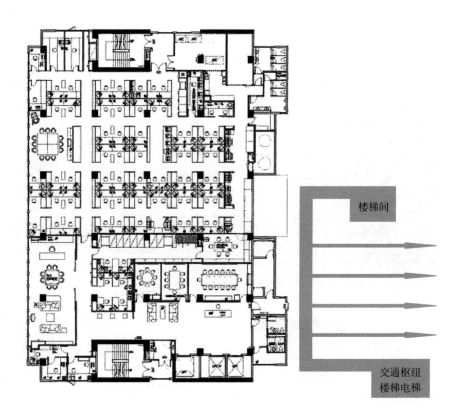

图 3-33 某开敞式办公平
面及其交通流线分析

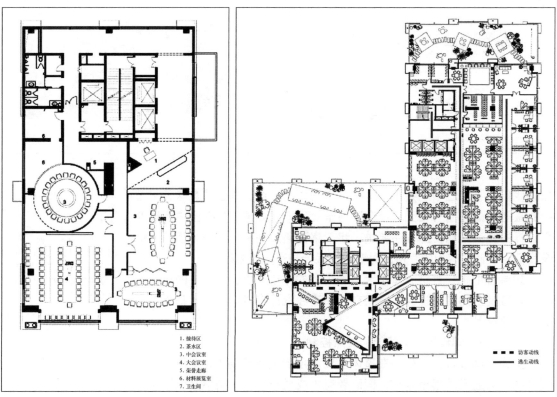

1. 接待区
2. 茶水区
3. 中会议室
4. 大会议室
5. 荣誉走廊
6. 材料展览室
7. 卫生间

图 3-34 某开敞式景观办公空间平面设计及其交通动线分析

从直观的角度看，一个完备的交通系统包含着各种形态的交通要素，如具有"点"特征的楼梯（电梯）间，具有"线"特征的走道，具有"面"特征的入口枢纽空间等。三种基本形态要素构成了动线上的要点，对要点的控制直接体现了建筑设计的功能性和经济性（图3-35）。

首先，点要素的控制问题。楼梯间作为垂直交通联系的基本手段，对它的设计往往要以平面的因素为依据，大致包括形态、位置和数量三种变量。

楼梯的形式与形态是多种多样的。从形式上看，有楼梯（间）、电梯、自动扶梯和坡道等。从形态上看，除电梯和自动扶梯是定型设备外，楼梯与坡道的形态常见于直跑式、双跑式（180°　U形）以及螺旋式或弧线式（图3-36）。此外，有时我们也会见到其他形态，如曲尺式和三跑式楼

图3-35　动线上的点、线、面

昆士兰技术大学保健学院综合体，NOEL ROBINSON设计，1994年。

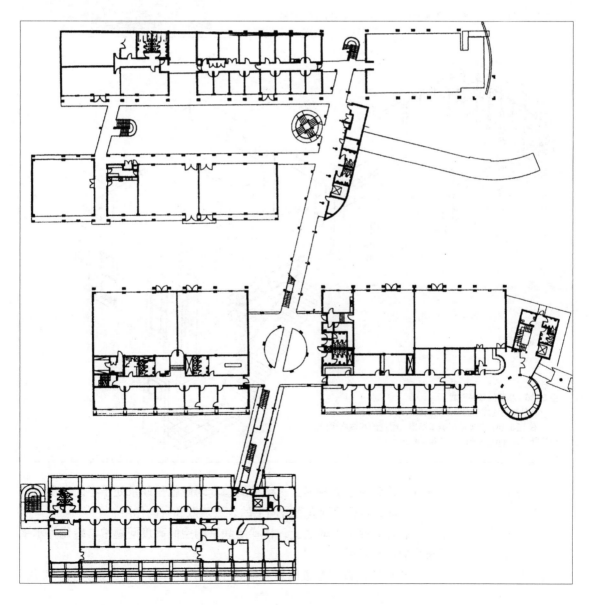

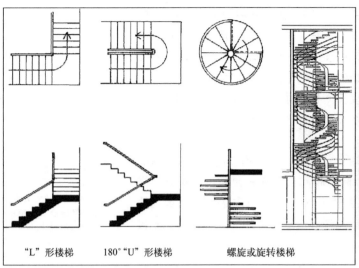

"L"形楼梯　　180°"U"形楼梯　　螺旋或旋转楼梯

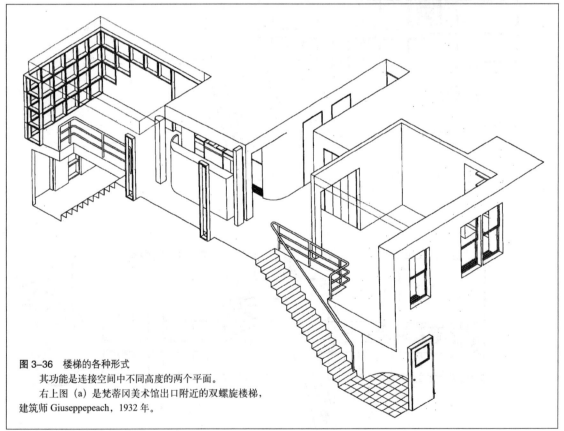

图 3-36　楼梯的各种形式

其功能是连接空间中不同高度的两个平面。

右上图（a）是梵蒂冈美术馆出口附近的双螺旋楼梯，建筑师 Giuseppepeach，1932 年。

梯等。无论采取哪种形式，楼梯的基本功能就是联系处于不同高度上的两个平面，从而起到垂直方向上的人流疏散和导向作用。

在建筑平面的表达上，楼梯所联系的空间高度问题常常转化为水平长度的控制问题。

楼梯的位置和数量问题可能是困扰初学者的主要因素。从"使用"

的角度看，楼梯与建筑中的其他空间相比有一个明显的特点，那就是楼梯具有两种使用状态：

一是正常使用状态；

二是在发生火灾等危险情况下的紧急使用状态。

前者是满足"联系"的要求，后者是满足"安全疏散"的要求。平面中楼梯的位置和数量设计应同时符合上述两种使用状态。

在正常使用状态下，楼梯的分布根据动线上的人流量和使用频度的不同而区分为主要楼梯和次要楼梯。主要楼梯一般位于入口门厅内或其附近，在设计上有时要考虑楼梯的形态造型与大厅空间的艺术气氛，室内空间构图等装饰性因素。相比之下，很少有人注意辅助楼梯或次要楼梯的位置、远近甚至有无等问题。

然而，在紧急使用状态下，建筑物内部的人员疏散动线的方向、流量等会出现变化。在这种情况下，楼梯的位置和数量设计就必须根据建筑的性质、耐火等级、每层建筑面积与长度（防火分区）等来考虑。简单地讲，楼梯的分布与数量是根据安全疏散距离而确定的（图 3-37）。基于防火疏散的需要，在公共建筑设计中，至少应设置两部楼梯或两个安全出入口，大型复杂的建筑所需要的楼梯数量会相应增加。至于设置一个楼梯的情况是很少见的，须符合更加严格的条件（参见"防火规范"）。

其次，线要素的控制问题。建筑中的一切通道、走廊等都是线式的，它是空间联系的直观纽带。

建筑中线式通道的形态是多种多样的，有的是直线的，有的是曲线的，有的是折线的。从围合的程度看，可以是封闭的，也可以是开敞的或半开敞的。但无论是哪种形式，通道的设计都有一个长度和宽度的控制问题（图 3-38，图 3-39）。

由上可见，在宽度方面，通道的图形取决于使用的方式。

办公楼、宿舍和旅馆客房区域内的走道，其功能完全为交通联系需要而设置，一般不允许或不需要附加其他功能，因而通道的宽度相对较小。

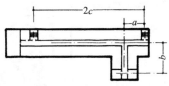

图 3-37　楼梯间的位置与数量

主要依据人数和安全疏散距离而定。

图 3-38　"文革"镜鉴博物馆街坊概念方案，四川安仁，2003—2004 年，李兴钢

博物馆街坊采用江南园林的复廊式空间结构，双层墙之间有架空的留缝。复廊是线性的，既是游览流线，也是展廊空间，同时，廊子串联起一些平台，用于停留、休息和观赏。图（a）是完整的博物馆聚落；图（b）、图（c）是博物馆复廊空间。

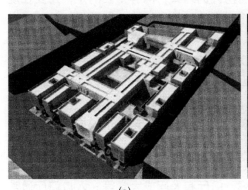

(a)

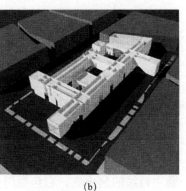

(b)

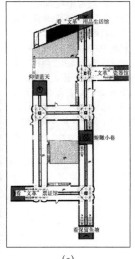

(c)

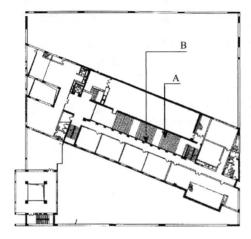

图 3-39 天津大学冯骥才文学艺术研究院，2001—2005 年，天津华汇，周恺

在正方形院落中，建筑结合场所环境呈平行四边形，将用地划分成南北两个楔形庭院。在简约形体中，建筑内部空间通过两种尺度的长廊贯接一体。其中，图中 A 是中心宽廊具有多功能：楼梯、阶梯教室、休息厅等；图中 B 是普通走廊。

而对于医院门诊楼或学校教学楼内的走道，由于它们除了有交通联系功能外还具有候诊或课间休息的附加功能，因而通道的宽度相对较大。此外，同一个建筑中，不同功能分区中的走道宽度上的差别有助于在空间分区中形成等级秩序。同时，也适合于不同流量的人员活动（图 3-40）。

在长度方面，通道的设计主要体现了安全疏散距离的概念。在一条较长的通道上，不但要联系起各房间的入口，同样重要的是，还要在规定的距离限度内至少联结起两个安全疏散楼梯间（疏散楼梯间等同于安全出口）。

当然，建筑中的通道，作为一种交通空间同样存在两种使用状态，即正常使用与紧急疏散要求。因此，通道的宽度与长度设计应兼顾这两种要求。但相对来看，宽度设计主要依据正常使用方式而定，而长度控制主要符合紧急状况下的安全疏散距离的限度，这两个侧重点往往是初学者容易忽视的。

最后，面要素的控制问题。建筑主要入口地带的枢纽空间是内部交通主导线的起止点，它包括门廊、门厅和大厅或大堂等。入口门厅通常

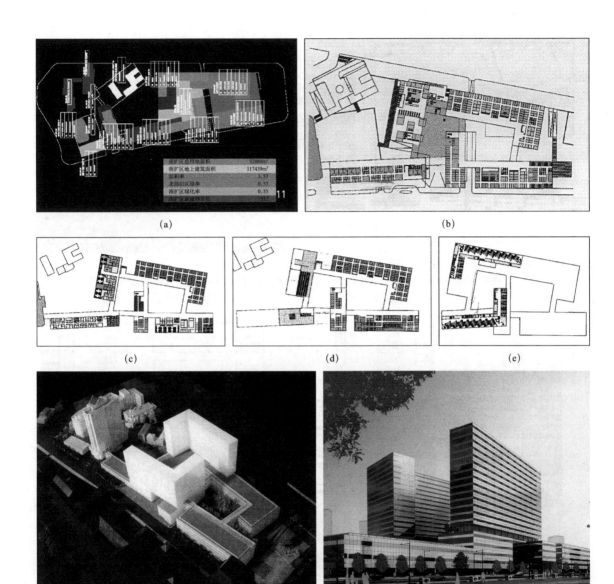

图 3-40 南京市鼓楼医院南扩工程中标方案,瑞士 LEMAN 建筑师事务所,2004 年

方案设计了一个围绕花园内环的医院级回廊,为公众使用,解决医院各部门的水平联系。在建筑外围设计了用于内部员工使用的更私密的联系廊道,从而清晰地区分了医务人员、访客、病人的通道。同时,在各个功能分区中,每一种通道宽度都是基于人流量的真实性需求而精心设计的图 (a)。总之,清晰的功能分区、相对独立的流线等级、最短距离的追求,使之在追求外观惊艳造型的竞争对手中脱颖而出。图 (b)、图 (c)、图 (d) 是首层及门诊各层平面,图 (e) 是高层平面。

不仅仅是一个交通中心,而且往往也是在建筑物内进行某种活动的场所,具有一定的实际使用功能。例如旅馆的入口大厅除满足交通组织之外,还应是供登记、休息、等候和会客等功能场所。又如医院的入口大厅也常常包括挂号、交费、取药的空间。从建筑艺术的角度来看,入口地带是建筑内部与外部空间的衔接中介,是建筑空间构图的第一个高潮,因而往往是建筑艺术处理的重点之一(图 3-41,图 3-42)。

可见,门厅是建筑物及其空间的一个重要组成部分。与楼梯间和过道空间不同,门厅是一个多功能空间,它所设计的目的和内容是综合的。

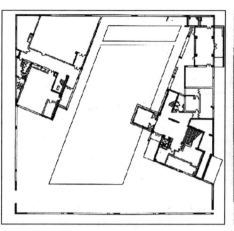

图 3-41　天津大学冯骥才文学艺术研究院 2005，天津华汇，周恺
　　　主入口是一个"漂浮"在 2000m² 水池上的玻璃盒子空间，水池尽端种植修竹，使得入口地带营造出一种文学意境。

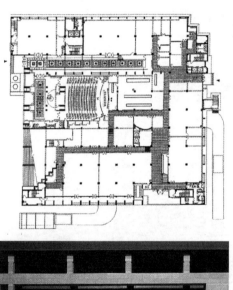

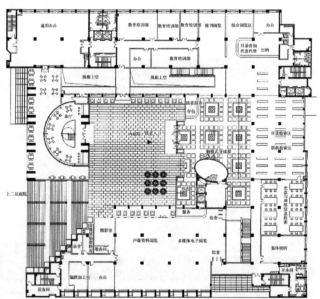

图 3-42　中国科学院图书馆，中科建研院公司设计 2002
　　　30m 门洞 60m 桥梁构架创造了入口与广场一体化空间。

一方面，门厅具有分配人流、物流以及动线方向的转换等功能而要求它应与水平交通空间（走道）和垂直交通空间（楼梯、电梯等）有直接和流畅的联系，从而形成完整的交通空间系统；另一方面，门厅空间不单纯是水平通道空间的简单扩大，考虑到垂直方向的人流集散和动线方向的转换，建筑的主要楼梯或电梯设施往往也需要组合在门厅空间之中。此外，根据公共建筑的性质和使用要求，门厅内还需设置一些除交通功能之外的其他辅助空间内容。很明显，建筑的入口地带既是交通动线上的一个要点，同时也是整个建筑平面设计和空间布局上的一个重点部分。从总的方面来看，主要入口门厅设计应着重从这样三点来考虑，即位置、形式和空间形象处理。

关于门厅的位置。我们已经知道了门厅的重要性。对于一个重要的东西，有人会把它深藏起来，秘不示人，就像一个守财奴。但是建筑师的态度与此恰恰相反。在公共建筑设计中，门厅通常占据平面布局中明显而突出的位置。例如在建筑物的主要构图轴线上，或位于建筑立面的正中部位。即使偏离中心也往往会以入口为轴在局部上来建立自己的对称关系。由于门厅既具有明确的功能作用，又具有明显的构图作用，因此，一方面从平面关系来看，门厅的位置应适中，如人之心脏；另一方面从立面构图上看，门厅的位置一般应处于左右对称的轴线上或非对称构图中处于左右均衡的平衡点处（图3-43）。

门厅作为流线的起止点，它与所进入的建筑物内部通道路径的联系中，不宜出现在某一肢端末节，以免导致公共交通路线过长的情况。一旦出现这种情况，就应该有充分的理由和特别的意图，同时也需要特定的阐释（图3-44）。

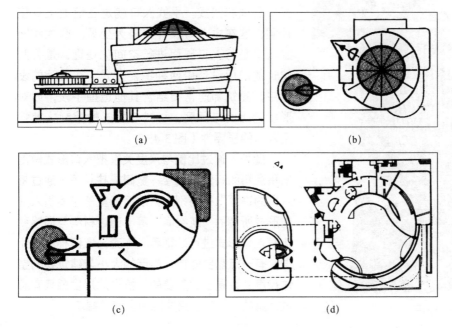

(a)　　　　　　　　　　(b)

(c)　　　　　　　　　　(d)

图3-43　古根海姆（Guggenheim Museum）纽约现代艺术博物馆

是古根海姆美术馆群的总部，坐落于纽约曼哈顿区第5街。创办于1937年。该美术馆保存了所罗门.R.古根海姆所有的现代艺术收藏品，因此该馆以其个人名字来命名。1947年由美国著名的建筑师F.L.赖特设计，完工于1959年。图(a)是立面，主入口位于均衡点上。图(b)是主要空间在局部上的对称与均衡分析。图(c)是交通流线从门厅到使用空间的路径分析。图(d)是首层平面。

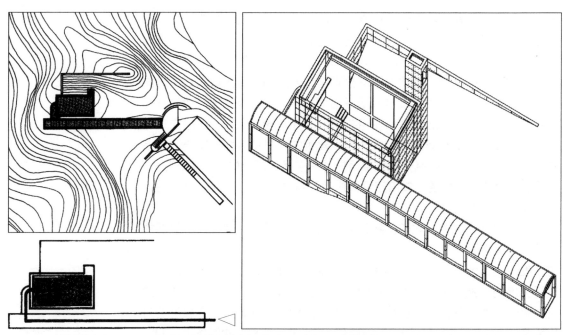

图3-44　六甲山教堂（1985—1986年）又名"风之教堂"，位于日本兵库县，安藤忠雄

入口前面没有太多的常规的处理手法，只有草坪和边缘处的树木，然后便进入"风之长廊"的入口。在长长的廊道尽头，教堂正厅的入口被设计成一个180°转向的曲折入口。在这里，风之长廊不能简单将之定义为通道，由于它隐喻西方神庙建筑柱廊的序列意象，因而，穿越这一空间就像是履行一种宗教仪式。

左下图是流线分析简图。

图3-45　拉萨火车站（2006）主入口

关于门厅的形式。门厅将建筑空间划分出"内部"与"外部"。因此，进入建筑的过程实质上就是穿越一个垂直面。

总的看来，入口的边界形式有三种，即平式、凸式和凹式。平式入口就是在墙面上直接开洞，这在主入口设计中较为少见。凸式和凹式入口是将入口界面进行空间化处理，是公共建筑的门厅设计中两种主要方式。在实际的设计中，建筑师通常要结合其他造型手段，如对形状、比例与尺度、材料与质感的控制来加强主入口的显要性（图3-45）。

此外，通过比例与尺度关系把入口形式做得出乎意料的高大或低矮、宽阔或狭长等；通过将入口的进深做得特别大，从而把室外空间引入室内形成所谓的"灰空间"等；通过材料与质感变化对入口形式进行装饰等。不论采取何种形式处理，有一点需要知道，门厅的大小与建筑物的整体尺度关系是至关重要的。恰当的尺度感只有通过大量的训练和观察才能领会和掌握。

可见，入口的设计并不能简单地理解为"在墙上打洞"这样浅显的方式。在大量的设计实践和实例中还有很多更巧妙、更加建筑化的方式来表示这个边界（图3-46）。

在剖面的维度上，关于门厅的空间处理有单层、加高单层以及夹层、多层共享空间等处理手法。其中将门厅与多层中庭空间结合起来的处理手法多见于大型公共建筑设计之中。当然，不同的形式会取得不同的空间意境。

5）空间组合的结构与类型

前面我们已经知道了建筑平面设计的两个基本依据，一是功能分区图，二是交通流线组织即动线分析。在此基础上，本节将重点列举出建筑空间的排列和组合的一些基本类型，这些类型的划分主要是以动线分析为依据的。

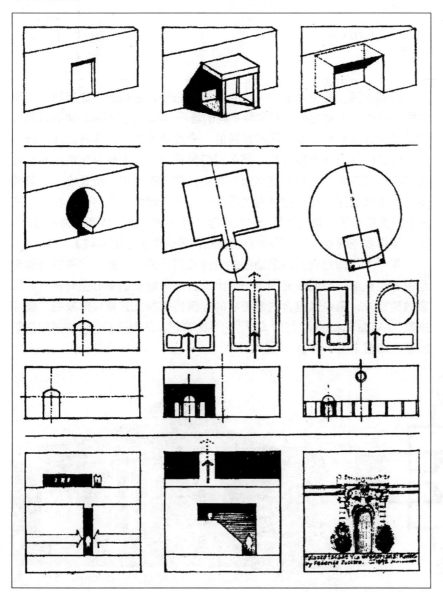

图3-46　建筑物入口分析
美国人弗郎西斯 D·K 钦从形态学的角度对建筑的形式、空间和秩序进行了建筑化、图式化的分析。
建筑的主入口设计不应该像崂山道士的"穿墙术"那样轻易完成，入口空间是建筑流线中重要节点之一，也是造型艺术的主要关注点。

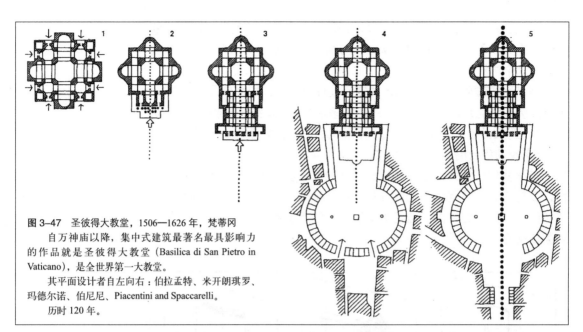

图 3-47 圣彼得大教堂，1506—1626 年，梵蒂冈

自万神庙以降，集中式建筑最著名最具影响力的作品就是圣彼得大教堂（Basilica di San Pietro in Vaticano），是全世界第一大教堂。

其平面设计者自左向右：伯拉孟特、米开朗琪罗、玛德尔诺、伯尼尼、Piacentini and Spaccarelli。

历时 120 年。

图 3-48 圆 厅 别 墅 Villa Rotonda，Italy，1552，安德烈亚·帕拉第奥（Andrea Palladio）（1508—1580 年）设计

帕拉迪奥是 16 世纪意大利最后一位建筑大师，他和维尼奥拉被认为是 17 世纪古典主义建筑原则的奠基者。他认为："最优美、最规则的形状是圆形和正方形，其他形状是由它们导出的。"

圆厅别墅是意大利的一座贵族府邸，为文艺复兴晚期典型建筑。这座别墅最大的特点在绝对对称。

所谓动线，它是建筑中人或物的活动路线，它构成了建筑物的交通空间。在建筑中，动线联系起各种不同的场所，同时形成领域的边界，因此，它是实现建筑空间功能分区和联系的一个重要因素。如果将动线分析与功能分区的知识结合在一起，那么我们便可以这样来理解建筑空间组合的结构，即在各种类型的空间组合之中，都存在着中心或重心、方向或路径、领域或区域等三种结构关系要素。为了理解上的方便，我们先来分析三类简单而又典型的组合结构类型：集中式、线列式和网格式组合。

集中式空间组合是一种向心式构图，源远流长（图 3-47）。

集中式空间组合其内部动线的方向或路径是多元的。这种组合通常是由一定数量的空间单元围绕一个大的占主导地位的中心空间构成。除宗教建筑外，集中式组合的最著名的实例当首推文艺复兴时期的"圆厅别墅"（Villa Rotonda，1552 年）。它平面方正，四面一式，中央圆厅统率着整个构图（图 3-48）。

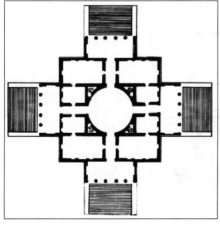

　　在现代建筑设计中，集中式组合也被广泛应用，成为兼具古典与现代特性的一种表达方式（图 3-49）。

　　在现代商业建筑中，集中式的中庭空间模式无疑是一个具有里程碑式的概念（图 3-50），其影响深远至今犹然。

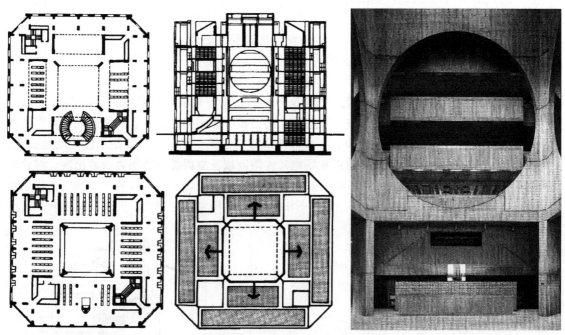

图 3-49　埃克塞特学院（Philip Exeter Academy）图书馆，1967—1972 年，LOUIS I.KAHN

　　路易斯·康在现代建筑的演变中居于关键地位，是一位承前启后的人物，其理论、实践皆极为出色，也为后现代主义的出现提供重要启迪的学者，因而无愧为当代大师级的人物。他的理论和建筑实践，既有德国古典哲学和浪漫主义哲学的根基，又糅以现代主义的建筑观。他的集中式建筑空间构图表达出一种鲜明的现代纪念性。

　　左侧平面是图书馆的底层和上层；中间是剖面和空间分析图；右侧是图书馆中庭透视。

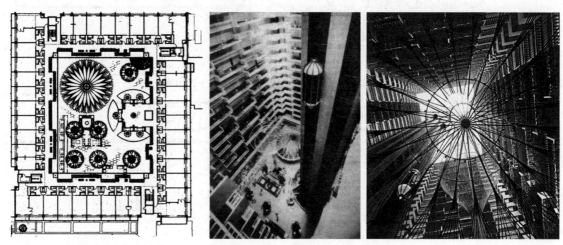

图 3-50　桃树中心旅馆（又译海特摄政旅馆），亚特兰大。约翰波特曼设计，1967 年

　　当该旅馆建成揭幕之时，美国《建筑评论》杂志（Architecture Review）称之为"这一种构思时代已经来到。"

　　波特曼将历史中的商业街和社交大厅空间创造性地组合在一起，使之成为一个大众化的建筑符号。

　　其符号内容一般包括巨大尺度的中庭＋观光电梯＋名家制作的雕塑展品，三合一组合效应。

线列式空间组合的直观特征便是"长"。其内部动线的方向或路径是单一的。平面构图重心往往是动线上的交通枢纽部分。这样的设计构思具有广泛的典型实例（图3-51～图3-53）。

除了直线式，线列式组合的形式本身具有很大的可变性。一方面根据场地条件、朝向及外部环境景观等因素而采用折线式或弧线式组合（图3-54）；另一方面，在线式组合中，某些重要的空间单元除以特殊的尺寸和形状来表明其重要性之外，也常常通过它们在序列上的特别位置加以强调（图3-55），例如位于线式序列的端点，或处于线式组合的转折点上等。

网格式空间组合是一种组织大型复杂建筑平面的有效方法。其实，在实际设计中，从整体上看方案平面的构图，完全的线列式和典型的集中式毕竟较少。在多数情况下，建筑平面设计主要是从使用功能要求、交通流线的特点和场地条件限制以及立面造型意图等因素出发，综合地采用线列式和集中式空间组合各自特点（图3-56）。在一个局部上该用线列式则用之，在另一个局部上该用集中式则用之。因此，从综合的观点

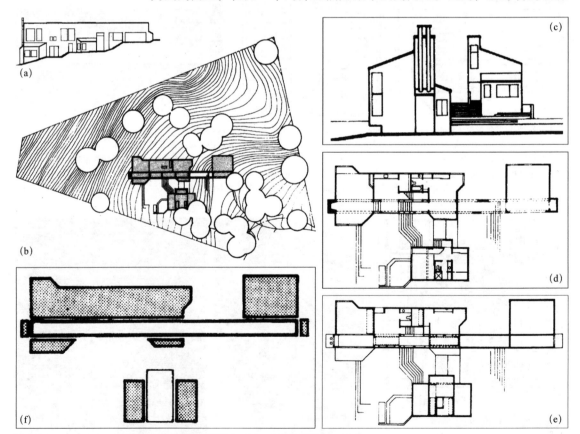

图3-51 HINES House（海因斯住宅），加利福尼亚，查尔·斯摩尔设计 1967 年

海因斯住宅坐落在一个有陡坡的森林中，在斜坡上的并列的建筑物形成中轴线上西向的对景，中脊的尺度是根据住宅的功能需要来决定的。其中的天窗和富于高度变化的流线等加强了房子的空间概念，就像一堵"空心的墙"。

图（a）是平行于中脊的剖面；图（b）是总平面；图（c）是从主入口方向的立面；图（d）是底层平面；图（e）是上层平面；图（f）是构成分析。

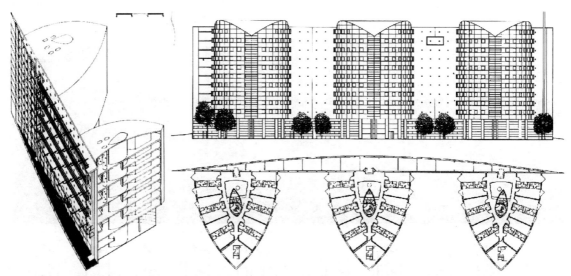

图 3-52　巴黎大学生公寓，法国 AS 建筑工作室设计 1989 年中标，1996 年完成

　　一座曲线形墙——30m×100m 的盾形长廊像是一个巨大的屏幕，阻挡了噪声，同时也将三个宿舍楼串联在一起。功能性和表现性兼备。

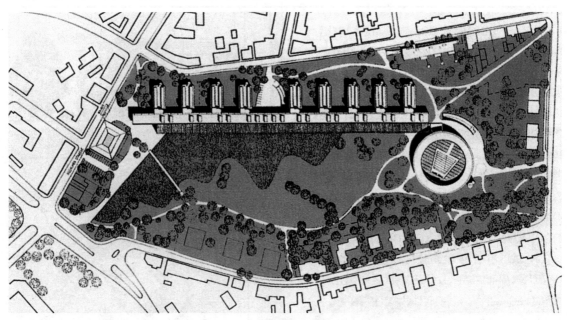

图 3-53　RHEINELBE 科学公园，德国，KIESSLER 事务所设计 1995 年（一）

　　位于一个铸造厂旧址。9 座办公楼和实验室被一个 300m 长的室内玻璃大道串联在一起。玻璃长廊成为建筑的"脊椎"，其上是太阳能装置，其下开窗，控制通风。

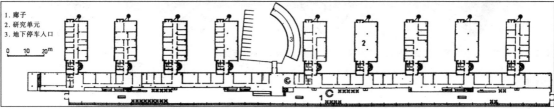

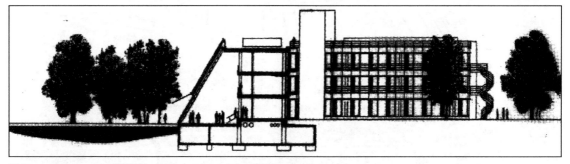

图 3–53　RHEINELBE 科学公园，德国，KIESSLER 事务所设计 1995 年（二）

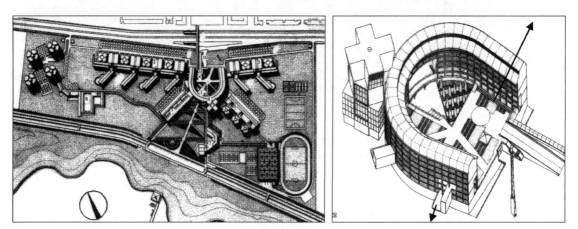

图 3–54　TEMASEK 理工学院，新加坡，JAMES STIRLING 设计 1997 年

这组建筑的中心是一个架空的 U 形广场，其上是行政大楼和图书馆。从中心到各个学院的步行距离不超过 5 分钟。

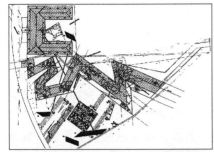

图3-55　犹太人博物馆，柏林，丹尼尔李伯斯金设计（1989年竞赛）

中选方案呈现一种扭曲的箭形——"线之间"：一根断裂的"虚空直线"穿越一个扭曲的实体折线。不连贯和破碎感影射记忆中的历史影像。形态学的叙事设计使得文字"不在场"。

图（a）是其中一转折处的庭院，地面铺满了寂静的"铜铸人面"。

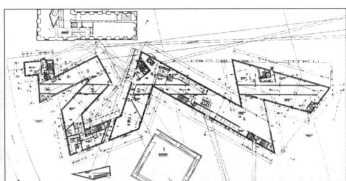

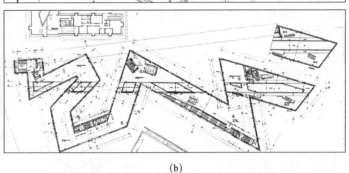

(a)　　　　　　　　　　　(b)

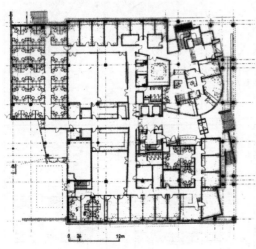

图3-56　墨尔本科技资讯大楼，DARYL JACKSON设计，1993年

是为墨尔本大学的信息技术和电子工程学院而建。内部空间包括讲堂、研讨室和办公研究空间。考虑到与邻近建筑的尺度关系，设计采用常规框架结构的网格化平面，上层办公空间出挑的体块也与平面网格相呼应。

看，建筑构图可采用多种模式，具体问题具体分析，最终达到"法无定法"的境界。

6）平面的调整与深化

建筑平面之初定过程一般是由粗到细，从整体到局部逐步形成的。当然，某些有经验的建筑师或许习惯于从局部到整体、或从突如其来的"灵感"和想象出发来设计的。这种情形作为非常个人化的设计方法特例不在本书的讨论范围内。作为一般过程，方案之初定总是有据可查、有章可循的。而且从方案初定到最后的完成，建筑平面总是要经过不断地修改、调整和深化的过程。

建筑设计是一种可教可学的艺术，平面的调整和深化同样是有据可查、有章可循的。具体说来，可从以下几方面着手，即秩序感的表达、结构和技术的合理性、规范条件的满足以及造型与环境景观方面的表现等。

首先，秩序感的表达在平面组合中体现为功能分区明确、动线组织清晰和构图形式平衡等基本方面。当然，秩序感还有其他更高级的含义，后文会涉及。

其次，结构和技术的合理性包含两层含义，在整体上体现为方案结构选型的合理性和建筑模数制的应用等，在局部上体现为结构与空间的划分关系、空间的自然采光与通风情况以及主要空间单元的朝向等（图3-57）。

最后，规范条件的满足是设计中必须考虑的。更宽泛地理解，场地

图 3-57　天津大学建筑学院，1989年，彭一刚

建筑系馆（现为建筑学院）位于天津大学中轴线上的一块三角地。考虑到特殊的位置和特别的地形条件，最初的设计采用"由外向内"的思路，形成正三角形平面。但由于当时建设投资有限，加之共享大厅的能耗因素，最初的设想不得不改变。在现实条件允许的情况下，最后采用"凸"字形带中央内庭院的平面，既能与环境协调，又可以获得良好的采光通风。一切均以时间、地点和现实条件而变，这是方案调整与深化的基本要求。

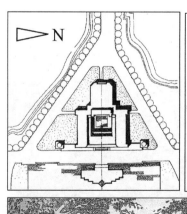
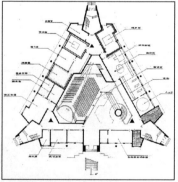
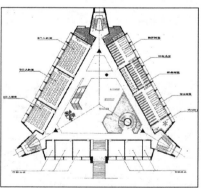
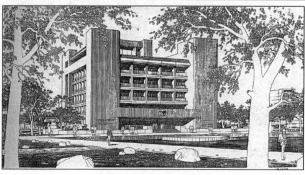
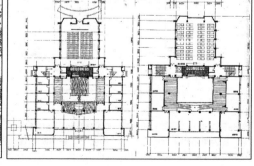

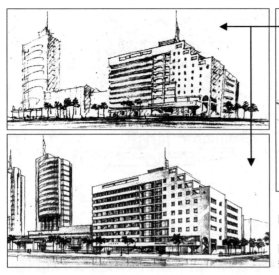

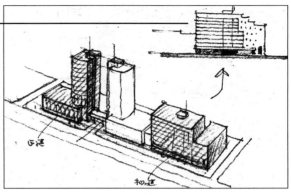

图 3-58　某综合楼方案设计草图，1992 年，黄为隽

这是为研究生修改的草图。建筑的高度和轮廓是依据城市详规而定。用地左侧是正在建设的高层，右边是拟建的综合楼。方案依据外部条件而逐渐得到深化。

规划条件、设计任务书中的指令性和指标性的条件也要同时得到满足。同时，立面造型与环境景观的表现方面作为平面设计阶段所考虑的一项内容，应予综合考虑（图 3-58）。

由上可见，方案的调整与深化，意味着建筑平面设计应有一种开放的视野。一方面，平面设计所要解决的是三维空间的问题，而不是像做数学题那样，解决平面几何问题。另一方面，由平面表达的建筑空间设计不是孤立的、自足的，还要涉及与室外空间的关系、与场地环境的关系、与周围景观的协调关系等。

因此，平面关系的调整与深化是贯穿在整个设计过程中的一种意识和要求。

3.2.3　从平面到剖面：立体空间的第三维度

建筑平面图是立体空间的平面化表达，平面图表现了空间的长度与深度或宽度关系。空间的第三维度即高度同样也是由平面视图来表现的，这就是剖面图的设计的内容。因此，从空间设计的角度来看，平面图与剖面图的对应关系是不言而喻的。

1）剖面图的概念与作用

同平面图一样，剖面图也是空间的正投影图，是建筑设计的基本语言之一。剖面图的概念可以这样理解，即用一个假想的垂直于外墙轴线的切平面把建筑物打开，对切面以后部分的建筑形体作正投影图（图 3-59）。

在表现方面，为了把切到的形

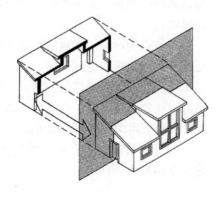

图 3-59　剖面图的概念形成示意图

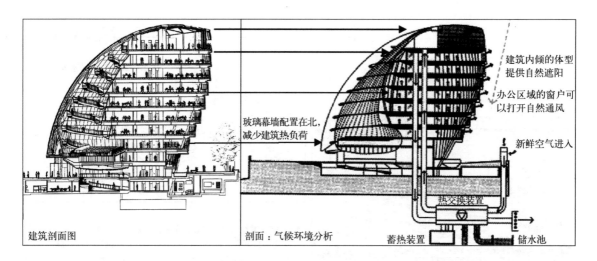

建筑内倾的体型提供自然遮阳

办公区域的窗户可以打开自然通风

玻璃幕墙配置在北，减少建筑热负荷

新鲜空气进入

热交换装置

建筑剖面图

剖面：气候环境分析

蓄热装置

储水池

图3-60 伦敦市政厅（London City Hall），2000—2002年，诺曼·福斯特

它的造型是一个变形的球体，是通过计算和验证来尽量减小建筑暴露在阳光直射下的面积，以获得最优化的能源利用效率。设计过程中采用了实验模型，通过对全年的阳光照射规律的分析得到了建筑表面的热量分布图。

体轮廓与看到的形体投影轮廓区别切来，切到的实体轮廓线用粗实线表示，如室内外地面线、墙体、楼梯板、楼面板和梁以及屋顶内外轮廓线等。看到的投影轮廓用细实线表示，如门窗洞口的侧墙、空间中的柱子以及平行于剖切面的梁等。在复杂的建筑平面中，剖面可以充分表现形体轮廓及空间高度上的变化情况，以及特殊的空间构想（图3-60）。

剖面图的轮廓及其表现内容均与剖切面的位置有关。剖面图又分为横剖面图与纵剖面图，它们是互相垂直的两个视图方向。一般建筑物的剖面图不少于两个，剖切面的位置用剖切线来表示，每个位置上的剖面图应与剖切线的标注符号相对应，以方便人们的读图需要。

2）剖面高度的构成

剖面图反映了建筑内部空间在垂直维度上的变化以及建筑的外轮廓特征。建筑空间在高度上的变化因素一般反映在下列几个概念中：

一是室内外高差：即建筑物首层室内地坪或建筑物主入口层的地面与室外自然地坪或广场地面之间的标高之差。由于建筑物建成后存在着自然沉降现象，同时也为了防止地面雨水倒流进建筑物室内，因此，室内外高差是必要的。但高差大小应综合考虑交通运输和经济性等因素。

二是建筑层高：即室内地面与上层楼面，或楼面与楼面之间的层间距离的高度值。在坡屋顶建筑中，层高反映的是楼地面至屋顶结构的支撑点之间的距离。在一般的平屋顶建筑中，层高数值要包含楼板结构层的厚度。

三是室内净高：即自楼地面至顶棚底面或梁、屋架等结构底之间的垂直高度。也可以这样理解，室内净高是层高减去结构厚度与管线设备层（吊顶空间）高度之后的剩余高度。从使用的角度来看，室内净高是空间设计的有效高度，它既与人的生理和心理要求有关，同时也与空间的性质和使用功能有关（图3-61）。

四是建筑高度：即建筑物整体在竖直维度上的高度值，是指室外地面至建筑物顶部檐口或女儿墙顶面之间的距离。通常建筑屋顶局部升

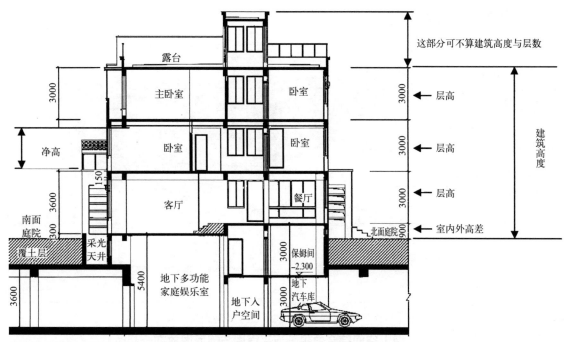

图 3-61　某住宅剖面图

起的蓄水池、电梯机房、楼梯间和烟囱等可不计入建筑高度和建筑层数之中。

3）建筑剖面高度控制的意义

由上面所说的建筑剖面高度的构成内容可知，建筑物的竖直高度值反映了建筑功能的要求、使用者的生理和心理方面的舒适性要求以及建筑的经济性要求等。

在一般的公共建筑物设计或在普通的建筑空间设计中，其剖面高度因素似乎不需要特别地关注。但在某些公共建筑设计中则需特别地强调剖面的高度控制。例如在观演建筑中，剧院和电影院的观众厅的设计；大型阶梯教室或会堂的剖面设计；乃至于在有明显高差的不规则地形上的一般建筑物的内部交通流线设计中，剖面设计无疑是关乎建筑方案好坏的重要依据（图 3-62）。此外，对于单体建筑来说，随着建筑在竖直维度上层数的增多，建筑剖面高度控制对经济性的影响也越明显，例如在高层建筑设计中，标准层的建筑层高和净高的选择对高层建筑的经济性具有特别的意义。

从整体上看，掌握建筑物高度的意义在于，它是确定建筑物等级、防火与消防标准、建筑设备配置要求的重要依据。此外，建筑物的竖直高度值不仅是建筑设计的技术经济指标之一，更重要的是，它也是城市规划控制的重要内容，反映了建筑设计的政策含义。具体地讲，建筑高度控制应依据和满足有关日照、消防、旧城保护、航空净空限制等政策和法规的不同要求。

图 3-62　深圳文化中心音乐厅剖面图，矶崎新与北京市建筑设计研究院深圳院设计，2003 年

文化中心包括中心图书馆与音乐厅两部分，中心图书馆为可提供 2500 个阅览座位的国内最大现代化图书馆之一；而可容纳 1800 座的音乐厅在全亚洲范围内也屈指可数。

剖面设计决定了座位升起高度、地面坡度、无遮挡视线质量、空间净高及其观众厅的容积等重要内容。

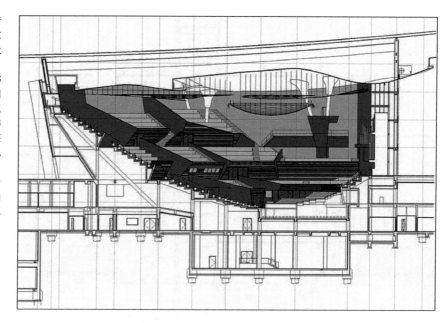

4）空间综合效果：当平面图与剖面图放在一起时

我们已经知道，平面图和剖面图是建筑内部空间在不同维度方向上的正投影视图。当这两个视图放在一起时，可以观察和评价建筑空间设计的各种效果。为了分析上的方便，下面将空间综合效果分为三个层面加以说明，即功能层面、技术经济层面和艺术层面。

首先，在功能层面。在平面设计中我们曾经说过，房间的功能是否符合要求，一方面要看面积大小，另一方面还要看平面的长宽比例是否恰当，即空间平面的大小与形状是此时考虑的双重要素。当平面图与剖面图放在一起来观察空间效果时，同样会涉及与高度相关的两个要素，即空间容积和空间高深比例（高度与进深之比）。一般认为，平面面积越大，那么，空间高度也越高，或者，空间进深越大，那么，其高度也越高。采用一种恰当的高深比，不但可以给使用者的心理带来舒适感，同时也可以提高自然采光的质量。

其次，在技术经济层面。建筑设计不但要处理好空间在平面维度上的组合，同时也要处理好空间在竖直维度上的立体组合。对于后者，空间在高度上的分布既要符合功能合理、动线流畅的原则，同时又要符合结构力学的一般常识。

在通常情况下，大跨度的空间上部一般不宜设置过多的小空间（图 3-63）。在必要的时候，大小空间需要颠倒布置，那么就会付出额外的结构空间（图 3-64）。

最后，在艺术造型层面，平面图与剖面图反映了建筑整体空间体量在三个维面上的轮廓线，反映了建筑造型的基本特征。当然，建筑的艺术造型设计有其自身独特的依据和规律。但是，它应该以不违背上述两

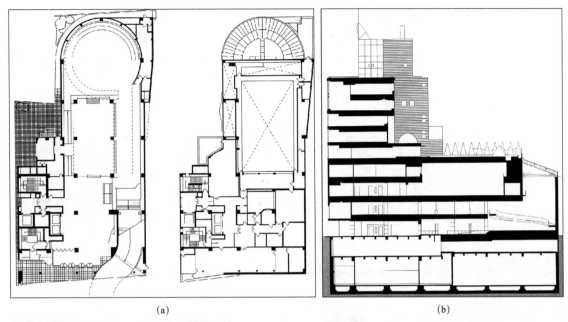

(a)　　　　　　　　　　　　　　　(b)

图3-63　螺旋大厦，东京1985年，桢文彦设计

　　该建筑是作为内衣生产商的艺术中心而建造的。包括一个剧院、俱乐部、美容中心、餐馆和咖啡厅等。

　　图（a）平面是首层和第四层剧院空间；图（b）是剖面图。第5～9层美容即沙龙空间没有放在剧院大空间之上。

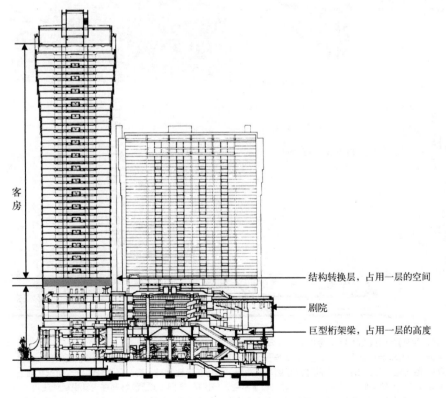

客房

结构转换层，占用一层的空间

剧院

巨型桁架梁，占用一层的高度

图3-64　上海中心

　　1984年波特曼设计，1990年建成，1991年改称上海波特曼丽嘉酒店。建筑群由1个48层、2个34层塔楼呈品字形布局。

　　1～7层分别设置门厅及共享大厅、1个能容纳991人的多功能剧院、会议设施包括1个510m² 的宴会会议厅（内含160m² 的会议准备空间）、7个可容纳90人的会议厅。1个4层通高的中厅作为展厅和商业空间，也可举行800人的鸡尾酒会。

个基本层面的要求为前提。事实上，造型问题不是一个孤立的现象，平面布局的情况会影响剖面的轮廓变化，反之，剖面中的空间分布调整也会改变平面图的轮廓线。平面图与剖面图相互制约相互影响，是我们看待建筑空间组合和造型效果的一个基本视角（图 3-65 ～ 图 3-67）。

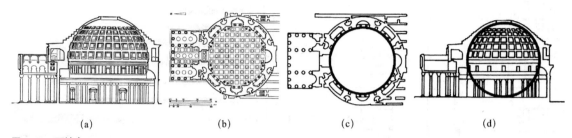

(a)   (b)   (c)   (d)

图 3-65　万神庙
平面图（b）；剖面图（a）；图（c）、图（d）两图表明万神庙的圆形平面直径与剖面高度完全一致，达到空间同构。

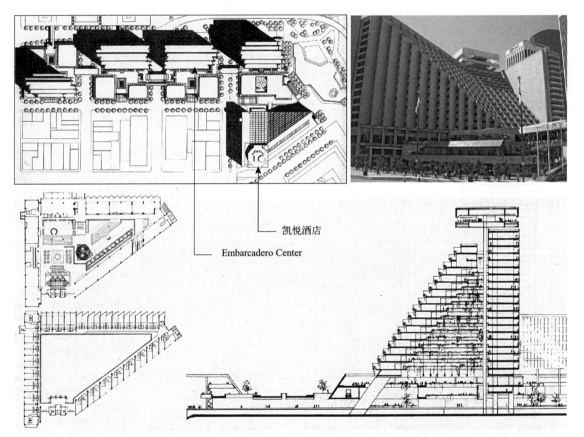

凯悦酒店

Embarcadero Center

图 3-66　Embarcadero Center 的凯悦酒店（HYATT），旧金山，1973 年，波特曼
　　艾姆巴卡迪罗中心（Embarcadero Center）原为一个旧仓库区，是一项旧金山城市重建工程（1968—1986 年），包括四幢办公楼、商城、一个旅馆（即凯悦酒店）。酒店位于三角形街区，故建筑平面呈三角形。酒店在保证第一、第二层充分的建筑面积基础上，从第三层开始，长的直角边逐层后退，内部空间逐渐减少但每层客房数量不变，仍保持 52 间／层。波特曼在设计中延续使用了以往取得成功的巨大中庭元素，结合环境特点，最终形成直边三角形金字塔式外观和内部中庭。独特的设计大大提升了周边房地产的价值，酒店的入住率也达到了旧金山市的最高峰。

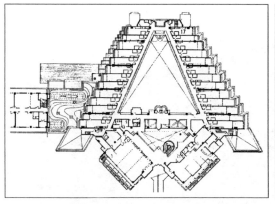 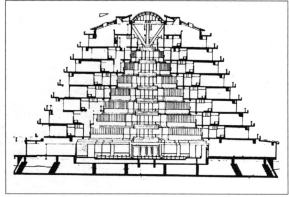

以上案例是平面与剖面设计相对应的典型，即空间同构。

5）设计的一般原理：平面主导与平衡

本节是对前面内容的一个小结。

对于一般公共建筑的现代设计通常是从平面关系研究而开始的，正如前面提到的功能分区、动线分析以及空间组合和平面构图等基本问题是引导建筑设计的着眼点。这一过程可称为首层平面主导设计。其实，在很久很久以前，现代建筑大师勒·柯布西耶（Le Corbusier，1887—1965年）在《走向新建筑》中曾经向建筑师提出过三个现代设计的要点，即体量、外观和平面布局。其中，柯布西耶这样解释了它们之间的关系：

> "体量与外观是建筑表现它自己的要素，体量与外观是由平面布局决定的。平面布局是根本，这一点对没有想象力的人就无法理解。"

事实证明，这种主张和观点在今天的设计实践中仍然具有很高的指导意义，尤其是对于处于学习阶段的初学者来讲更是具有认识价值。

当然，强调平面主导设计，并不意味着平面设计就是建筑设计的一切。在建筑师的设计过程中常常充满着一些相互并列的意图，他们经常用"既要……又要……"，"不但……而且……"，或者"一方面……另一方面……"等语言来表达自己的行为和设计结果。这表明，建筑设计在平面主导原则之中或之外还需有其他因素来平衡这一主导过程。就像上一节讲过的那样，平面布局与剖面空间分布以及建筑体量、造型等美学目的之间有着相互制约关系。在2000年威尼斯建筑展上意大利建筑师M·富克萨斯在ASI（Italian Space Agency）设计竞赛中的头奖作品最能说明这一问题（图3-68）。富克萨斯的方案是将一个方盒子分为前后两部分，前半部分是一个透明的玻璃盒子，建筑内部的垂直交通由曲线形的楼板构成。这显然是侧重于剖面设计的结果。方案的后半部分是办公空间，七层水平楼板整齐地叠置在一起，这部分的空间布局完全由首层平面设计而决定的。该方案典型地体现了平面设计与剖面设计之间的平衡意识。

图3-67　松下大厦，东京，1992年，Nikken Sekkri

建筑平面与剖面的形态将建筑体量分布在巨大中庭的两侧，这样可以有效地将日光引导至建筑室内。

图 3-68 ASI（Italian Space Agency）2000 年，M·富克萨斯

复杂的剖面及空间设计需要借助模型或新的软件模拟，再转换成平面图。

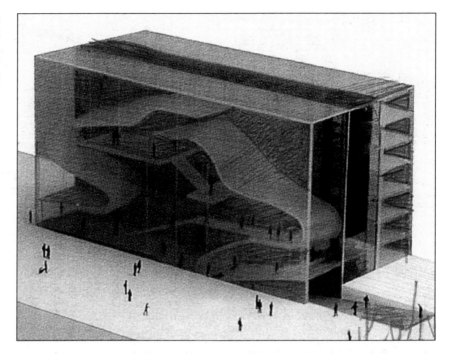

在建筑设计中，平衡意识是一种必需品。可以说，这是对建筑设计原理的一个最恰当的图解。

3.3 立面构成设计

建筑立面图也是立体空间的平面化表现的结果。同平面图相比，立面图作为一种垂直面的正视图，其中的各种要素总是与我们面对面地存在，因此，立面构成设计更接近人的直观感受，也最具有形式上的艺术趣味。

3.3.1 立面图的概念

图 3-69 建筑立面图的概念

建筑立面图的形成不像静物写生"有什么就画什么"，相反，它是"画什么就有什么"。

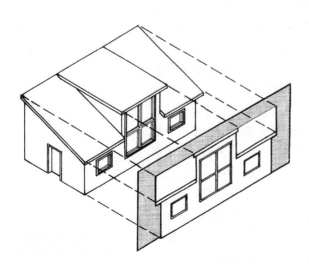

建筑立面图是对建筑物的外观所作的正投影图，它是一种平行视图（图 3-69）。习惯上，人们把反映建筑物主要出入口或反映建筑物面向主要街道的那一面的立面图称为正立面图，其余的立面相应地称为侧立面和背立面图。其实，严谨地说，立面图是以建筑物的朝向来标定的，例如南立面图、北立面图、东立面图和西立面图（更严谨地说，以建筑平面轴线编号来表达）。立面图主要反映建筑物的整体轮廓、外观特征、屋顶形式、楼层层数以及门窗、雨篷、阳台、台阶等构件的

位置和形状等内容。

从概念上看，建筑立面图作为建筑物外观的投影图，似乎是"有什么就画什么"，就像是对现存事物的临摹或写生。但从设计的过程来看，立面图的形成恰恰相反，是"画什么就有什么"，即是一个从无到有的过程。当然，这个无中生有的过程不完全依据人们的想象，而是有客观的法则和原理可循的。

3.3.2　第一原理：形式追随功能

建筑的立面不是一种纯粹的平面构成或立体构成。立面图的概念表明，它不是一幅"画"，而首先是对建筑内部空间和外部实体的反映。也就是说，形式是对内容的反映。

建筑构图的现代史研究表明，不论是平面图，还是立面图，关于形式对内容的反映要求，如果用另一种说法来表述的话，那就是众所周知的"形式追随功能"这种信条。虽然，功能性不是建筑内容的全部内含，但是，对功能表现的强调无疑是区分古典设计与现代设计的一个关键性的标志。在本质上，功能法则所强调的是建筑表现中的真实性，这在柯布西埃时代被认为是一个"道德问题"。今天看来，人们对这一问题的态度变得宽容多了。但是，形式表达中的真实性要求和反映内在功能的要求虽然已经不是建筑立面构成设计的唯一要求，但仍然是其最基本的原则。因为毕竟在建筑美学的含义中——在一般情况下——实用性和内外统一性仍然是建筑美感体验的重要基础之一。

事实上，在20世纪90年代以来的所谓生态建筑的设计中，形式追随功能的原则再次彰显出来。在这些建筑立面构图中，凸出屋面的通风塔，可以灵活调解室内采光或遮阳的门窗设计，以及在节能设计中有关墙体材料性能的视觉化表现方面等，都体现出了功能造型的原理（图3-70）。

可见，自19世纪末沙利文写出"形式追随功能"一段文字到20世纪末的生态建筑设计实践，百年来在许多建筑师的设计和观念中，有关功能造型或功能表现问题，如果不是趋于结束，那就仍然时时是一个开端。

其实，抛开具体的建筑类型和设计倾向，就一个一般建筑立面设计来说，我们会发现立面构成设计的一般过程是与实用性密切相关的。在立面中，门窗与墙面作为虚实两种要素形成了立面构图的基本素材。那么，虚与实划分的基础是什么呢？为此，建筑师首先根据内部结构和空间高度情况而在立面上标出层高控制线，在该线上部（窗台墙的高度）和下部（门窗过梁高度）的范围是立面中的实体部分，剩余范围则是开窗的位置，即虚的范围。开窗的具体形式，诸如方窗、圆形窗或圆拱窗或尖窗等一般不会超出这个范围的。可见，层高控制线是立面中虚实划分的基础，体现了内外统一的真实性原则（图3-71）。

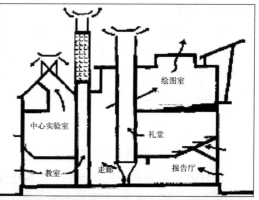

图 3-70　蒙特福德大学女王馆，英国莱彻斯特，1993 年，肖特和福特

　　建筑师将庞大的建筑分成一系列小体块，既在尺度上与周围古老的街区相协调，又能形成一种有节奏的韵律感，小的体量使得自然通风成为可能。位于指状分支部分的实验室、办公室进深较小，可以利用风压直接通风；而位于中间部分的报告厅、大厅及其他用房间则更多地依靠"烟囱效应"进行自然通风。同时，建筑的外围护结构采用厚重的蓄热材料，使得建筑内部的得热量降到最低。

　　一般来说，在建筑进深较小的部位多利用风压来直接通风，而在进深较大的部位则多利用热压来达到通风效果。

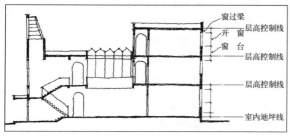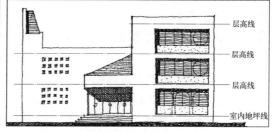

图 3-71　层高控制线是立面虚实划分的基本依据，决定着窗台与开窗高度的统一性，或其高度变化的规律性

3.3.3　观念的转变：从功能立面到自由立面

　　尽管我们有充分的理由来强调功能表现的重要性。但是，建筑的立面构图设计却从来没有因此而变得简单。"形式追随功能"的说法在逻辑上是无懈可击的，但在概念上却是含混的。例如，什么是功能？建筑内

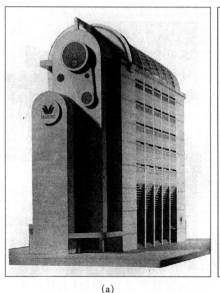

(a)

(b)

图 3-72
图（a）是华哥尔曲町大楼，黑川纪章设计，1984 年。位于东京的这座建筑是一家衣料厂的办公兼仓库综合楼。设计者把建筑比作宇宙飞船，第九层会客室采用有天象图案的大圆窗，各种材料和符号混合在一起组成具有未来感的立面和整体造型；图（b）是螺旋体大厦，桢文彦设计，1985 年。正方形、圆锥、坐标网格等元素重叠成"自由立面"。

部的使用（实用）功能与建筑物作为一个整体所表达的功能（即所谓的"象征"要求）是否一致？在实践中，功能概念的模糊性和互换性，使得形式表现日趋复杂，也较少受到限制（图 3-72）。

纵观历史，不同时期的建筑理论以及同一时代的不同建筑师的设计实践表明，创造始于分歧，即对功能表现或功能内含的理解上的分歧。100 年前，**塞尚**在探索新的绘画表现形式时说过："我有我的动机……"，这句话完全适合于建筑师的实际工作。不仅如此，从现代主义到后现代主义的建筑实践，在某种意义上可以看作是这种久已存在的分歧现象的公开化和全面化的过程。

如果我们分析一下第二次世界大战之后人们对现代建筑思想的一些典型看法或认识，那么我们就会发现关于后现代主义兴起的基本线索。了解建筑史的人都知道，后现代主义有很多类型或流派，它们对现代建筑的看法也是多种多样的。在最激进的后现代主义者眼中，现代建筑关于忠实于结构技术和实用功能的"正确的建造方法"被认为是非人性的，甚至连错误都不是，而是一无所有。显然，这种极端的论调于事无补。

从一般的观点来看，现代主义设计采用同一的方法、同一的设计方式去对待不同的问题，以简单抽象的中性方式来应付复杂的设计要求，因而忽视了个性的要求、个人的审美价值，夸大了技术的作用而忽视了历史和传统因素对建筑的影响，这种方式在 20 世纪 60 年代以来，随着资本主义社会在其经济体制、社会结构、生活方式以及人与人之间关系发生了根本性的变革和重组之后，自然而然地造成了广泛的不满。事实上，在对功能主义的看法中，最有价值的反思是来自一些现代建筑时期的建筑师。例如，芬兰的阿尔托是较早的公开反思现代建筑设计思想的人，他在美国的一次称为"建筑人情化"的讲座中说道：

保罗·塞尚（Paul Cézanne，1839—1906 年），法国著名画家，是后期印象派的主将，从 19 世纪末便被推崇为"新艺术之父"，作为现代艺术的先驱，西方现代画家称之为"现代艺术之父"或"现代绘画之父"。他对物体体积感的追求和表现，为"立体派"开启了不少思路，塞尚认为："画画并不意味着盲目地去复制现实，它意味着寻求各种关系的和谐。"因此有时候甚至为了寻求各种关系的和谐而放弃个体的独立和真实性。

"在过去的十年中，现代建筑的所谓功能主义主要是从技术的角度来考虑的，它所强调的主要是建造的经济性。这种强调当然是合乎需要的，因为要为人类建造好的房屋同满足人类其他需要相比一直是昂贵的……假如建筑可以按部就班地进行，即先从经济和技术开始，然后再满足其他较为复杂的人情要求的话，那么，纯粹的技术功能主义是可以被接受的；但是这种可能性并不存在。建筑不仅要满足人们的一切活动，它的形成也必须是各方面同时并进的……错误不在于现代建筑的最初或上一阶段的合理化，而在于合理化不够深入……现代建筑的最新课题是要使合理的方法突破技术范畴而进入人情与心理的领域。"

由此可见，阿尔托的观点是非常中肯的，而且事实也证明，这种观点在一些后现代主义理论家中也引起了积极的响应，例如艾森曼提出的"后功能主义"（Post functionalism）、冈德索纳斯提出的"新功能主义"（Neo functionalism）等主张中都没有简单地否定现代主义，仅仅认为现代主义缺乏历史感、缺乏文脉观、缺乏个人的美学动机等。

因此，后现代主义理论的出发点首先是在这三方面来弥补现代建筑的不足。正是从这个角度上讲，后现代时期最著名的理论家詹克斯认为：所谓后现代主义就是现代主义加上一些别的什么东西。从而形成著名公式：后现代 = 现代主义 +X。（图 3-73）

在后现代时期，实用与美观之间呈现出明显的分离现象。其原因在于后现代时期的建筑师和理论家有意识地尝试通过重新审视那些在现代建筑时期被压抑的因素（X）来达到新的审美价值的建立。显然，这样一来，后现代建筑在形式设计方面获得了极大的自主性的自由度。后现代主义认为，建筑形式本身必须刻意设计，应该反映更多的内含与动机。例如要反映通俗文化中的大众美学的因素（POP 建筑）；要反映被排斥的历史和传统内容的动机（新古典主义建筑）；要反映被压抑的个人美学的动机（新现代主义建筑）；要反映被忽视的第三者的美学动机（即使用者的需要、情感与心理）等等。

由上可见，后现代主义同现代主义之间最大的分歧在于对形式产生

图 3-73 东京 MAZDA 公司大厦（M2 大厦），隈研吾设计，1987 年

"M2"外观突兀，一根古希腊式的巨大柱子耸立中央。隈研吾也一时被奉为日本"后现代的旗手"。

"M2"建筑："M"是日文中电动车等交通工具的首字母，"2"的意思是全新行业。仅从名字上也可以想象那个时代日本社会在建筑上倾注的蓬勃野心和状态："M2"建成之初日本还在泡沫经济未泯灭时的亢奋期，追求建筑新奇，它极好地诠释了后现代所追求的对自由、个性、历史元素的表达。

后现代 = 现代主义 +X。其中 X 包括：历史和传统特征、装饰因素，包括大众文化中具有娱乐性和幽默感的因素，同时也包括那些不可思议的、荒诞的手法等因素。

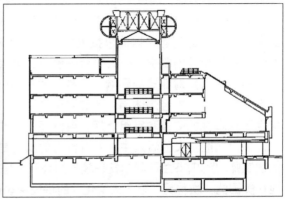

的根源方面，根源上的分歧——简而言之——直观地表现在对"立面"这个术语的使用上，现代建筑的立面曾简单地被称为"elevation"，即建筑物的正视图，它是现代建筑设计所推崇的诚实、透彻、明确、结构清楚而较少装饰的结果；而后现代主义则常常隐晦地称之为"facade"，即建筑物的表面、表象、外观或掩饰真相的包装物等。

需要指出的是，"形式追随功能"的思想在现代建筑的发展史中起到过极其重要的作用。其影响深远至今犹然。虽然对于当代的建筑师的设计实践来说，这显然已经不是建筑师所需要的理想答案。但是，建筑是什么？人们应该怎样设计或怎样建造？这些问题从来就没有结论，即使现在，建筑师和理论家们还是迟迟不能全面而系统地回答这些问题。但无论如何，功能原理毫无疑问的是最终答案的一部分，因为建筑的实用性毕竟不是一种偶然属性。这一点对于初学者来说是不应忽视的。

3.3.4　自我价值：艺术风格的选择

"风格"一词是建筑设计中最难界定的概念之一，同时也是最广泛使用的词汇之一。可以说，每一个设计者都有他自己的风格；也可以说，不同时代或不同文化也有着不同的风格（图 3-74）。

图 3-74　施罗德住宅（Schroeder residency），1924 年，荷兰乌德勒支市，里特维德 Gerrit Thomas Rietveld

1917 年在荷兰出现了几何抽象主义画派，以《风格》杂志为中心，史称"风格派"。风格派艺术家倡导艺术作品应是几何形体和纯粹色块的组合构图。这座施罗德住宅是风格派艺术主张在建筑领域的典型表现。由光洁的墙板，简明的几何体块，大片玻璃组成横竖构图，与蒙德里安的绘画有十分相似的意趣，如同一座三维的风格派绘画。

从时间的角度来看，建筑界自 20 世纪 20 年代至 50 年代之间占主导地位的是现代建筑风格或思潮（Jencks 的观点）。自从 1959 年国际现代建筑协会（CIAM）解散以来，建筑师们之间关于要有一种主导的建筑风格的见解已逐渐消逝。当然，从更广的意义上讲，"多元化"是现代建筑之后的一种明显的设计风格，但是，这样广泛的含义对于说明问题是毫无作用的。

尽管我们从理论上保持"风格"概念的精确性是困难的，但是，从"风格"用语在历史中的使用情况来看，在多数情况下，风格不是建筑平面设计中所说的功能表达，而是立面设计中的一种形式标记——用以说明年代问题，或者用来反映形式和材料的使用问题，或者用来识别建筑的类型问题等等（图 3-75，图 3-76）。

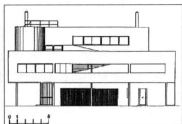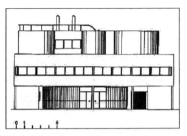

图 3-75　萨伏伊别墅（the Villa Savoy），巴黎近郊的普瓦西（Poissy），1929—1931 年，柯布西耶

在 1926 年出版的《建筑五要素》中，柯布西耶提出了新建筑的"五要素"，它们是：①底层的独立支柱；②屋顶花园；③自由平面；④自由立面；⑤横向长窗。萨伏伊别墅正是勒·柯布西耶提出的这"五要素"的具体体现，甚至可以说是最为恰当的范例，对建立和宣传现代主义建筑风格影响很大。

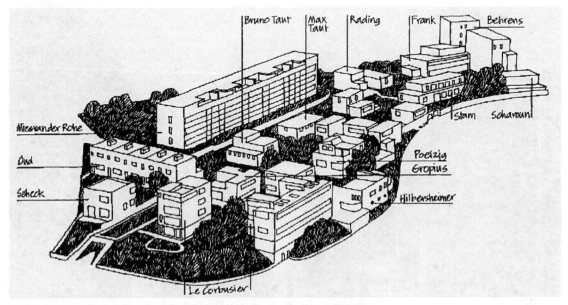

图 3-76　1927 年斯图加特近郊魏森霍夫（Weissenhof）建筑展，德意志工作同盟举办

在第二次世界大战之前现代主义建筑已经成为国际化的设计运动，现代建筑风格和新的建筑美学原则达成共识：表现手法和建造手段的相统一，建筑形体和内部功能的配合，建筑形象合乎逻辑性，构图上灵活均衡而非对称，处理手法简洁，体型纯净。这次展览为战后用这种简约的、工业化的方法去建造大量低造价的平民住宅活动奠定了基础。

　　可见，如果要追究年代、形式和类型背后的深层结构的话，那么，建筑学里所说的风格应该是指这样一种核心含义：以某种特定时期或者时代的观念或理想施加于设计，并把这种观念和理想贯彻到作品的可见的（设计结果）和不可见的（设计过程）每个层面的末梢细节之中。

　　当然，从"时代观念"的角度可以解释很多问题，例如，按照罗杰·斯克鲁登的考查，在工艺美术运动时期，沃伊塞（Voysey）地区的许多住宅设计中，建筑师似乎倾向于取消所有的窗子，为的是不偏离他们的美学目标。除美学之外，诸如功能、材料、技术等问题也都能够归因于"时代观念"的影响。

　　在本书中，上述问题都暂且不论，我们将集中谈论一种在现代社会中具有典型特征的观念——图像的信息优势——以及这种观念对于风格选择的影响方式。

　　1838 年，法国物理学家达盖尔在研究一种让影像保留在物体上的方法，并取得成功。1839 年 8 月 19 日，在法国科学院与美术学院的联合集会上，法国政府宣布放弃对银版摄影术这项发明的专利，并公之于众。人们通常以这一天作为摄影术的开端。

　　插图的出现与杂志的出版密切相关。以美国为例，美国从内战（1861—1864 年）结束以来，杂志逐步成为民众的主要娱乐方式。从1864—1960 年代的这个漫长的时期内，是美国插图的黄金时期。第二次世界大战之后，电视逐步取代了杂志的地位，摄影逐步取代了插图的地位，杂志插图的流行风气方才逐步衰退。但在专业领域，例如，建筑评论却开始了黄金时代：

　　《建筑实录》（Architectural Record）1891 年创刊，McGraw-Hill 出版公司编辑出版。介绍美国各种建筑的实例，包括建筑造型和室内装饰。

　　《建筑评论》（Architectural Review）1896 年创刊，伦敦建筑出版社编辑出版。介绍现代建筑艺术和技术，建筑史，建筑物的设计、结构和装饰。

　　《建筑进展》（Progressive Architecture）1920 年创刊，美国 Reinhold 公司编辑出版。介绍各种建筑物的造型和室内装饰设计，每期都有典型实例。

　　《建筑设计》（Architectural Design）1930 年创刊，伦敦标准目录出版公司编辑出版。结合建筑实例介绍各种建筑物的设计。

　　《今日建筑》（L'Architecture D'Aujourd'hui）1930 年创刊，法国巴黎今日建筑出版社编辑出版。主要介绍法国及世界各地建筑艺术和技术方面的情况，包括市政规划、住宅以及公共建筑的设计和结构问题。

　　等等。

　　百年以前，相距百里的两地有着相似的公共建筑物，这并不值得大惊小怪，只要功能合理、经济适用就好。但是，随着照片的使用、带有插图的杂志出现以后，建筑形式形象的并列和比较这件事对于建筑师和建筑用户都产生了不可逆转的影响。通常，在设计建筑物外观或立面的过程中，对于到底能设计出什么样子，往往取决于建筑的经济性和技术性这两方面。但是现在，艺术创作，或者具体言之，建筑物的外观或立面的设计决策还要诉诸两个因素：影响和竞争。

何为影响？

王尔德曾苦涩感叹道："影响乃是不折不扣的个性转让，是抛弃自我之最珍贵物的一种形式。影响的作用会产生失落感，甚至导致事实上的失落。每一位门徒都会从大师身上拿走一点东西。"

哈罗德·布鲁姆（Harold Bloom，当代美国著名文学理论家、"耶鲁学派"四大批评家之一）在《影响的焦虑》（1973 年）中认为，取前人之所有为己用就会引起由于受人恩惠而产生的负债之焦虑。克服影响的焦虑之力量让现代艺术家们不约而同地高举"独创性"大旗，缺少这一点，他就会沦落为一名迟到的渺小者。

何为竞争？

战后由于世界上出现了第二次科技革命和其他种种原因，资本主义经济从 20 世纪 50 年代初至 70 年代初（1973 年石油危机之前）得到了比战前更为迅速的发展。西方经济学家称这个时期为资本主义的"黄金时代"。20 年间，西方全新的社会经济条件引起了人与物品（包括建筑形式、风格等）之间关系发生了根本性的变革和重组，这促使了那些具有敏锐意识的理论家们为这种社会重新勾画图谱，由此出现了"晚期资本主义""新工业国家""后工业社会"以及"信息社会"等学说。从生活方式上讲，这些社会有一个共同特征，即"富裕"和"消费"。

消费主义的兴起对于此时期的建筑设计具有特殊意义，它给人们对于建筑形式或风格的理解和处理方式带来了新的看法。

经济学家认为，人的消费动机决定了人们对物品材料、式样的选择。在消费社会中，由于消费的概念变得十分广泛，已经突破了物品买卖的范畴而进入到了文化和精神象征的层次，因此，由消费动机而决定的式样设计过程明显地从属于一种有利于表现个性化和个人化的原则。在这种意识中，"环境""氛围""品位""风格""符号"和"象征"等是其关键词。随着个人消费动机作用的扩大或者日益明显时，设计市场开始出现一种"夸耀性消费"现象，即通过创造、设计（对于投资者和建筑师而言），或者购买、使用（对于消费者或使用者用户而言）某种具有特别的符号，形式风格的产品等来显示和炫耀自己的社会地位、身份、教养

王尔德：全名奥斯卡·芬葛·欧佛雷泰·威尔斯·王尔德（Oscar Fingal O'Flahertie Wills Wilde，1854.10.16—1900.11.13）。

英国唯美主义艺术运动的倡导者，英国著名的作家、诗人、戏剧家、艺术家．童话家。19 世纪末的维多利亚女王时代，英国上流社会新旧风尚的冲突激烈。王尔德服装惹眼、特立独行的自由作风很快使他成为这场冲突的牺牲品。20 世纪末，在遭到毁誉近一个世纪以后，英国终于给了王尔德树立雕像的荣誉。1998 年 11 月 30 日，王尔德雕像在伦敦特拉法尔加广场附近的阿德莱街揭幕。雕像的标题为"与奥斯卡·王尔德的对话"，同时刻有王尔德常被引用的语录："我们都在阴沟里，但仍有人仰望星空。"（We are all in the gutter, but some of us are looking at the stars.）

或价值观等。据此，每一个集团（城市管理者、房地产投资人、建筑使用者乃至建筑师本人等）都发觉自己不得不向往拥有一个具有独创性或者标志性的公共建筑物。

建筑史表明，建筑的形式和风格在某种程度上都被看作是一种炫耀性对象，或者说，流派的形成和风格的设计都包含有炫耀性消费的动机。不论是君主时代，还是民主时期，艺术风格设计都处于一种基本情境之中，E.H. 贡布里希（sir E.H.Gombrich, 1909—2001 年）形象地称之为"名利场"情境：只要在作品的风格和符号与人的身份和价值之间存在着对应关系，那么，艺术家和赞助人就会在这方面相互赶超。

整体看来，建筑的立面设计或外观风格的选择——简而言之——通常受到经济水平、美学观念和消费动机的影响。由于"功能"的含义常常陷于实用方面与精神象征方面两者之间的争辩之中，因此，功能对形式风格的影响可以归结于上述三种因素之中。在当代，相对于实用功能制约而言，形式风格设计越来越倾向于依赖心理学方面的依据。尤其是在功能相似、经济技术水平相对稳定的条件下，消费动机的作用日渐显著（图 3-77）。20 世纪 60 年代以来，建筑思潮和建筑风格经历了一次加速周转更替的时期，这种现象同消费社会的兴起之间的吻合不是偶然的。

3.3.5　视觉选择：构图中的基准与特异

上一节中，我们已经知道，市场决定风格。市场可以解释和允许做许多事，但是却不能做好每一件事。建筑的风格也好、形式组合也罢，本质上是属于视觉传达的领域，因此，任何概念、意图、动机等抽象观念在建筑师找到恰当的视觉表现形式之前都是与建筑无关的。这意味着，尽管立面设计中有各种不同的动机和目标，但是最终是要回归视觉领域（图 3-78）。

图 3-77　名利场中的建筑风格（左）
　　经济水平："我制定标准"
　　形式美学："我去执行"
　　消费动机："好吧，我负责解释"。

图 3-78　形式美学：既能够解释，更能够看到（右）
　　在视觉艺术中，看高于说，听其言→观其"形"。

现在,我们已经知道,人类所获得的信息中有 80% 是视觉信息。同时,下面观点也是被公认的：如果没有一种选择原理,那么人们将会被淹没于不可控制的大量信息和知觉之中。对于建筑形式组合的视觉领悟（或解读）过程也是这样。

人们对于建筑的观看过程,从一开始就是有选择的：一方面,观赏者希望看见什么,取决于他如何分配注意力；另一方面,注意力的分配又取决于图形的特殊组织。

视觉的选择过程,从心理学的角度来看,这个问题似乎太过复杂,人们还无法清楚地解释。但是,如果从经验的角度来看,这个过程又似乎是自明的,无需过多地解释。

不可解释或者不必解释,在两难之间又需要进行"不可言说的言说",就像古代预言家一样。为此,人们遵循实验和实例的线索进行归纳研究。

1) 构图中的基准

在评价立面构图的视觉效果时,人们的心理直觉的作用往往要先于理论分析的过程。这是一种自然的和真实的程序。

心理学的有关实验表明,人们在观看一件艺术作品时,迄今被发现的最主要也是最普遍的量度是愉快感的量度（图 3-79）。

愉快感量度包括下述形容词：

愉快的——不愉快；

美的——丑的；

有趣的——乏味的；

使人印象深刻的——平淡无奇的；

(a)

(b)

图 3-79 愉快感的量度有助于唤醒自然景观的最高质量
　　愉快感每时每刻都在影响我们,在大多数情况下无意识地诱导我们对任何视觉对象产生友好的或抵触的反应。愉快感的体验使得一个"地点"瞬间变成一处"风景"。
　　图 (a) 是"流水别墅"或者"落水山庄",F·L·赖特设计 1937 年。坐落在美国宾夕法尼亚州的一个叫作"熊跑"的幽静峡谷中；
　　图 (b) 是中国川西茂县黑水地区某山地羌寨。

特征鲜明的——雷同或无明显区分的；

等等。

如果把愉快感的量度也用于建筑立面的效果评价中，那么，有一种构图倾向始终占有特殊地位，那就是平衡或均衡构图。

平衡状态，这在建筑结构力学设计中最不可缺少的。那么，在艺术领域中为什么"平衡感"也是不可缺少的呢？阿恩海姆在《艺术与视知觉》中持有这样的见解：即观赏者视觉方面的反应，应该被看作是外在物理平衡状态在心理上的对应性经验。按照物理学中熵的原理（即热力学第二定律），整个宇宙都在向平衡状态发展。依此而论，一切物理活动都可以看作是趋向于平衡的活动。与此同时，在心理学领域中，格式塔心理学（亦称图形心理学）也得出了一个相似的结论，那就是每一个心理活动都倾向于一种最简单、最平衡和最易于理解和感知的组织状态。弗洛伊德在解释他自己提出的"愉快原则"时也曾说过：一个心理事件的发动是由一种不愉快的张力刺激起来的，这个心理事件一旦开始之后，便向着能够减少这种不愉快的方向发展。

总之视觉平衡感对于人和艺术作品都是必需的。视觉平衡感的存在为前面提到的"愉快感量度"提供了必要的基础，也是建立秩序感的基准。

2）构图中的特异

很多人常常说不出来为什么不喜欢某个设计，也许他们就是不喜欢；也许他们没有意识到是不平衡导致的不和谐而影响了心情；也许是太过于平衡导致的刻板乏味所致。平衡就像盐，是美味的基准，变化就像酸甜苦辣，是口味的特异化。

每个图形因其大小、位置、形状、色彩和意义不同而具有不同的**视觉重量**。因而，构图的平衡概念可以定义为通过对各种具有不同视觉重量的图形的分配而取得和谐稳定的感觉（图3-80）。

构图要素在其大小、位置、形状、色彩和意义上的调整就是图形的特异化。除了建筑整体特异化（例如解构主义建筑）之外，特异化在设计中的运用有两种：一是运用"重力优势原理"来组织图形；二是依靠"视觉显著点"的效果和力量来引导注意力。

（1）重力优势

在立面设计中，平衡感往往取决于那些具有"重力优势"因素的分布情况。

在立面构图中，哪些因素具有视觉上的"重力优势"呢？如果用物理学中的杠杆原理来解释构图中的重力现象，那么，很明显，视觉重力首先是由位置决定的。当构图中的成分位于整个构图的中心部位时，它们所具有的重力要小于当它们远离主要中心轴线时所具有的重力。正是由于这个道理，很多立面设计的中心部分往往做得较大一些，通过"增加"

视觉重量：图形对视线或注意力的吸引程度。构图要素在其大小、位置、形状、色彩和意义上的调整就是为了获得整体平衡效果。

图 3-80 唐代诗人连环画册
　　画面中六个人物，左四右二。数量分配不平衡，但左四人偏上，与观者之间距离远而显"轻"；右二人偏下，与观者之间距离近而显"重"。此其一。六人中五个男像用白描，一个女像（公孙大娘）用重墨，属特异化而最吸引注意力，视觉重量大；但右二人（吴道子和张旭）偏离中心线，且最右一人（张旭）目光向外，离心式分布平衡了左边重量。此其二。

重力来强调中央的重要性，同时也以此获得整个构图的平衡。例如，中国古建筑的檐廊处理，位于中轴线上的明间总是要比位于边缘的梢间大一些，反之，如果中央与两侧的开间大小一样，那么，建筑的中心构图就显得弱小了（图 3-81）。

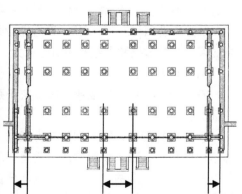

图 3-81 中心或主入口具有视觉重力优势
　　建筑立面的中心或主入口通常要加大增强，以提高"抗压能力"。

　　此外，由位置而产生的视觉重力的效果中，位于构图顶部的重力要比位于构图底部的东西重一些。因此，在设计中，建筑的底部或连接地面的底层部分一般处理得"超重"一些——例如，在材料、质感、色彩、虚实关系等方面进行相应处理——以避免头重脚轻的现象，这种情形在高层建筑的立面设计（"三段式"划分）中较常见。反之，由于客观存在着对建筑上下重量的不同预期，因此，建筑的顶部、檐口、女儿墙等需要仔细衡量其在整个立面中的分量，以避免头轻脚重的现象。

　　无论平面或立面设计，在构图的空间关系中，孤立独处的部分常常具有较大的重力和重要性（图 3-82）。众所周知，在舞台表演中或在连环画的构图中，孤立独处是作为突出主要人物的常用手段之一。在那些重要的场合中，明星演员总是注意到不使自己与其他人离得过近。建筑的构图原理与上述道理是相通的。

图 3-82　天津科学技术馆方案设计，天津大学建筑系研究生课程作业，1991 年
　　孤立独处的球体是天象厅。

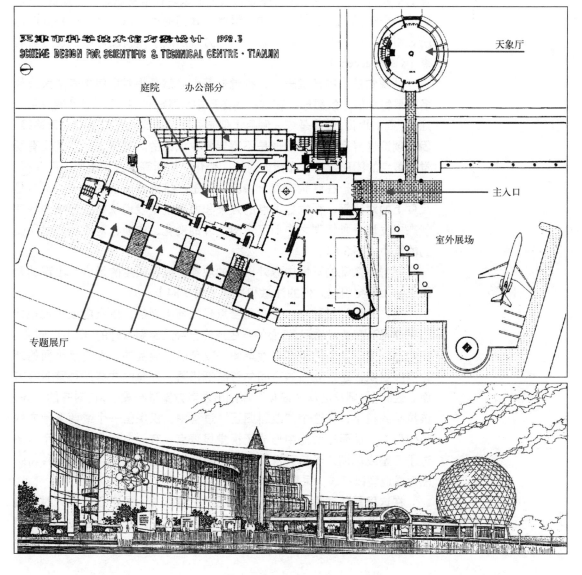

除了位置因素之外，人们的知识和兴趣是否会对图形重力产生影响呢？如果看看那一长串用来区分葡萄酒的产地和风味的细微差别的牌子，或者那些用来区分不同种类的香水的商标，再看看批评家用的那些描述形式的渊源、象征和期望效果的各种词汇，那么，我们就会明白，人们对形式与文脉的关系，形式与其过去使用的语境联系，以及形式与大众兴趣之间的对应解释等，始终深刻地影响着人们对形式构图的观看过程，同时，也影响了某种特定形式（如传统式样）在整个构图之中的重力效果。

（2）视觉显著点

在立面构图设计中，视觉信息可分为两类：一是直观的，属于几何学的。二是联想的，属于意义或象征的。在两者的关系中，前者是基础、是建筑设计要处理的首要问题。

无论是观看一座建筑物、还是观察一种建筑图形，包括场地环境设计、建筑平面布局和建筑立面构图等，我们的眼睛在最初总有一个扫视过程，这是一个选择焦点的过程，并且最终，我们的目光总会被某些特殊图形所吸引，这种能引起更多注意力的地方就形成了建筑图形中的视觉显著点（visual accent）。

从视觉信息的角度来看，视觉显著点必然是相对地包含有最大或最多或最特殊信息的图形。在这样的图形中，"怪异"的图形虽然能够引人注目（确切地说，应该是令人侧目），但它并不是提高视觉效果的上乘途径。因为创造怪异而混乱的图形是不需要专业训练的。实际上，所谓具有视觉显著点的图形常常依靠诸如对比、变化、中断等形式构图原理而获得，不管是相似图形在结构密度上中断，还是在排列方向上的变化，或者是尺度上的对比等，视觉显著点的效果和力量就是我们从整齐连续的秩序状态中发现一种情理之中而又意料之外的变化、中断、对比状态时所受到的震动（图3-83）。

同样，杂乱的环境中意外出现的规整、或在陌生的场合中出现的熟悉之物，都会引起人们的注意和兴趣（图3-84）。

在方案设计过程中，视觉显著点是如何出现的，以及应该出现在什么部位呢？在学习期间，细心的学生或许已经注意到教师的"改图"过程：多数情形中，学生的最初方案草图是复杂的、混乱的，无论是平面的外轮廓线组织，还是立面的空间体量高低错落、开窗的式样品种繁多等方面。这时，教师总会从"简化"原则出发对方案进行规整，该对齐的对齐，该拉平的拉平，在这个"改斜归正"过程中，仅保留一个或两个地方的特殊形态，从而在对比中形成了视觉显著点。有时，教师认为整个构图过于工整或单调，于是又常常启发和建议学生在某些局部插入某种特殊图形或造型以打破"呆板"的格局。

在这里需要注意的是，所谓的视觉显著点并不是在立面设计时为追求某种效果而刻意加入的纯装饰性因素。实质上，它与平面空间的功能布局有着内外一致的逻辑关系。一个长相有缺陷的人即使头上插满鲜花

(a)

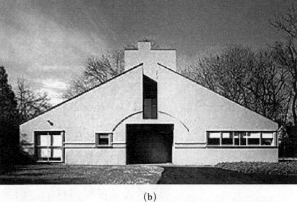

(b)

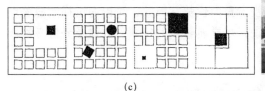

(c)

(d)

图 3-83 你最先注意到什么?（上）

视觉显著点的力量来自连续秩序的中断、变化、对比以及对习惯和期望的改变。图 (a) 是罗马斗兽场，公元 72 至 82 年间。图 (b) 是母亲住宅，美国宾夕法尼亚州，罗伯特·文丘里设计，1962 年。

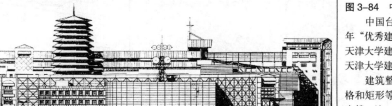

图 3-84 中西艺术交流中心

中国台湾"洪四川"文教基金会，1992 年"优秀建筑人才奖"设计竞赛一等奖方案，天津大学建筑学院 1989 级研究生陈天（现为天津大学建筑学院规划系教授、博导）。

建筑整体基准采用半圆、弧线形、正方格和矩形等现代构图，最高点采用中国侗族木楼。这一传统的熟悉的形态在现代立面的背景下显得格外突出，成为视觉重心。

也不会获得众人的青睐。同样，一个五官端正的人如果把花插错了地方，反而会因此而破坏整体形象。在建筑立面设计过程中，视觉显著点问题既有其内在逻辑（即某些空间可以用特殊形态表现而不影响其使用功能），同时又有其外部依据（即建筑物的某些部位因处于场地或街区环境中的视线焦点上而理所当然予以强调）。建筑的内部与外部或者说平面空间布局与立面造型设计相统一、建筑物与场地环境，或者说局部构图与环境景观相统一，这才是视觉显著点设计的实质效果。

由此可见，由于建筑物自身的性质、类型不同，加之建筑物所处的场地环境差别较大，因此，视觉显著点在立面设计中的位置、内容和表现形式是多种多样的。而且，其内容和表现形式又随着设计者的艺术素养和设计能力的不同而出现较大的差异。但是就位置而言，不论是平面设计，还是立面设计，建筑物的门厅以及整个入口地带的空间无疑是设计中的最典型的要点。另外，建筑物的边缘，如屋顶部分以及转角部分，也常常是观赏的重要区域。此外，从纯粹构图的角度来看，各个要点的分布还应取决于另外一种重要因素，即视觉平衡效果。在心理感受上，视觉显著点往往具有一定的视觉重力优势。因此，可以通过视觉显著点来调整构图的平衡。反过来说，视觉显著点的位置、数量及分量必然取决于它们对平衡所做的贡献。

3.4 从立面到立体：建筑体量造型

在实践中，建筑的视觉形象是由立面与体型共同创造和表达的。建筑的立面设计，包括平面图设计均属于二维造型，或者说是平面构图。而建筑的体量造型则是三维的，属于一种立体构成。在建筑设计过程中，这种划分只是相对的，在建筑师的意识里，所谓的二维平面与三维立体构成始终是统一的，处于同时考量之中（图3-85）。

图3-85 建筑师常用各种轴测图和分解图来表达空间及形态的设计效果

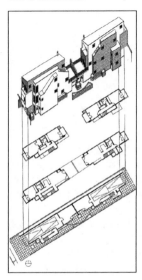
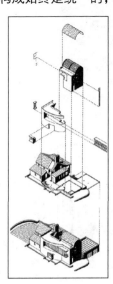
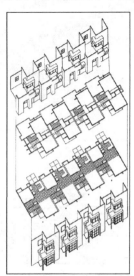
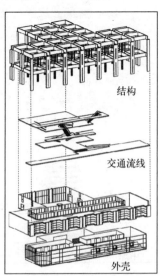

结构

交通流线

外壳

在建筑平面图设计中，实际上同时存在两种视角：对内则看作是对空间组合的表达，对外则看作是对体量组合的反应。这就是说，所谓的二维和三维问题，实质上就像一枚铜板的两面，两者是一体的（图3-86）。

就学习的过程来看，我们不妨这样来理解两者的关系，即立体造型是平面设计的调整和深化的基础或线索。也就是说，对建筑立体感的想象是平面和立面设计过程中的必要内容，而不完全是独立于平面构图之外的"另一阶段"的事儿。

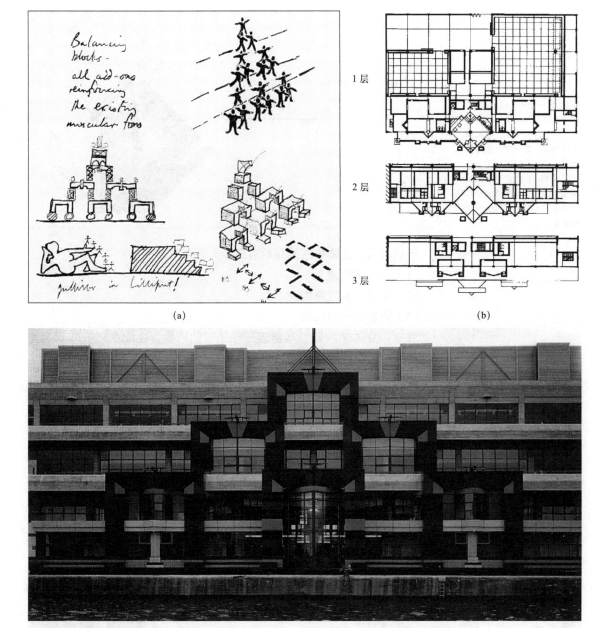

图3-86 莱姆豪斯电视演播室（Limehouse Television Studios），英国伦敦，1982年，特里·法雷尔
主入口一面由六个正方倒U字形体块像叠罗汉一般构成立面设计中具有标志性的造型；
图（a）是概念图。

3.4.1　三维造型中的两个层面

虽然，平面、立面、剖面设计与立体构成在建筑的方案设计中是统一的。但是为了学习上的方便，将三维造型作为一个相对独立的训练阶段还是必要的，因为立体的观察方法和表现形式更接近建筑物的实际状态和效果（图 3-87）。

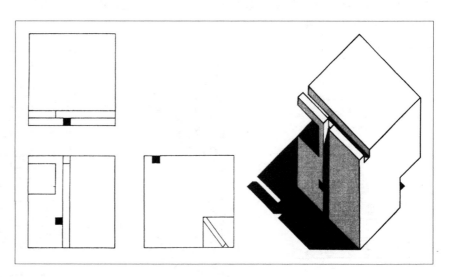

图 3-87　立体构成练习

如果建筑物是一个立体构成的结果，那么，屋面就是顶视图，四个立面就是侧视图。

在侧视图中，分割线的位置、虚实关系的含义应该按照建筑设计的要求去安排和理解。

一般说来，立体构成的目标有三个方面：

（1）立体感的建立

（2）体量的构成原则

（3）体量的构成效果

其中，立体感的建立是建筑三维造型的前提，在此基础上才能谈论其构成原则和构成效果。

那么，什么是立体感，建筑的立体感包含哪些具体的内容呢？其实，这个问题不像初学者或一些外行人认为的那么神秘，在草图设计的同时，我们可以通过对平面图形进行立体想象、勾画体块透视或轴测图以及制作初步模型（工作模型）等手段来建立立体感。其中以立体想象力为重点，它是区分内行与外行以及内行中设计水平高低的主要因素。例如，有人以正方形为单元进行构图，在平面形态上看很有构成意识或"造型感"，但是一旦把它立体化之后，立体的形象中却缺少造型魅力（图 3-88）。

图 3-88　立体感想象是平面组合的前提

图（a）表明，平面组合的意图有时不一定获得预期的立体构成效果；

图（b）是美国宾州大学理查兹医学研究大楼，Louis I Kahn 设计 1965。平面组合关系准确地反映在立体构成之中。反之亦然。

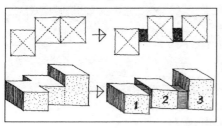
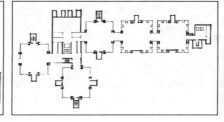

(a)　　　　　　　　　　　　　　　　　　　(b)

由上可见，有时平面图形虽然"立"了起来，但却没有明确的"体"感：平面中各个构图单元之间由于相互粘连和融合而模糊了或歪曲了当初的造型意图。把它稍加改变一下，那么，平面构图与立体造型之间便能明确地体现出了同样的造型意图。

上面的例子虽然简单，但却有助于我们理解什么是建筑的立体感。把建筑平面想象成立体的东西只是解决问题的第一步，这一步比较容易做到，但接下来对立体形象的感受和判断则主要来自直接的视觉观察。这样一来，平面构成中的某些意图在三维造型中可能会"看不见"或"没感觉"。反过来，如果我们对立体构成的效果有着很好的和正确的想象，那么就会在平面设计中做出相应的处理或调整，以便能有效地传达自己的造型意图。

以视觉直观为中心的对立体的感受是三维造型的基础。对初学者来讲，一般地可从两方面来感受一个立体的效果：一个是从几何形体的角度来理解或解读；另一个则是通过对立体表面的材料、质感、划分特征的感受来获得造型效果和艺术魅力。在建筑造型中，通常所说的体量组合或体量构图，正是从"体"与"量"两方面的处理来传达人们对建筑造型的某种感受，可以说，形体感与质量感是所谓的建筑立体感所包含的具体内容。

1）从几何体的角度——形体感造型

在多数情况下，形体是视觉造型中的第一要素，建筑造型设计也不例外。

从形体分析的角度上看，一幢建筑物不论其体型多么复杂，但分解到最后却不外乎是由少数几个最基本的几何体所组成。把这个过程反过来，即对基本几何体进行加法组合，那么，就形成了三维造型的一种基本方法。

所谓的加法组合，顾名思义，就是通过部分体块的叠加、聚集、拼接、咬合、穿插等方式来获得整体。这种方法由于操作简单而被多数初学者所采用。但同时，也正是由于习之者众，因此，该方法所涉及的问题便具有了较大的普遍性和典型性。

首先，是关于建筑整体的形象识别。

加法组合是以局部求得整体的过程。在这个过程中，由于设计者的经验不足或者由于对局部体块的特征过分地注重，其结果常常导致整体形象缺乏统一性，例如组合后的整个体块的四周界面（或墙面）凹凸变化混乱，体块高低错落无序，体块之间的关系主从不分或整体构成缺乏平衡感等问题。

其实，上述问题的出现可以从两方面来理解，一个是初级方面，即由于各个体块的大小、形状和类型过多，从而使整体图形的轮廓线（包括平面的与立面的）混乱而复杂（这不是丰富，所谓"丰富"可定义为统一中的变化、基准中的特异）。相应的对策便是对构成整体的各个体

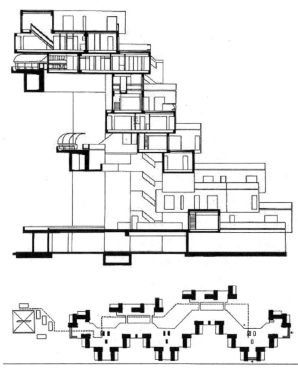

图 3-89 "人居 67"，加拿大蒙特利尔，1967 年，Moshe Safdie

　　该项目的构想是使用预制构件建造高密度公寓，作为 1967 年博览会的内容而实现。Safdie 利用预制结构空间单元创造 16 个不同的住宅套型布局，从 600 平方英尺（55.74m²）一个卧室套型到 1800 平方英尺（167.23m²）四个卧室的套型。住宅看似随意安排，实际是经过精心设计，每套住宅均衡地分配屋顶花园。住宅群中的"人行道"让住户达到自己的单元，并作为居民的露天公共场所。

　　块的大小、形状和类型进行简化和规整，以此获得构图的整体感和统一性（图 3-89，图 3-90）。

　　另一个问题属于高级层面，即涉及所谓的"组合后效"的形象识别。我们知道，加法组合中，体块之间存在着叠加、聚集、拼接、咬合、穿

图 3-90 某旅馆概念设计模型

　　客房采用圆柱形态大量重复成链条状。

插等构成关系。在整体形象上，由"关系"所造成的某些"修正"效果常常与我们的最初构思有一些差距，也就是说，体块组合后，当我们连续地或全景式地观察一组体块的整体形态时，所获得的印象是由整体特征来决定的。这时，对组合后整体效果的评价更多地遵循一般构图原理，如主从原则、均衡原则等一些传统美学标准。

另外，在加法组合中，之所以要特别关注"组合后效"问题，是因为在构成的最终结果中存在着这样一种客观现象，即，一些形体感很强的体块，为了一个更大的整体的成立，会放弃自己原有的样子或某些特征（图3-91）。

既然，加法组合的效果中强调整体形象优先，那么，在建筑造型中可不可以直接从整体入手呢？当然可以——事实上，这就是与加法组合方法相对应的另一种基本方法：减法设计。

减法设计，就是对整体体块进行切割，减去某个局部形成负空间。保留的实体和减去的虚体都应对整体有所贡献（图3-92）。

减法造型的目的是为了获得或保持一个可识别的整体，因而在切割中应注意一个"度"的问题，就是说，在设计中应时时观察和思考：

图3-91　在中国传统的七巧板游戏和其他拼图游戏中，局部单元的图形特征和位置安排要服从整体结构
　　　　在视觉中，一些特异性很强的体块，为了一个更大的整体的成立，会放弃自己原有的样子或某些特征。

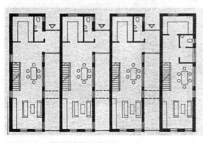

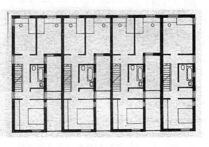

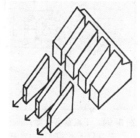

图3-92　某廉价住宅设计
　　　　每户面宽6.20m，从中切割出1.8m的体块作为两层通高的小庭院，二层设有连廊。

切割多少、减掉哪个部位还能保持一个圆柱体或长方体的整体识别特征（图3-93，图3-94）。切割的量和位置的不同对一个基本形的影响是有差别的。

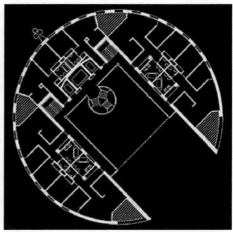

图3-93　马里奥·博塔（MARIO BOTTA）的圆柱体减法造型
　　该建筑是Centro Cinque Continenti Offices and Residences（办公和集合住宅），瑞士，1992年。圆形平面中切掉一个长方体部分，其中一半在圆心作为正方形中庭，靠外的另一半作为内凹的入口空间。

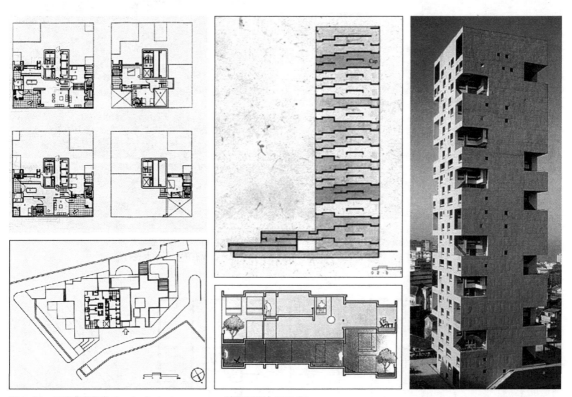

图3-94　干城章嘉公寓Kanchanjunga Apartments，科里亚设计1983年
　　公寓位于孟买附近的滨海区域，建筑朝向以西为主，朝西开窗面向大海，是主导风向和主要景观的朝向。四角设置两层高的庭院是居住的核心空间。这个项目完美地解决了季风、西晒和景观三个主要矛盾，同时建筑立面的开洞和色彩借鉴了柯布西耶的手法并赋予各单元以识别性。

　　此外，立面空洞是减法造型中较常用的一种特殊造型，一般出现在规模和体量都很大的建筑物中，以此减轻大体量的笨重感或引导视线，并使建筑物前后空间或景观具有连续性。另外，这种手法也是应对特殊气候的一种方式（图 3-95）。

　　加法和减法这两种思路：添加使之完整而丰富；减掉使之破碎而不失完整，是建筑设计的辩证法。

　　其实，加法构成与减法造型只是为了分析上和理解上的方便而区分的，在实际的设计中常常综合运用这两种基本方法。例如在加法造型过程中，对其中的某个加入的局部体块进行减法处理以取得整体和谐；同样，在减法造型中，把减掉的图形再补充到整体构图之中，进行加法处理。综合运用的结果，使得图形或体块之间呈现出新的有趣关系，如分离和分解、移置与错位等当代构成手法（图 3-96）。

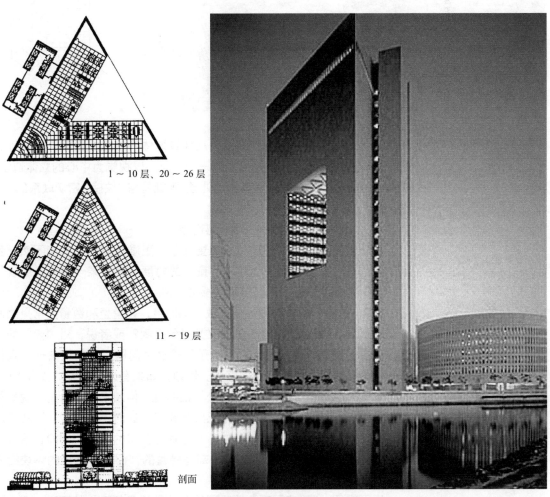

1 ～ 10 层、20 ～ 26 层

11 ～ 19 层

剖面

图 3-95 吉达全国商业银行大楼，沙特，戈登·邦沙夫特、SOM 事务所设计，1982 年
　　巨大的三角形平面中采用 V 字形布局，每隔 10 层左右 V 型转换一次方向，从而形成三个深凹并且能够遮阳的"空中庭院"（sky court）或"空中花园"（hanging garden），其中一个在左，另外两个在右，呈螺旋状分布，所有的窗都面向空中庭院开。中心是三角形通高的中庭吹拔。这是应对地方气候的独特造型，毫无疑问也成为福斯特设计法兰克福商业银行（1994—1997 年）的先例和原型。

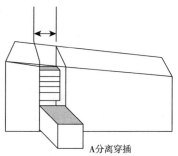

A分离穿插

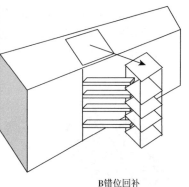

B错位回补

图 3-96 加利福尼亚大学迪威斯社会科学与人文科学教学楼，1993 年，安托内·普瑞道克

安托内·普瑞道克的建筑经常出现强有力的水平感与锐角山形的东西并置，并把建筑的一部分空洞化。在这个建筑群中有两个楔形体，顶部斜切，立面保持明显的水平元素。第一个楔形体（A）一端被切断分离，中间插入两个小体块；第二个楔形体（B）完整，但顶部挖空的正方形移置出来放在旁边，形成楼梯筒体。

以上，我们在三维造型方面，从建筑形体的块感的角度，简要地介绍了立体感的问题。这只是问题的一个方面。以视觉为中心的立体造型，立体感的表现还涉及另一种要素的处理，那就是与"块感"密切联系的"量感"问题。

2）从感性心理方面——质量感造型

在造型方面，质量感比体块感更抽象、更难把握么？其实不然。我们时时都在自觉地或无意识地从"量"的角度来感受某一对象，或者从对"量"的衡量过程中来获得某种感受。

通常，"量"是指物理的量或数学上的量，如重量和数量是常见的两个词。那么，"量感"这个词的含义又是什么呢？或者说，对"量"的感受是否要经过计算才能确定吗？为了回答这个问题，我们先看一下人们对同一个"数量"所具有不同感受。例如，如果有人对你说"我有 10 支手枪"，那么数字"10"可算是一个可怕的量；但如果你告诉别人说家里还有 10 粒米，其意思显然是说米已经吃光了。这时，数字"10"就几近于"无"。同样，人们对物理量的感受也存在类似的情况，例如在建筑造型中，某些高大的体块给人的感受却是轻盈的，而某个低矮的体块给人的感受又是凝重的（图 3-97）。

以上表明，"量感"既源于物理的和数学的量却又与其不同，它主要侧重于心理的感受。因此，在确定一种"量感"的时候，大约有两种不同的方式：

(a)

(b)

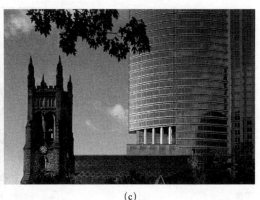

(c)

一是理性反应，通过计数或度量计算达到；

二是直觉反应，通过把握其感性结构达到。

理性反应是"迟到的惊讶"，例如，围棋棋盘纵横各19条线，共361个交叉点。若从第一点放1粒米，第二点放2粒米，第三点4粒……后一点是前一点的两倍，那么，最后一点所放的米粒将远远超过全世界粮食年产量！在这里，我们的理性量感无论是感叹围棋棋盘之大，还是世界粮食产量之少，都是迟到的。

在建筑造型中，体块的几何体积大小只不过是量感的度量基础，而实际的效果则更多地受到体块的材料类别、表面质感、色彩倾向、虚实划分等情况即所谓的感性结构的影响。

虽然说，量感属于心理的和感性的东西，但在建筑造型中仍然是可控制的和可操作的。

首先，量感是体块尺度的一种反映。关于尺度的概念我们在前面已经讲过，通常有相对尺度和绝对尺度之分。其中，局部体块与整体之间、或者体块之间的相对大小关系是量感表现的客观基础。而体块的大小及

图3-97（左图及右下图）1250 Boulevard Rene-Levesque Ouest，加拿大，1988—1992年，KPF事务所

47层现代大厦坐落在加拿大Montreal的一个历史街区，周围环境深暗凝重。大厦底部采用银白色铝板和石材，图（a）是大片玻璃幕墙，显得明亮轻快。材质和色调的合理配置所塑造的质量感减弱了高大体量对环境的侵略性。图（b）是某建筑画，明暗色调运用恰恰相反，但由于材料的质量感表达准确，从而也取得了平衡与和谐的效果。

147

其外表特征与观众的期望、经验常识之间的匹配程度则构成了量感表现的主观依据。这意味着，建筑中高大体块与低矮体块的造型与形象各有其常形与常理，也就是说，不要把老人打扮成小孩的样子（"装嫩"总让人诟病），青年也不必穿戴成老人的模样（希望自己快速成熟老成的"青春期心理"除外）。虽然，"老人"与"青年"的形象没有"常形"，但却存在着"常理"，即不应产生混淆，不应造成视错觉（图3-98）。

图3-98 匹配预期，如其所是

常形与常理是知觉恒常性的结果。

在建筑造型中，曾见有些高层建筑的顶部作民居青瓦坡顶状，这就是违反常形与常理的例子，它使建筑的整体量感产生视错觉。其实，常形与常理的要求与艺术表现中的"合式""相称""恰当"等概念相通，是一种最基本的和前提性的要求。

其次，量感不仅仅包含体块大小的判断，它还包含结实感、凝重感、轻巧感、紧张感、亲切感、进深感，以及稳定感与运动感等感性认识。这些感觉是与体块本身的材料、色彩、表面肌理的感性结构有关，同时也与体块之间的组合状态和组合体中的光影效果有关。再广泛地说，也与建筑物所处的周围现状和环境背景有关。例如，粗糙的混凝土材料给人的感觉是结实的和冰冷的，人们不愿接近它，总在提防被擦伤；而木头则感觉是软的和亲切的，但又不失其重量感。又例如，同样的体块，作多层竖向划分时则显得变宽，若作多层水平分割则变高；再比如，在环境背景方面，处于高山脚下的建筑与位于低层居住区中的同一建筑物给人的量感也是截然不同的。以上，材料、质感、虚实划分、光影组织以及建筑与环境背景的配置关系等也都属于一种感性结构，它们直接影响着以视觉直观为中心的量感体验。

3.4.2　建筑学中三维造型特有的问题

立体构成是所有应用设计（包括商业包装、工业产品、建筑设计、环境规划等）的共同基础。但是，构成并不能取代设计。很多学生在一、二年级时的基础成绩优秀，但在后来的建筑设计中却"泯然众人矣"。虽然，一个好的建筑作品，同时意味着具有很好的艺术形态，但是，一个有着很高的造型素养的人却不一定能做出合理的建筑设计。这是因为，建筑学中的三维造型有其特有的目标和依据。概括起来，建筑造型有以下三方面的特征：

第一，建筑造型的目标和过程是以实求虚。

在一般的立体构成作品中，"空间"的概念是一种"间隙"、一种透明感或一种通过影与像等平面技术处理而达到的立体幻觉或错觉效果。这种空间由于不涉及具体的使用要求，因而它是无差别的和抽象的。但在建筑造型中，空间的概念是建立在具体功能的基础上，各种的功能空间不仅在形态上，而且在文化上具有较大的差异，是一种"容器"的概念。因而，在建筑作品中，空间与实体相互依存、对立统一。虚与实之间的基本关系或基本逻辑是以实求虚。不难理解，有造型而没有内部空间或内部空间不可用者，不能称之为建筑。相反，有可用空间而没有所谓的"艺术造型"的建筑，仍然是一种有效的和有价值的设计（图3-99）。

这便是老子《道德经》第十一章所说的：

"埏埴以为器，当其无，有器之用。凿户牖以为室，当其无，有室之用。故有之以为利，无之以为用。"

图3-99　中国陕北窑洞民居之一

陕北的窑洞主要有3种：用石砌的叫石窑；用砖块砌的叫砖窑；在土崖上挖出窑洞，安上门窗而成的叫土窑。

土窑有一种是在黄土断崖边，并列向里掘入，成为若干互不相通的单窑；另一种自平地向下掘入，先成一大平底四方阶，然后从四壁各自向里挖成若干单窑。

直到今天，窑洞式房屋还广泛分布在黄土高原，居住人口达4000多万。

这里需要说明的是，以实求虚的观点并不意味着忽视实体造型的价值和作用，而是说，不应片面追求外部形体的新奇效果而损害了内部空间的正常使用状态，好的建筑造型是追求虚实形态的统一美。

第二，建筑造型不是一个自足的、封闭的设计行为。

由于建筑物与其所处地点之间有着众所周知的联系，使得造型结果成为一个处于特定环境之中的、不可移动的庞然大物。换言之，建筑是城市的实体组成部分，因此，建筑造型已经不可能自我封闭在个体的范围内加以处理，需要从城市设计的概念和综合环境设计的角度来理解。

在当代，作为建筑设计与城市规划的中间领域，城市设计已成为建筑师必须掌握和参与的理论与实践。事实上，很多地方政府在进行建筑单体建设之前都积极制定城市设计导则，用以规范、限制、引导建筑设计（图 3-100）。

对于建筑造型而言，局部的、个体的微观形态研究，诸如尺度、比例、层次、序列、对比、变化等以及建筑布局、体量组合、朝向和方位等建筑单体的问题，也应逐步上溯，在城市设计的层面上加以调整和深化，从而使建筑造型具有可识别的地方性和场所感等内涵。

第三，建筑造型应符合结构力学的基本原理。

在与造型相关的各种考虑因素中，"重力"是区别于建筑造型与一般立体构成作品的关键要素。

以往，在传统的影响下，每一位攻读建筑设计的学生常常是优先地被培养成为一个艺术家，在专业的期刊和杂志中以及在各种设计竞赛的导向中，艺术属性被极度地夸张。

如何理解这种现象呢？其实，这里涉及"学习"与"创作"两个层面的问题。建筑创作可以有单一的价值取向，美学的目标时常会超乎经济、结构合理的要求之上。但是，专业学习不完全等同于创作，学习阶段必须以全面的知识接受和对其综合运用为基础。其中结构概念和基本知识

图 3-100 某开发区城市设计导则示例

图（a）是关于高层建筑裙房的高度控制（街墙导则），根据临街道路不同，裙房规定高度也不同；图（b）是总高度控制。

如果人们直接以城市规划去指导微观的项目建设和建筑设计，极易造成彼此间的脱节，并很有可能导致环境混乱、品质下降。因此，作为两者之间的"减震器"，城市设计导则是现代城市设计的一种重要成果表达方式，其目的在于引导土地的合理利用，促进城市空间的有序发展，同时为政府和规划管理部门提供一种长效的技术管理支持。

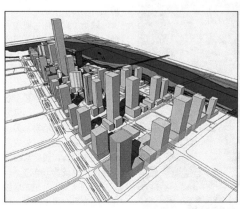

(a)

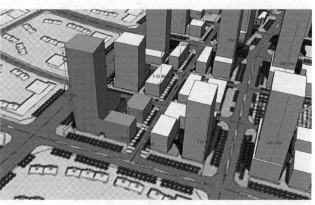

(b)

是建筑师在方案构思中的创作思维的基本依据之一，而且从来就是如此。

　　任何建筑造型在实际中都应能够承受巨大的、超乎想象的重力及其他危险的作用力（如地震力和风力等）。有些乐观的设计者以为只有在劣质的材料加上错误的施工，再加上天灾的帮忙，结构才会毁坏、建筑才会倒塌。其实，应该认识到方案阶段一种潜在的危险性，即建筑造型在整体上的平衡、稳定、支撑的合理性问题。

　　在当代，尽管知识的专门化已经进入到建筑设计领域，但是，从现代建筑设计的观点来看，使用和表现合理的结构造型仍然是建筑师的职责和荣誉，否则，你很有可能成为一个"图面建筑师"或者"最会烧钱的建筑师"（图 3-101）。无论何时，结构的正确性只能增加建筑的美观。

3.5　数理形态：数学的神话与陷阱

　　柏拉图（Plato，公元前 427—347 年）在《理想国》（The Republic）中提到，数学是所有政治领袖和哲学家必须具备的教育。因此，他在自己的学校"阿卡德米学园"（Academy）的入口处刻着这样的题字：不懂几何者勿入我门——数学史家大卫·尤金·史密斯在他的著作《希腊、罗马之流泽》中把这句"校训"作为历史上最早的大学录取要求。

　　思想的历史进入到 20 世纪，英国数学家、哲学家怀特海德（A·N·Whitehead，1861—1947 年）在 1939 年所做的"数学与善"的一次讲演中曾经宣称：

　　"在人类思想领域里具有压倒性的新情况是，数学地理解问题将成为占统治地位的思想工具。"

　　这出于职业上的自豪感而做出的预言，在半个世纪以后的建筑设计领域得以全面实现了。

　　在 20 世纪 90 年代以来，许多建筑师都不约而同地表达了对复杂性的兴趣。弗兰克·盖里（Frank Owen Gehry）在西班牙的毕尔巴鄂古根海姆博物馆（1997 年）借助一套空气动力学使用的电脑软件逐步设计而成。受此影响，并借助 CAD（计算机辅助设计）、CAM（计算机辅助建造）技术的普遍应用，一股数字化设计或者参数化设计潮流和一批"非线性建筑"作品接踵而至。在这种职业风尚中，许多学生开始迷恋不规则的

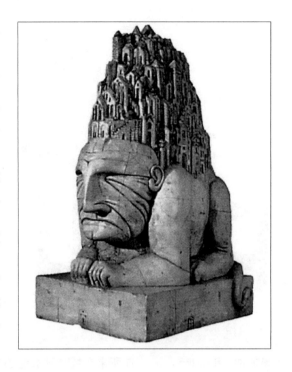

图 3-101　"建筑师"，1988年，布劳德斯基和尤特金（俄罗斯）

　　20 世纪 70 年代末至 80 年代，他们经常在日本和西欧的构思设计竞赛中获奖，其建筑方案、雕塑、绘画、制图和蚀刻建筑表现画等参加了许多世界各地展览会，以"图面建筑师"的形象被广泛认同。

　　他们的设计构思大胆、形象夸张奇特，不走寻常路。看到他们作品的人经常质疑其实现的可行性。

　　对这件"建筑师"雕塑作品有不同的解读：是对传统建筑师职责的揶揄？还是对自己未来道路的反思？

或者由数学公式推导而来的复杂形态。一个"万物皆数，数皆有形"的新时代来临了吗？

3.5.1 从参照"物"到参照"数"

20 世纪初，对某人的建筑造型能力的基本考验，是看他能否设计出一把好椅子：自德国工艺美术运动（19 世纪末最初始于英国的设计改良运动）之后，设计椅子的能力已经成为建筑才能的重要证据。众所周知，里维尔德的椅子（即"红/蓝椅"）对于包豪斯的教学与作品的影响实在是太明显了（图 3-102）。

这把椅子全部为木构：13 根木条互相垂直，形成椅子的空间结构，各构件间用螺钉紧固而非传统的榫接方式，以防有损于结构的完整性。

里特维德在这一设计不为舒适、不为高贵、不为雅致，而是仅仅为了"设计"，一种可以创造前所未有的"开放性的空间结构"的设计。

图 3-102　红/蓝椅子，1918 年

20 世纪末，对某人的建筑造型能力的基本考验，是看他能否掌握 Auto CAD 软件中主流的四大应用软件：Sketchup、Rhino、Ecotect 和 Rivet Architecture。甚至说，缺少电脑数字编程技术，他们将失去竞争力甚至工作的机会。

现代建筑设计理论与方法的研究不足百年，从参照物到参照数的革命性转变明显得益于现代数学和社会科学的成果。尽管在参照物方面取得了丰硕成果——例如，参照于椅子（认为家具设计与建筑设计只是规模与尺度的不同但原理与方法相同）；参照于生物（有机论认为建筑是自内向外发展的与存在条件一致）；参照于人体和参照于机器（柯布西耶的人体模度论和工业模数化），等等——但是，随着现代建筑活动日益复杂，寻找新的理论来源和深化设计方法的要求也日益紧迫。在此背景下，英国朴次茅斯大学建筑学院院长勃罗德彭特（G·Broadbent）在《建筑设计与人文科学》（1973）中对数学进展下的设计方法做出论断：

"（20 世纪）60 年代初期，系统工程学、人类工程学、运筹学、信息论和控制论，还有现代数学及计算机技术都以高度发展的形式供建筑理论家所用……从这些源泉中涌现出的设计方法已经有权形成自己的独立学科……新数学以及一些统计学对发展新的设计方法影响之大几乎为所有其他学科之总和。"

在复杂性研究方面，比利时的科学家伊·普利高津（Ilya Prigogine，耗散结构理论创立者、1977 年诺贝尔化学奖获得者）的"三部曲"：《从存在到演化》《从混沌到有序》《确定性的终结》中相继提出了"非线性""非平衡""混沌""自组织"等概念，从而使之成为"20世纪最有影响的科学思想家之一。"

俗话说："隔行如隔山"、"隔行不取利"，即别奢望在自己不熟悉的领域里发财。现在看来老话儿靠不住了。建筑师虽然不能在数学研究中取得成功，但是凭借数学逻辑思维和数理图形应用有可能在建筑设计方法上取得突破。试想一下，诸如"分形""自相似""拓扑""非线性""混沌""算法因子"等术语在30年前还仅限于数学家们在学术讲堂中使用，现在已经频繁出现在建筑师甚至学生作业的设计说明之中。《史记·越王勾践世家》有云："**天予不取，反受其咎**"，意为老天爷送给你的东西你如果不要，反过来就会受害。建筑师开始理直气壮地使用越来越多的数学概念和数学工具参与建筑形态的生成过程。

计算机取代了松木图板，鼠标取代了三角板和丁字尺，数理逻辑取代了僵化的功能关系图。游戏规则也会改变吗？

建筑方案设计中最重要的环节是根据项目特点来制定规则或者导则。因此，建筑设计是一种基于规则的设计过程。我们所熟悉的规则包括：规范条文、规划条件、功能关系等。长期以来，建筑师虽参与游戏（如设计竞赛投标），却远离规则（在规范和规划层面上没有话语权）。

参数化设计的本质同样是一种基于规则的设计过程。确切地说是基于规则的编程过程。例如，袋形走道两侧房间与疏散楼梯的距离小于20米就是好的，基于这一规则，大于20的数域就会被程序自动排除。而且，在程序中凡是符合要求的随机结果都有可能同时呈现出来，从而增加了方案选择的灵活性。不仅如此，参数化设计的最大好处在于，它改变了建筑师的被动地位，在规范和规划层面上获得了一定的话语权。以消防设计为例，建筑平面组织不折不扣地执行规范条例的想法通常称为"处方式设计"（Prescriptive Design），这是基本现实；但现在开始有些不同了，2008年北京奥运会"五棵松篮球馆"设计方案采用一种评估软件：计算流体动力学模型软件（Computational Fluid Dynamics，CFD）进行消防分析，从而使得一些不满足规范条例的设计构思得以保留。这种被称为强调最终目标，淡化条例限制的"性能化设计"（Performance-based Design）为扩大建筑师的话语权带来希望。消防性能化设计就是参数化设计中的一种。

由上可见，基于规则进行设计的游戏本质并没有改变，变化的是规则本身：数学参数成为建筑形式生成的重要依据。

例如，俄罗斯数学家乔吉·沃罗诺伊（Voronoi）提出的随机几何空间概念"Voronoi图形"是目前数字化设计实践中被广泛应用的形式之一（图3-103）。

此外，在建筑幕墙或者表皮结构的设计中，镶嵌图形的应用也日趋

当年越王勾践卧薪尝胆打败吴国在即，吴王夫差派使者到勾践那里说情请和，勾践被说心动。此时范蠡便用"天予不取，反受其咎"的道理劝阻。终灭吴。

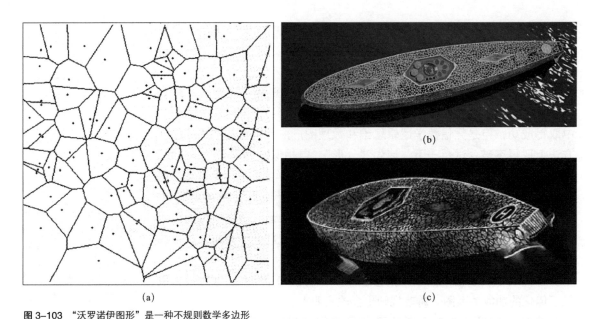

(b)

(c)

(a)

图 3-103 "沃罗诺伊图形"是一种不规则数学多边形
它的每一条边都由相邻空间中两个定点的连线垂直。
图 (b)、图 (c) 是韩国设计师和游艇迷金玄石 (Kim Hyun-Seok) 依据 Voronoi 参数规则设计的概念游艇，2011 年。

普遍。镶嵌图形是完全没有重叠并且没有空隙的封闭图形的排列。一般来说，构成一个镶嵌图形的基本单元是规则的多边形或类似的常规形状，例如三角形，正方形和正六边形及它们之间的组合（只要满足某一顶点周边各图形内角之和为 360° 即可）等。但是现在借助数学参数的制定，许多其他不规则多边形平铺后也能形成镶嵌，例如，为北京 2008 年夏季奥运会修建的主游泳馆"水立方"（2003—2008 年）即是一个典型实例。更加幸运的是，借助计算机强大的变形能力，很多规则图形可以直接生成不规则图形（图 3-104，图 3-105）。

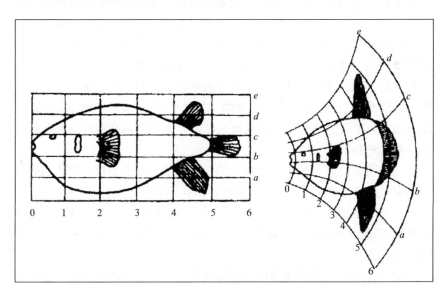

图 3-104 grids 变形之一
"鱼"从笛卡尔直角坐标网格向非直角坐标网格的二维变形。

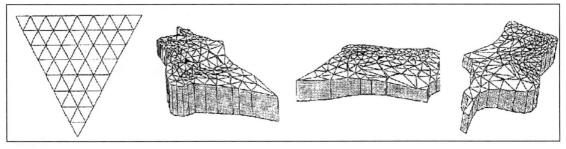

图 3-105 grids 变形之二

　　植物园（botanic garden）概念方案，巴塞罗那，Carlos FERRARER 等设计，1999 年。

　　正三角形网格经过拉伸以适应和覆盖不同的场地形状。

　　除了各种二维变形之外，与建筑空间设计密切相关的是三维数理形态的应用，这些数理形态可以通过将二维的面进行下列数学操作而获得：

　　折叠 Fold\nu-fold\re-fold\zig-zag；

　　扭曲 Twisters\tornadoes\intertwined；

　　盘绕 Spiral\coil\braid；

　　拓扑变换 Topological variation\continuous-transformations。

　　等等。

　　建筑形态和空间凭借数学方式而形成一种"新的"没有确切答案的动态组合。数理形态的目的是产生奇异的非线性空间场景，它的产生和构造一般不受现有美学所控制，而是建构于一种建筑之外的公式体系。其中最典型的例子之一就是莫比乌斯环（The Moebius Strip）在空间建造概念上的利用：空间经过折叠从原点回到原点后形成环状的自足体系（图 3-106，图 3-107）。

　　除了大名鼎鼎的莫比乌斯环之外，其他数学模型或数理形态也为当代建筑的设计创新提供一种组织原型，例如双曲面体、双螺旋结构等（图 3-108）。

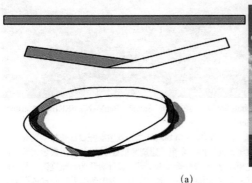

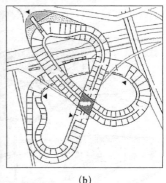

(a)　　　　　　　　　　　　　　　　　　　　　　(b)

图 3-106 莫比乌斯环（The Moebius Strip）及其应用

　　1848 年，德国数学家莫比乌斯（August Ferdinand Möbius，1790—1868 年）发现：如图（a）把一个扭转 180° 后再两头粘接起来的纸条（即双侧曲面），具有魔术般的性质。图（b）是 Shopping mall Loop Project，MVRDV 设计，1997 年。

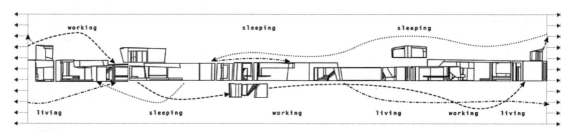

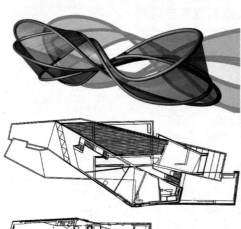

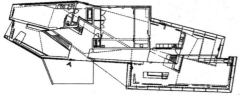

图 3-107 Moebius house，荷兰，UN-Studio，BenVAN BERKEL & Caroline 设计，1993—1999 年

在 1993 年，建筑师 Ben van Berkel 受该业主委托设计一栋"具有全新建筑语言"的住宅。此后的 6 年里，建筑师根据 19 世纪德国数学家莫乌比斯的研究成果完成了这个"Moebius house"。设计者认为，建筑语言是与使用者的生活方式直接相关的。在住宅设计中，考虑到夫妻双方有各自独立的私密空间和路径，同时，又保证有必需的家庭共享的时间和空间。根据这一想法，建筑师借用莫乌比斯环的概念，从而使空间之间呈现出一种预期的分离与重合的流动状态。

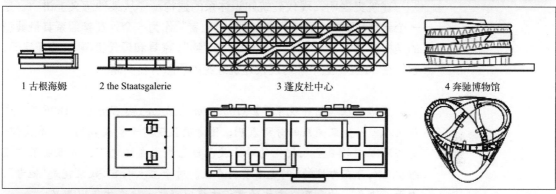

1 古根海姆　　2 the Staatsgalerie　　3 蓬皮杜中心　　4 奔驰博物馆

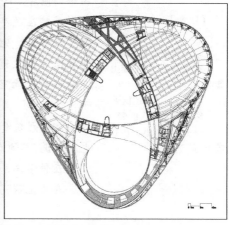

图3-108　梅赛德斯—奔驰博物馆（Mercedes-Benz-Museum），德国斯图加特 UN-Studio 设计，2001—2006 年

奔驰博物馆建筑平面是"三叶草"（Trefoil）图形。但在建筑空间上分别吸收、并入了古根海姆博物馆、State Gallery of Stuttgart（Staatsgalerie）和蓬皮杜中心三个空间组织模式，在此基础上形成的双螺旋结构为其带来了两条独特的参观路线：第一条参观路线有七个"传奇区域"按年代顺序讲述品牌故事；在第二条参观路线中有大量的展车，它们在五个"收藏区域"中展示了梅赛德斯－奔驰品牌产品的多样性。参观者可以随时在两条参观路线之间转换。

图 3-109　陈省身题词："数学好玩"

写于 2002 年 7 月 30 日

陈省身（Shiing-shen Chern）：美籍华人数学家，微分几何学家。美国国家科学院院士，同时是法国科学院、意大利国家科学院、英国皇家学会和中国科学院的外籍院士。

由上可见，数字化设计作为一种基于规则或者基于规律的设计过程，其中蕴含的数学思维在方法论意义上为当代建筑师贡献了属于这个时代的创新路径。

3.5.2　从"他律"到"自律"

2002 年 8 月国际数学家大会（ICM2002，北京）期间，92 岁高龄的数学大师陈省身（1911—2004 年）为大会活动之一的中国少年数学论坛开幕式题词，并欣然写下了"数学好玩"四个大字（图 3-109）。现在看来，对此深有体会的应该是建筑师了。

近年来，随着数字化设计在建筑竞赛和实际工程中获得令人瞩目的成功，"90 后"的学生们甚至新一代的建筑师开始意识到，当你不能用数学公式来描述设计过程和表达造型时，你的专业知识就不能说是充分的、你的设计成果也不具备说服力和竞争力。数学是建构 21 世纪建筑学的一个成功标准吗？

建筑史表明，现代建筑知识体系的建构——从某种意义上讲——是一个寻找和确立"他者"的结果。"他者"作为一个外在参照系其最典型的坐标是"人"（人体比例和尺度）与"物"（家具和现代机器）。毫无疑问，它们在 20 世纪上半叶对现代建筑理论的贡献有目共睹。

黑格尔在《精神现象学》（*Phaenomenologie des Geistes*，1806 年）中对主人——奴隶关系的分析表明，他者的显现对于构成我的"自我意识"是必不可少的：主人把他的对方放在自己权力支配之下，奴隶成了"以维护主人存在为目的"的无本质的存在。对于主人而言，奴隶就是"他者"，由于"他者"的存在，主体的意识才得以确立，权威才得以彰显。

萨特在《存在与虚无》（*Being and Nothingness*，1943 年）一书的"注视"这一节，他用现象学描述的方法，说明了自我意识的发生过程：设想我通过锁孔窥视屋里的人，此时我的注视对象是他人；但是，如果我突然听到走廊里有脚步声，意识到有另外一个他人在注视我——"我在干什么呢？"羞愧感油然而生。"羞耻是对自我的羞耻，它承认我就是别人注意和判断着的那个对象"。由于他人意识的出现，自我意识才会显现。也就是说，"他人"是"自我"的先决条件。

在哲学体系中，"他者"（the other）和"自我"（Self）是一对相对概念。
在文化研究中，"本土"（native）与"他者"（the other）是一对相对概念。

在现代建筑理论话语中，建筑学与其他知识领域之间进行的跨学科或者交叉学科的研究中所获取的"他者"——例如，哲学的概念、文学的意象、语言学的类比、符号学的结构、生态学的原理等等——虽然可操作性不强，但这些却对于人们理解建筑自身的特点和建筑在社会文化中的自我定位起到了重要作用。

　　相比之下，数学无疑是 21 世纪初被迅速确立的一个最成功的"他者"，它不仅带来了全新的设计方略，诸如过程设计、算法逻辑、非线性生成、动态图解等，更重要的是它是"科学方法"所需要的关键东西。

　　数学是一种终极解释，这意味着它是一切形态合法性与合理性的最佳证人，在某种程度上也意味着建筑设计从"他律性"走向"自律性"。这是数学的本性使然，"当数学定理起源于现实的时候，它们是不确定的；但是一旦它们确定了，就不再依赖于现实而存在"（爱因斯坦）。著名的例子来自富勒的"网格球"——富勒在 20 世纪 60 年代这项研究的成果之一、基于一种他称之为"力量协同几何"的数学体系，即网络状的球体（图 3-110）。

图 3-110　1967 年蒙特利尔世界博览会上的美国馆，理查德·巴克明斯特·富勒（R.Buckminster Fuller）设计

该馆是富勒为美国新闻署设计的一座直径为 250 英尺（76.2m）的 3/4 球形建筑，外表面覆盖着一层透明的亚克力板。

富勒自称"富有远见的全能设计科学家"。他的网络球尽管看上去很规则，但每一个最简单的网格球面都是由不同长度的构件以一种极为复杂的方式结合而成的，所有三角形表面之间都有细微的差异，因此在当时建造起来却很费事。网格球的高度抽象还产生了一个重要的时间效果：它几乎独立于整个建筑史之外，没有参照任何过去的文化遗产，由其严谨的数学构造，使它也无法接受未来任何偏离数学规定的形式上的发展。

它与现实的唯一一联系就是许多人认为，这种便宜又完美的球体抛弃了方形结构的国际式风格，变成了 1960 年代末，1970 年代初美国反主流文化的象征。其中"少费多用"的理想只实现了一半，"少费"仅体现在材料总量方面；"多用"却受到各种现实因素的制约而没能实现，确切地说是"可用而不好用。"

　　尽管人们对富勒的实践毁誉参半，但是数学思维对建筑设计的影响和控制已经不可逆转了。

　　歌德在其 79 ～ 81 岁期间，曾模仿中国的传统诗歌形式写下一组名为《中德四季晨昏杂咏》（1830 年发表）的诗集（共 14 首）。其中第 10 首如下：

世人公认你美艳绝伦，
把你奉为花国的女皇；
众口一词，不容抗辩，
一个造化神奇的表现！
可是你并非虚有其表，
你融会了外观和信念。

然而，

不倦的探索定会找到

"为何"与"如何"的法则和答案。

如果把诗中的"你"——德国国花矢车菊——换成"数学"，那么，它无疑将成为当代数字化设计的一首颂歌。

数学之美源于它的自律性，建筑之美更多的源于他律性——对建筑的评价与体验存在许多外部准则和主观标准。学生们常常忽略后者，因此，他们的数字化设计——相对于目前那些成功的和具有广泛影响力的数字化设计作品而言——大多流于一种风格化和形式化上的操作。从数学的深刻性和先进性思维开始，最终归结为一种表面化和风格化设计，这也许就是伴随数字化形影不离的一个陷阱。

从建筑设计的思维模式来看，经验化方法与数字化方法有着类似的过程：

1	分析 ——→	综合 ——→	评价 ——→	决策
2	场地分析	条件整合	发展讨论	提出方案
3	确定参数	制定算法	动态图解	定格截图

注：1—标准模式；2—经验化方法；3—参数化方法。

其中，第三阶段"方案评价"是整个设计路线图的轴心，它决定了建筑师是否有必要返回到前两个阶段进行修改和优化。因此，两种设计模式在本质上都属于"非线性"逻辑。然而，实践表明，不论是学生作业设计，还是一些建筑师的工程设计，这种循环往复的过程并没有获得充分地展开。究其原因，一者可能是"时间到了"（该交图了！）；再者可能就是以他的判断认为差不多了、"不值得"再深入修改了。对于学生而言，时间压力应该是主要因素（设计竞赛与投标项目亦然）。于是，赶在交图前夕，他们会迅速给建筑立面披上一张表面化和风格化的数字化表皮，虽然难看，但却是"参数使然""算法使然"，非人力可为。

《爱丽丝梦游仙境》中红心国王让白兔读信，白兔不懂得从哪里开始，国王号令道："从开头开始一直下去来到最后，就停。"

"Begin at the beginning and go on till you come to the end : then stop." The King

如果我们的思想被参数、算法所掌控，我们就是这只白兔。

其实，在建筑创作中，条件与结果、参数与形态之间从来就不存在一一对应这样一种简单函数关系。一个年级的学生根据一份任务书进行设计，所有的参赛者根据相同的设计条件进行投标，最神奇的是，所有大相径庭的结果都有可能符合要求。

此外，自中国加入 WTO、开放设计市场以来，中外合作设计的实践表明，"概念设计"与"方案深化"可以分离开来，由两个不同的设计团

《爱丽丝梦游仙境》（*Alice's Adventures in Wonderland*）：英国作家查尔斯·路德维希·道奇森以笔名路易斯·卡罗尔于 1865 年出版的儿童文学作品。故事叙述一个名叫爱丽丝的女孩从兔子洞进入一处神奇国度，遇到许多会讲话的生物以及像人一般活动的纸牌，在这个奇幻的世界里，似乎只有爱丽丝是唯一清醒的人，她不断探险，同时又不断追问"我是谁"，在探险的同时不断认识自我，不断成长，终于成长为一个"大"姑娘的时候，猛然惊醒，才发现原来这一切都是自己的一个梦境。

(a)

(b)

图 3–111　图（a）是《爱丽丝梦游仙境》3D 版本王后（2011）；图（b）是插图。

队完成。这是否意味着我们已知的设计路线图需要改进呢？

同样在《爱丽丝梦游仙境》书中第三部分 Alice's Adventures in Wonderland Through the Looking-glass 中的"馅饼失窃案"一节，红心皇后审问偷吃果酱馅饼的青蛙，从而在法庭上引发了一连串看似毫无逻辑的辩论（图 3-111）。

"先拿出证据，然后再判决。"国王说。

"不！首先判决，之后再出示证据！"王后叫嚷道，并要砍掉她的头。

"这是胡扯"——爱丽丝在法庭审判的时候发觉自己恢复到了正常大小，于是就叫了起来："你们不过是一堆扑克牌而已！"

"首先判决，之后再出示证据"——这一公然违背现代法理和人权的惊世骇俗之言，但在艺术领域却值得深思——也许正是这张扑克牌的叫嚣道出了建筑艺术思维的真相：

如果没有关于结果的定位，就可能沉醉和迷失在复杂的过程之中；没有预先对整体目标的研究和设想，就不会知道如何收集、筛选、纳入所需要的相关信息和参数。

自西方工业革命之后的大约二百年间，人们对日益强势的现代技术的反思和警惕就一直没有间断，主要集中体现在对技术理性或工具理性的批判方面。20 世纪初英国思想家丹皮尔（Sir William Cecil Dampier）在其代表著作《科学史及其与哲学和宗教的关系》（1929 年）中系统地论述了这一主流思想，指出技术化的世界图景摒弃了事物富有诗意光辉的感性存在，将自然还原为"一个冷、硬、无色、无声的沉死世界，一个量的世界，一个服从机械规律性、可用数学计算的运动的世界"。进入 21 世纪，数字化技术这一高度理性的工具在建筑生态模拟和分析中发挥了不可替代的作用，但同时伴随它的一个极端表现就是对建筑形态变形效果的恣意渲染。数字游戏背后缺乏思想深度。

2010 年上海世博会是数字化设计和建造的一次盛会。经过十年的孩童般任性发展，参展的大多作品开始关注传统、地区文化、城市生活等

图 3-112 技术＋文化的双重表达：以 2010 年上海世博会西班牙馆为例

西班牙国家馆为上海世博会面积最大的自建展馆之一，整体外形呈波浪式，看上去形似篮子。技术构架的外表面覆盖 8524 个不同质地颜色各异的藤条板，面积将达到 12000m²。这些藤条板都是在孔子的故乡山东制作完成的，不经过任何染色。藤条用开水煮 5 小时可变成棕色，煮 9 小时接近黑色，这就是这些藤板色彩不一的"秘诀"。

人文领域的价值，例如，先进的数字化设计与传统的手工艺的结合，与地方材料的结合，与自然元素的结合等等。或许可以说，数字化设计正在从单一的技术表达转向技术＋文化的双重表达（图 3-112）。

话题链接
数字时代的拼客：拼什么与凭什么

1）前提问题：关于方案设计的整体性

许多学生在其大部分时间里都是通过翻看各种建筑杂志和大师传记及其作品集的方式来理解建筑设计的，这是一种典型的"远程学习"过程。因此，在课堂上与指导教师零距离的交流和讨论方案时，他们常常这样描述自己的设想：

我喜欢甲大师的中庭，所以我把它用在这里；
那里借用了乙大师的空廊，效果超好……，等等。

图 3-113 牛肉分切图

整体被划分成不同价格的部位进行出售，烤牛排或做馅、土豆烧牛肉，均可按照口味各取所需。

在学生的设计过程中，向优秀的、经典的实例借鉴学习是一种有效途径。然而却有一叶障目与一叶知秋之别。

这种各取所需的拼图游戏只讲口味，只见牛肉而不见全牛（图 3-113）。众所周知的是，传说中，上帝创世纪共花费了七天。
第一天，上帝说："要有光"。于是有了光。

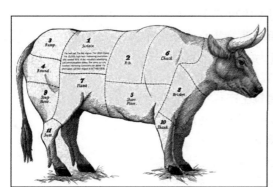
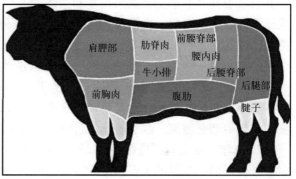

众所不知的是，上帝在此之前就有了关于世界的整体构想。没有这个前提，我们在一系列的"要有幕墙、要有室内步行街、要有空中花园……"等创造性想法之后，并不能成为设计方案好坏与成败的主宰者。

鉴于此，在课堂上指导教师对设计作业的评语中使用较多的一些修辞大多涉及整体性方面：

"平面功能分区不太合理"；

"这样的空间形态与环境缺乏呼应"；

"立面开窗类型过多、整个立面形象混乱……"；

"对于这种规模或性质的建筑，门厅尺度太小了"，等等。

其实，远程学习或者说间接学习没什么不好，至少说明你很用功；甚至，用拼图游戏的方式来完成图板上的活计，这种做法也不能完全被否定——"向实例学习"毕竟是一种快速有效的途径——但是，如果缺乏整体观念和准则，那么最终的方案就有可能是一帮乌合之众：学来的或者拿来的要素之间不是按照一个共同理想形成团队，而是各怀心思的团伙而已。

除了最初在方案层面上进行整体性考虑之外，如何从整体角度理解建筑空间设计是另一个我们所面临的最重要和最困难的方面。之所以最重要，因为建筑空间是人们生活的容器，是人生中最主要的体验之一；之所以最困难，是因为空间设计所涉及的知识不是仅仅凭三个维度来衡量的。

据说，在西班牙内战期间，一位建筑师受命设计这样一座牢房。他发明了一种半透明的、颜色繁杂的、由许多尖锐交叉平面组成的多面体：一个危机四伏的领域。关在其中的囚犯，如果不将这个小室推倒或毁坏就无法躺、坐、弯腰或跪着。小室的表面很光滑，阳光下灼热烫人，而夜里则寒冷刺骨。在任何光线下单看一种颜色都令人头痛，而多种颜色极不协调地掺杂在一起就愈发让人痛不欲生，以至于发狂（引自《景观设计学》约翰·O·西蒙兹著）。

美国《观察家》杂志（1969年8月10日）曾引用一位精神病医生的话："假如每个家庭有两间卫生间以及隔音的卧室，那么，精神病院的一半将会关闭，精神病医生将会失业。"（引自《建筑心理学入门》D·肯特著）。

显然，空间对人的影响力以及人对使用空间的体验结果来自形状、容积、尺度、材料、色彩、光和影等这些空间特征变量的力量（图3-114）。由此不难解释，学生"划/画"不出建筑空间的原因其实很简单：他们常常以纯几何学的单一角度去表达空间。

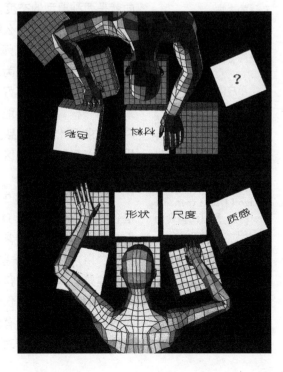

图3-114　数字时代的拼客—设计要素一个都不能少！

如果人们能够设计出令人痛苦的空间，那么我们也能够利用这些要素创造和设计出许多令人产生愉快体验的建筑空间。创造和设计这样一种空间系统的秘诀在于建筑师对空间变量的有效而敏锐的控制，并且使用正确的原则把它们恰当的整合起来。

因而，只有当初学者第一次觉悟到建筑方案设计不是从局部出发，局部空间的设计也不是从孤立的尺寸核算开始，而是返回到整体关系之中进行把握时，建筑设计的艺术力量和广阔的创造性领域才会展开在他们面前。

2）建筑问题：正确的与真正的认识

按流行的观点，建筑及其空间的功能和含义涉及物质和精神两大范畴。这一经典的两分法长久以来为建筑的艺术设计提供了发达而成熟的构图原理（物质层次）和美学原理（哲学层次）。

的确，建筑设计并非单纯的物质生产和没有"精神"的实践。从这点来看，上面的二分法是绝对正确的认识——但也不过如此而已：因为它确认了某种大实话，所以正确。——然而，倘若仅仅以此为基点来指导建筑设计则是不够的，因为物质/精神二分法这种正确认识还不完全是对建筑设计的真正认识，至少它不能使建筑设计与绘画、雕塑等其他艺术活动区别开来，因为所有的艺术活动都可以归因于物质和精神方面的解释。因此，我们必须穿过正确的东西而寻找真正的东西，从而使建筑设计的知识系统完整起来。

上面读起来像绕口令般的说法并非一种文字游戏，相反，如果没有一套完整的知识结构来指导设计，那么，仅靠流行的二分法只会使建筑设计沦为一种肤浅的游戏行为，例如"玩构图"和"追流行"的设计倾向就是两种典型的态度。

那么，有没有什么能构成设计的真正基础呢？

在设计中，建筑师常常从自身的意愿出发来选择某种构图和美学表现，倾向于把建筑视为表现设计者自己的专业素养与高尚艺术品位的媒介。这并没有什么不好，这是建筑师的特权。但是，建筑师和纯粹的艺术家不一样，他们不能仅仅做自己喜欢的事情，他们必须按**使用者或用户**的需求设计**建筑产品**。现代建筑之后，人们对"设计者的意义"与"使用者的意义"之间的区别所给予的普遍的关注——侧重于后者是现代社会的核心价值观之一。

公共建筑在城市生活中的开放性质造就了建筑的使用者或"用户"是各式各样的，按照D·肯特在《建筑心理学入门》中的初步描述：他们包括在建筑内部日常工作的人；还有参观该建筑以及访问其中工作人员的"用户"；另外一些用户是指在某种意义上"使用"该建筑的人，他们在建筑的入口处安排与别人会面或约会，或在城里走路时把它作为一个认路的标记，有的仅仅把它作为日常生活中的一个怪例或者趣闻听听而已的人，等等。所有这些用户的反应构成了建筑意义的主要内容。强调使用者的意义或者对"用户的福利"的维护构成了对那些自负的设计

消费者 Consumer：科学上的定义为食物链中的一个环节，代表着不能生产，只能通过消耗其他生物来达到自我存活的生物。

法律意义上的消费者：购买或使用商品和接受服务的社会成员。

用户体验 User eXperience（UX）是一个测试产品满意度与使用度的词语，是基于西方现代产品设计理论中发展出来的。

用户体验设计 UX Design（User Experience Design）：是以此概念为中心的一套设计流程。

建筑间接体验设计：建筑方案效果图、空间动画演示、大比例模型、文字描述与评论以及样板间营销，等等都可以归结为这一范畴。

者意义的挑战因素，也是评价建筑设计好坏的重要标准。

尽管使用者的意义重大，但是建筑师却很少有机会与他们打交道，比如在住宅设计中，建筑师与住户的联系是间接的（用户参与设计已成为历史上的传说），而在设计竞赛和学生作业中甚至都没有明确的使用者。因此，建筑产品设计为直接用户服务仅仅是一个正确的认识，却不是一个真正的建筑问题。建筑设计行业的运行机制表明，在建筑师的方案与建筑产品终端用户之间存在两个至关重要的服务对象：一个是**客户**；另一个是**决策者**。

建筑设计的客户是那些通过签订契约合同来直接购买建筑图纸和设计服务的开发商、投资人以及他们委托的咨询机构等。设计任务书就来自于客户，或者在项目可行性研究阶段由建筑师与客户共同制定。实践证明，每一个优秀建筑工程的背后一定有一个同样优秀的客户，建筑师与客户之间的关系构成了建筑设计过程中最重要的影响因素。

决策者通过制定行业规范、产品标准和各种具体的限制条件来影响建筑设计，最重要的是他们持有"解释权"。这项特权使得建筑师与决策者之间时常处于一种冲突境地：建筑师抱怨决策者的教条僵化和不合时宜；决策者则指责建筑师任性和自负。

以上四个群体：建筑师、使用者、客户、决策者构成了建筑问题的真正来源。劳森（Bryan Lawson，英国谢菲尔德大学建筑学院院长）在《设计师怎样思考——解密设计》（How Designers Think The design process demystified，2005 年）中根据多年研究和对众多建筑师访谈，提出一个"设计问题的最后模型"，它是一个 2×4 阶的由限制条件构成的设计问题魔方（图 3-115）。

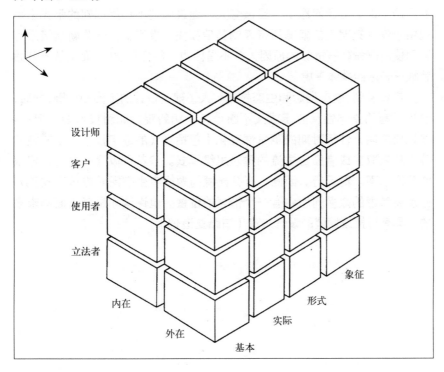

客户 Customer：现代商业解释是指通过购买你的产品或服务满足某种需求的群体；或是指跟个人或企业有直接的经济关系的个人或企业。客户对企业产品和服务有特定需求，是企业经营活动得以维持的根本保证。

决策者 decision maker 或 Policy makers：广义的决策者是指决策机构、享有决策权力的人和对决策有较大影响的人。狭义的决策者是指根据法律在政府中占决策职位的直接决策者。决策者具有法定的政策制定权，参与政策制定的全过程。

立法者 lawmaker 或 lawgiver

在学术文献中的解释是指在现代条件下（国家权力与知识分子的联姻，知识分子的角色是创立权威知识和言论，仲裁意见纷争，对真假、善恶、美丑等问题具有最高发言权，即专家意见）包括两类：一是有权制定法律的各级国家机构组成人员，二是能够直接参与立法过程的法学研究者。

图 3-115 建筑问题的三维模型／魔方
内在限制：主要由设计任务书列出；
外在限制：指环境场地和区位因素；
基本限制：建筑功能满足和适应性；
实际限制：城市规划和建筑技术类；
形式限制：图形视觉组织方式原则；
象征限制：建筑概念表达及识别性。

3）设计本质：整体问题需要整体考虑

建筑问题和设计条件从分析的角度看是一个层级系统，而且由于不同的建筑师按照其不同的主观价值判断对某一个方面有所侧重，但是，建筑设计必需是一种整体反应/反映，从一开始就是如此。

整体问题（Questions）没有一个整体考虑，有可能导致一系列的严重问题（Problems）。

由 Q 问题导致 P 问题，上一代的 P 问题是下一代的 Q 问题。我们这一代的 Q、P 问题如何轮回？

数据表明，我国新建建筑寿命周期平均不超过 30 年，个别建筑的实际寿命甚至是个位数。它们并非毁于自然灾害或者其他不可抗拒力，大多原因只是对前面提出的建筑问题（Questions）考虑不周。这意味着当代设计的建筑将成为下一代的设计问题（Problems），甚至，在同时代内的这一群建筑师设计的建筑将成为另一群建筑师的设计问题。旧建筑改造——原本是自然的符合客观规律的更新过程——变成了新建筑拆改。

任何有效的设计方法都是对现实设计条件的回应。从整体性出发的思路有助于避免一些所谓的"价值观陷阱"——某些个别因素由于在社会风尚的流行体系中，或者在个人价值体系中具有较高地位，便理所当然地成为建筑价值的标准。例如，随着生态主义的兴起，建筑的生态性能似乎成为当代建筑设计的主要追求，甚至是唯一目的。

生态很重要，后果很严重：在项目竞争和设计策略上可能导致一种"生态陷阱"——为生态指标而淘汰其余，以高标准求得低能耗。越王剑精美绝伦，双刃至今可伤人。

实践表明，在建筑寿命周期中，建材制造、运输、建筑设计、施工、使用、拆除回收等各个阶段，能源的影响呈现 U 字形分布。某一个方面的问题（例如能源问题）一旦被夸大，建筑师就不再用批判的眼光来审视由于设计策略上的偏颇所带来的其他损失。事实上，一些新建筑没有达到使用寿命就被拆除的原因大多不是因为"能耗过度"，而是从一开始就缺乏长远的整体考虑。

应该看到，生态理念和生态技术扩大了建筑设计的范围和视野，同时，设计问题的整体性反应模式又不断地将一切新观念和新技术融于自身。建筑史表明，任何时期的革命性变化（包括当代的数字技术、生态技术等）从未取代或者颠覆主流的建筑思维模式。浪花可以飞一会儿，但很快落回水面才能远行。因此，有关能源问题或者生态问题应该在建筑师必须要考虑的众多问题中有一个恰当的位置。也许这才是真正面向未来的、具有可持续发展的设计之道（道路暨道理）。

第4章　高层建筑方案设计要略

背景：高层建筑的历史并不长。如果追溯现代（超）高层建筑的鼻祖，就有必要知道"芝加哥学派（The Chicago School）"。

1830年以前的芝加哥是美国中西部的一个小镇，大约仅有4000人口。由于美国的西部大开发，这个位于全美东、西部交通要道的小镇在19世纪后期急速地发展起来。到1890年时，半个世纪之后人口已经激增至约100万。经济的兴旺发达和人口的快速膨胀刺激了建筑业的发展。

然而，真正给高层建筑的诞生带来机会的却是一次突如其来的巨大灾难——芝加哥大火灾。1871年10月8日，芝加哥市中心的一场毁掉全城1/3建筑的大火灾后，加剧了城市对于新建房屋的巨大需求。于是，在人口激增、地价高企、房屋短缺、铁框架结构技术的出现以及载人电梯的发明等等诸多要素风云际会的形势下，急需灾后重建的芝加哥出现了一个主要从事高层商业建筑的建筑师和建筑工程师的群体，后来被称作"芝加哥学派"——他们大多数人是在美国南北战争时期的陆军工程兵部队的战友。他们是：詹尼（William Le Baron Jenney，设计世界第一栋高层建筑），伯纳姆（Burnham），鲁特（John W. Root），霍拉伯德（Holabird），罗希（Roche），以及被誉为"摩天楼先知"的路易·沙利文（Louis Henry Sullivan）等（图4-1、图4-2）。

从19世纪初到21世纪初的近200年间，现代高层建筑的发展已成为汇集现代建筑技术材料、城市土地高效利用、公共空间景观塑造、社

图4-1　家庭保险大楼 Home Insurance Building，1884—1885年

威廉·勒·巴隆·詹尼（William Le Baron Jenne，1832—1907年，美国建筑师与工程师，被称为"高层建筑之父"）设计。

这是世界上第一栋高层建筑，拆毁于1931年。结构上没有承重墙，整个建筑的重量由金属框架支撑，圆形铸铁柱子内填水泥灰，一至六层为锻铁工字梁，其余楼层用钢梁。标准的梁距为5英尺（1.52m），支撑砖拱板。砖石外立面，窗间墙和窗下墙为砖石构造，像幕墙一样挂在框架之上。建筑史称为"钢铁结构进化中决定性的一步"。

图4-2
图（a）瑞莱斯大厦 The Reliance Building，15层。伯纳姆和鲁特 Burnham and Root 设计，1890—1895年
图（b）马凯特大厦 The Marquette Building，12层。霍拉伯德与罗希 Holabird and Roche 设计，1889—1895年
图（c）C.P.S 百货公司大楼 Carson Pirie Scott Department Store，12层。路易·沙利文 Louis Henry Sullivan 设计，1899—1904年
芝加哥学派 The Chicago School 给后世留下了"芝加哥窗、建筑立面三段式、形式追随功能"等建筑思想遗产。

（a）　　　　　　　（b）　　　　　　　（c）

会能源消费竞争、形式美学时尚文化……于一体之顶峰。从这个意义上说，高层建筑是一种真正的整体论和系统论的建筑类型。

进入21世纪，随着世界经济重心从美国移转至亚洲，高层建筑毫无疑问正在经历更高、更快的发展期。而且，在城市地价和区域地标的双重因素的驱动下，可以预测未来10年世界排名前100位的高层建筑总高度或许会比2000年时增高超过10km！

4.1　高层建筑的概念与分类

从常识看，超过一定层数或高度的建筑将被视为高层建筑。高层建筑的起点高度或层数，各国规定不一，无绝对的标准。

从实践的角度看，高层民用建筑的起始高度或层数一般是根据下列条件提出的：

（1）登高消防器材。20世纪早期不少城市尚无登高消防车，随着登高消防车的普及，从火灾扑救历史实践来看，登高消防车只对扑救一定高度以下的建筑火灾最为有效。

（2）消防供水能力。高层建筑的消防用水量是根据各国当时的技术经济水平，按一般的火灾规模考虑的。当形成大面积火灾时，其消防用水量显然不足，需要利用消防车向高楼供水。目前我国大多数的通用消防车在最不利情况下直接吸水扑救火灾的最大高度约为24m左右（图4-3）。

关于高层建筑的分类，1972年在美国宾夕法尼亚州伯克利市（Berkeley Pennsylvania，USA）召开的"国际高层建筑会议"对此达成一定共识，并将高层建筑分为4类：

第一类为9～16层（最高50m）；

第二类为17～25层（最高75m）；

第三类为26～40层（最高100m）；

(a)　　　　　　　　　　　　　　(b)

图 4-3
图（a）现代云梯式消
防车；
图（b）丹尼斯消防车
DennisSN1549，英国，
1920's。

第四类为 40 层以上（高于 100m）。

关于建筑高度的规定，大致可以分为以下两种：

（1）屋顶高度（Roof Height），指建筑主体部分的屋面相对标高，不包括建筑顶部装饰构件所占的高度。

（2）极点高度（Pinnacle Height），指建筑外轮廓的最高点，包括建筑顶部装饰构件或者天线所占的高度（图 4-4）。

事实上，在 100m 的高度，建筑物无论从结构还是设备及施工等方面均无明显的质的变化。

根据理论及经验分析，一般在 40 层（大约 160～180m）左右，是超高层建筑设计的敏感高度。所谓"敏感"，是指在这一高度以上，建筑物的超常尺度特性（绝对高度以及巨大规模）将引起建筑设计概念上的变化，这种变化促使建筑师必须提出有效的设计对策，调整设计观念，应用适宜的建筑技术。

根据中国的技术经济条件和消防装备等情况，我国《民用建筑设计防火规范》（Code for fire protection design of tall buildings，GB 50016—2014）2018 年版中规定"高层建筑"包括：

（1）居住建筑：建筑高度大于 27m 的住宅建筑（包括首层设置商业服务网点的住宅）（图 4-5）；

（2）公共建筑：建筑高度超过 24m 的公共建筑（不包括单层主体建筑高度超过 24m 的体育馆、会堂、剧院等公共建筑以及高层建筑中的人民防空地下室）（图 4-6）；

（3）超高层建筑：《规范》还规定，当高层建筑的建筑高度超过 250m 时，建筑设计采取的特殊防火措施，应提交国家消防主管部门组织专题研究、论证。

超过 100m 的建筑称为超高层或超限高层。本章主要涉及的是建筑高度在 250m 内的高层建筑方案设计的一些基本知识。

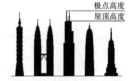

极点高度
屋顶高度

图 4-4　建筑高度的两个基准点

我国建筑规范规定的建筑高度系指建筑室外地面到其檐口或屋面面层的高度。屋顶上的避雷针、信号发射装置、瞭望塔、水箱间、电梯机房、设备机房和疏散楼梯出口小间等一般不计入建筑高度和层数。

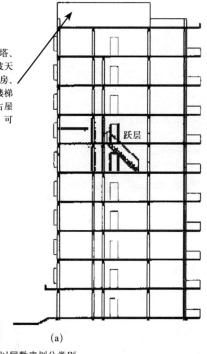

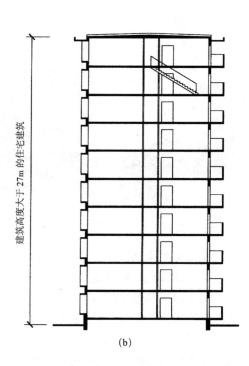

局部突出屋顶的瞭望塔、冷却塔、水箱间、微波天线间或设施、电梯机房、排风和排烟机房以及楼梯出口小间等辅助用房占屋面面积不大于 1/4 者，可不计入建筑高度。

跃层

建筑高度大于 27m 的住宅建筑

(a)　　　　　　　　　　　　　　　　(b)

图 4-5　居住建筑不以层数来划分类别
图（a）有关建筑高度的确定方法，本规范附录 A 作了详细规定。
图（b）建筑屋面为平屋面（包括有女儿墙的平屋面）时，建筑高度应为建筑室外设计地面至其屋面面层的高度；建筑屋面为坡屋面时，建筑高度应为建筑室外设计地面至其檐口与屋脊的平均高度。
本规范以建筑高度为 27m 作为划分单、多层住宅建筑与高层住宅建筑的标准，便于对不同建筑高度的住宅建筑区别对待，有利于处理好消防安全和消防投入的关系。

图 4-6　公共建筑以高度来划分类别

超高单层公共建筑有例外规定。

高层民用建筑以建筑高度大于等于 24m 为限与多层公共建筑区分。但对于建筑高度超过 24m 的单层公共建筑，如体育馆、影剧院、会展中心等，疏散和扑救条件较高层建筑有利。其消防设施的配备应与高层民用建筑的消防设置要求有所区别。

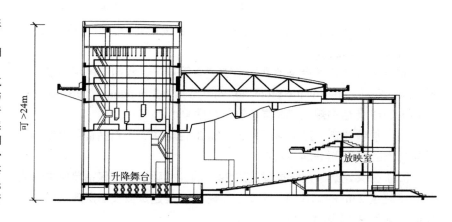

可 >24m

升降舞台　　　　　　　　　　　　　　放映室

4.2　高层建筑的特点与构成

如果，高层建筑区别于其他低多层建筑的首要特征是其绝对高度，那么，高层建筑的现象直观就是一根嵌固于地球表面的立柱、旗杆、石碑……柱状物——建筑结构工程师称之为"悬臂梁"。

如果，你能深刻理解这个竖直悬臂梁的平衡原理，那么你就能够正确地理解高层建筑的本质特征。

如果，这个竖直的悬臂梁失稳，那么灾难便降临了（图4-7）。

可见，高度既能够给建筑带来荣耀，也必然带来安全性的挑战。高度带来的挑战主要来自水平外力影响，例如地震和风。据测定，在建筑物10m高处的风速为5m/s时，在30m高处的风速为8.7m/s，在60m高处的风速为12.3m/s（强风），在90m高处的风速为15.0m/s（疾风）。超过100m的高层建筑单位面积风压随建筑高度的增加而增加。因此，高层建筑除了承受巨大的重力作用之外，在建筑形体和结构选型方面还需考虑三种水平作用力的影响（图4-8）。

图4-7 上海莲花河畔景苑小区高层住宅楼倒塌

2009年6月27日5时30分左右，上海市闵行区莲花南路、罗阳路在建的"莲花河畔景苑"商品住宅小区工地内，发生一幢13层楼房向南整体倾覆的责任事故。

调查显示，其倾覆的原因是大楼南面开挖地下车库基坑，所挖土方就近堆放在大楼北侧。北面堆土过高，导致南北两侧的地基土体"压力差"过大，从而使建筑物整体失衡。

事件发生后，压力差一词广为人知。

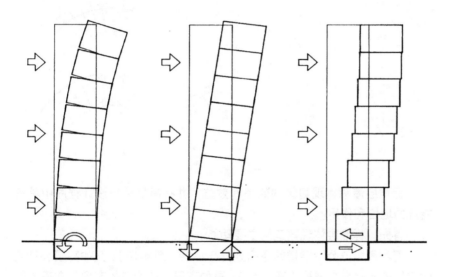

图4-8 水平作用的三种影响

从左到右：弯曲抵抗、倾覆抵抗、剪力抵抗。

4.2.1 最佳单变量：标准层的概念和作用

在建筑方案的设计文件中，一般都包括：项目设计说明书、总平面（规划）图、各层平面图、立面图、剖面图和（室内外）透视效果图等等，建筑模型和必要的实验报告（或各种分析图）也常见。高层建筑设计同样需要这些图纸来表达。

但是，在高层建筑中有一种平面图是需要特别考虑的，这就是"标准层Typical Floor"。

标准层通常指反映高层建筑主体的结构类型特征和空间布局模式的建筑平面。它可以被大量地重复和重叠使用（图4-9）。

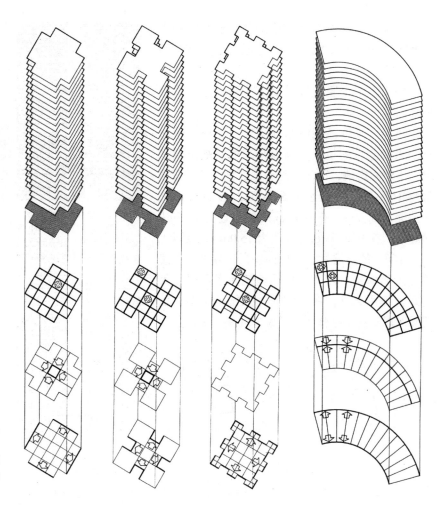

图 4-9　标准层是决定高层
建筑形态的重要因素
　　塔楼形态是由相同或相
似平面（标准层）大量重叠
发展而成。

标准层最能体现建筑的效率和效益，并在高层建筑设计程序中具有特殊的地位和作用。

首先，标准层体现建筑的主要功能。

例如高层办公写字楼的空间划分与特点（图 4-10）；又如高层公寓或住宅的单元组合与规模（图 4-11）；再如高层旅馆酒店的客房与交通流线等（图 4-12，图 4-13）。

其次，标准层最能体现建筑的效益。

建设项目的技术经济效益是大多数工程投资的首要的和直接的目标。由于标准层在整个高楼大厦中被大量重复使用，且又反映建筑的主要功能，因此，标准层设计的好坏对于整体效果的影响不言而喻。依据统计和相关的研究表明：

（1）标准层面积规模小于 1500m^2 或大于 3000m^2 时，平面的有效使用率下降较快。

（2）标准层的效率（平面系数 K 值）一般不应低于 65%。

（3）标准层使用面积与外墙长度的比宜为 0.08 ~ 0.12m/m^2。

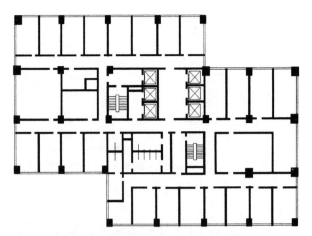

图 4-10　某办公楼标准层平面

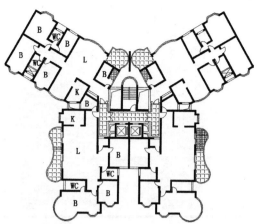

图 4-11　某高层住宅标准层平面

图 4-12　印尼万隆·希尔顿酒店客房标准层平面

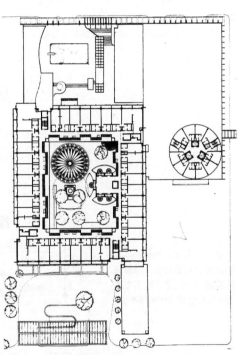

图 4-13　美国亚特兰大市桃树旅馆标准层平面

　　一方面，现代超高层的建筑外墙造价很高，约占总造价的 5% ~ 7%；并且，外墙过长还会在使用过程中损失大量能量，不利于建筑节能。所以，外墙应尽可能简洁。另一方面，特殊构造的外墙（如呼吸式双层外墙等）造价会更高昂，但可能有利于节能，因此，需要权衡考虑。

　　再次，标准层具有全面的控制性。

　　标准层的结构体系一经确定，必将对其上下各个部分楼层的空间布局与使用产生明显的控制作用，尤其是对于高层建筑的首层入口平面和地下车库平面的设计（图 4-14、图 4-15）。

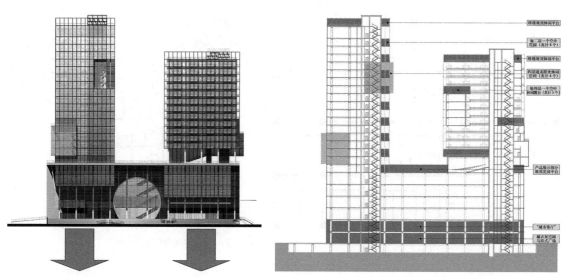

图4-14 浙江某电子信息大楼设计方案
双塔式两种标准层，每个标准层对于大楼的上下空间均有控制作用。

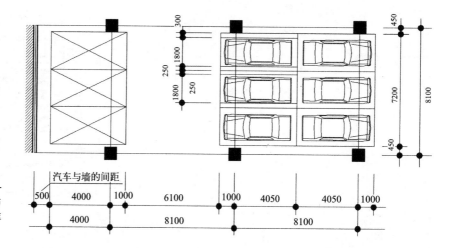

图4-15 标准层的结构——
例如墙与柱的位置、间距与
跨度等——决定了地下车库
平面设计的适用性和经济性

最后，标准层是高层建筑主体造型的基础。

标准层平面的规模、形状与轮廓预示着高层主体建筑的基本形态和建筑艺术的造型效果（图4-16、图4-17）。

由上可见，标准层设计堪称高层建筑设计的核心内容之一。它在设计程序中具有先导性、控制性和预示性。甚至可以说，在总图规划与首层平面设计的同时、甚至之前就开始考虑、设想标准层的方案，这个建议毫不过分。总之，高层建筑设计过程无论从何处开始着手，都应意识到，标准层设计的适应性及其合理性问题对于整个建设项目的成败具有决定性的影响。

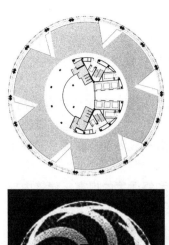
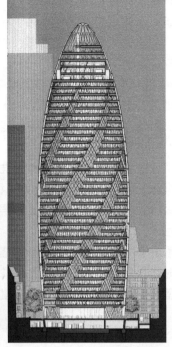
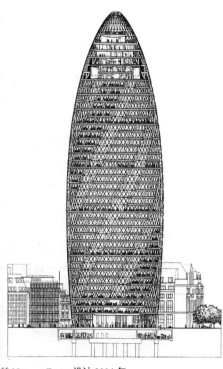

图 4-16　瑞士再保险大楼 Swiss Re's London Headquarters，伦敦，诺曼·福斯特 Norman Foster 设计 2004 年

　　建筑高度 179.8m 共 50 层。标准层以固定角度旋转后形成螺旋形中庭。平面每层的直径随大厦的曲度而改变，直径由 162 英尺（18.9m）至 185 英尺（56.39m）（第 17 楼层处最大），之后逐渐收窄。

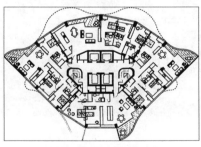
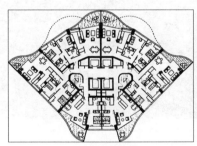

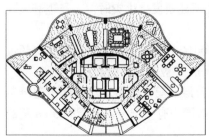
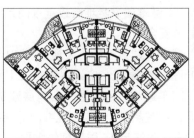

图 4-17　地平线公寓 Horizon，澳大利亚悉尼，Haary Seidler 事务所设计 1998 年

　　标准层轮廓线呈波浪式变化，立面在顶部 5 层有反韵律造型处理。

4.2.2 高层建筑中几个特殊楼层

在高层建筑以及超高层建筑中，除了标准层之外，还有一些重要的和特殊的楼层，它们是设备层、避难层、结构转换层和结构加强层等。这是高层建筑与其他建筑相区别的又一特点。

1）**设备层**：是指有效面积用于布置设备的楼层。其主要内容包括：空调的送风与排风、热力与制冷机房给排水、电气、消防和电梯等诸多机房设备设施。因此，设备层楼面的承载能力一般大于标准层，层高也相对要求较高（4.0 ~ 6.5m 不等）。

在当代高层建筑设计中，随着建造标准和舒适度的提高，建筑内部机电设备系统的投入可以占到建筑物初始总投资的 1/3 以上，更会占建筑物使用周期成本的 2/3 至 3/4。因此，设备层的设计是现代高层建筑设计中的必要内容之一。

一般高层建筑（100m 以内）的主要设备层通常分设于地下层和楼顶（图 4-18）；有时在裙房与主体交接处，也常根据需要（或者结合结构转换层）设置小型设备及布设管线。超高层建筑根据需要设置中间设备层或设备间。

图 4-18 上海花旗集团大厦地下设备层：空调冷冻、热力机房
采暖通风空调系统—四管制 VAV 空调系统和机械新风系统。空调系统设计标准—制冷量约 200W/m²；新风量最高达 50m³/h·人；系统制冷能力 16120kW。

2）**避难层**：避难层或避难间是高层建筑发生火灾时，人员逃避火灾威胁的安全场所。

我国《建筑设计防火规范》GB 50016—2014 中规定，建筑高度超过100m 的公共建筑，应设置避难层（间），并应符合下列规定：

（1）避难层的设置，自高层建筑首层至第一个避难层或两个避难层之间，不宜超过 15 层（图 4-19）。目前国内有一部分城市配有 50m 高的云梯车，可满足 15 层高度的需要。

（2）通向避难层的防烟楼梯应在避难层分隔、同层错位或上下层断开，但人员均必须经避难层方能上下（图 4-20）。

（3）避难层的净面积应能满足设计避难人员避难的要求，并宜按 5.00 人 /m² 计算。

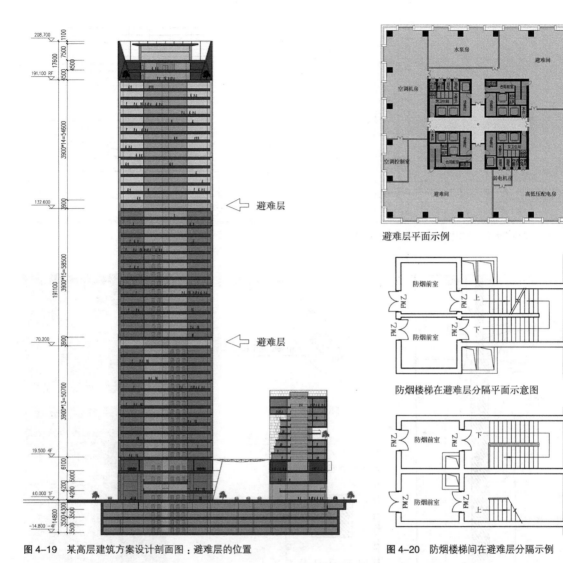

图 4-19　某高层建筑方案设计剖面图：避难层的位置

图 4-20　防烟楼梯间在避难层分隔示例

　　避难层可兼作设备层，但设备管道宜集中布置。避难层应设消防电梯出口。

　　3）**结构转换层**：综合性的高层建筑是沿着垂直方向进行功能分区的。由于存在不同的空间布局和结构方案，因此经常导致上下部分的结构不连贯和不一致的情况。一般说来，在高层建筑结构的底部，当上部楼层部分竖向构件（剪力墙、框架柱）不能直接连续贯通落地时，应设置结构转换层；或者，当高层建筑上部楼层结构体系与下部楼层差异较大时，也必须在结构改变的楼层布置转换层结构（图 4-21）。

　　在结构转换层布置的转换结构构件一般包括下面两种：

　　（1）巨梁转换结构：一般这种超高大梁须要占有一层的高度（剪力墙）。且转换梁的高度不宜小于跨度的 1/6。

　　（2）桁架转换结构：相对于超大梁，桁架的自重较轻（图 4-22）。

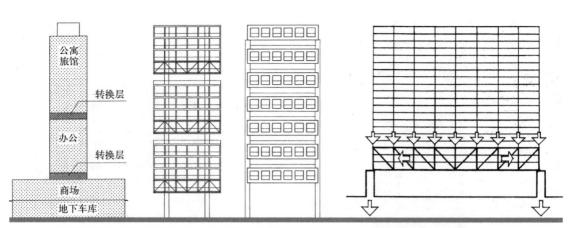

图 4-21 结构转换层的必要性及其措施：巨大梁、桁架、厚板等

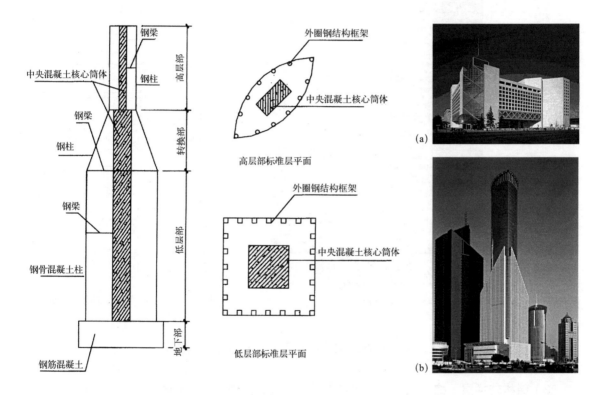

图 4-22 上海浦东国际金融大厦（中银大厦）其转换层达 7 层框架

应用结构转换层的工程实例较多。下面的两个例子一个是中国银行总部大楼，图 4-22（a）；另一个是中银大厦，图 4-22（b）。

4）结构加强层：高层建筑上下部分即使没有刚度上的突变，但为了提高结构的整体刚度，通常沿高度方向设置一道或多道水平加强层，以提高抵抗地震或者水平风力的影响。

示例：昆明某超高层建筑抗震设计。主楼在第十九、三十三、四十七层设置 3 道钢伸臂桁架加强层（图 4-23）。

5）地下车库层：车库地面距离室外地面的高度大于该车库净高的一半者叫做地下车库（图 4-24，图 4-25）。

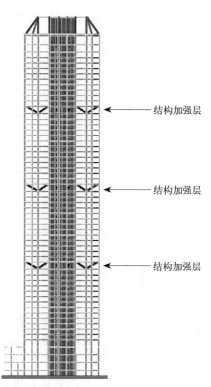

结构加强层

结构加强层

结构加强层

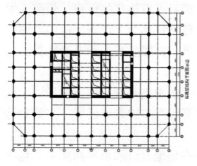

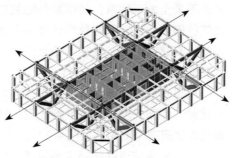

图 4-23　昆明某超高层建筑方案之抗震设计

结构加强层：伸臂钢桁架，井字形布置。抗震设防烈度为 8 度。

建筑总高度：A、B 座地上 60 层，238.5m，C 座地上 25 层，99.55m。标准层的结构框架柱距为 4.5m。

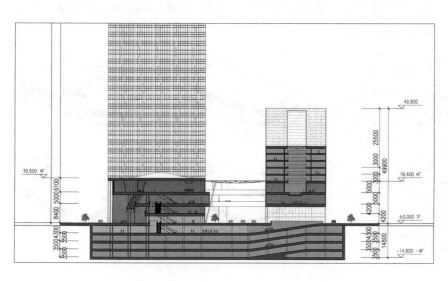

图 4-24　某高层建筑设计：地下车库剖面图

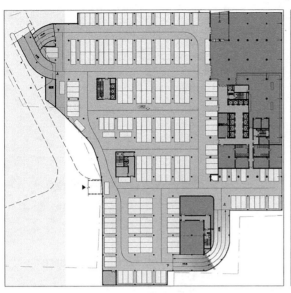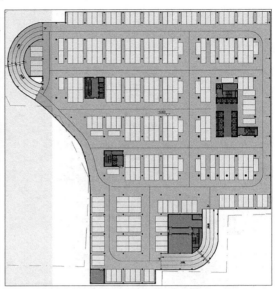

图 4-25 地下一层与地下
二层车库平面设计示例
汽车出入口、行车道、转弯半径、车位、疏散楼梯间等。

与设备层和避难层相比而言，地下车库算不上特殊楼层。在商业中心、办公写字楼、高层住宅和居住区中，地下车库都是一种常见常用的空间，有时，人们习惯称之为配套设施。

尽管我们极少听说过一些颇有才华的高中毕业生因为数学成绩不好而进不了土木工程系，却能意外地被建筑系录取这样的传奇，但是，学建筑的很多学生他们的数学计算功力之低下仍然令人惊讶。他们或许能正确计算建筑层高与楼梯踏步之间的关系，却很少有人能准确地算出地下车库坡道的水平投影长度！

地下车库的坡道设计涉及车库与地面的垂直高度、坡道的形式、允许坡度、实际长度、水平投影长度、宽度和汽车转弯半径等一些简单计算与表达问题（图 4-26、图 4-27）。

图 4-26 坡道的形式：
图（a）双螺旋形、单螺旋式、直线型；图（b）泊车方式有平层、错层和倾斜楼板式

地下车库坡道的关键内容应该反映在场地设计和总平面图中，包括坡道的位置及其可见的水平长度、宽度、起坡点的位置以及坡道入口与地面流线的衔接关系等。

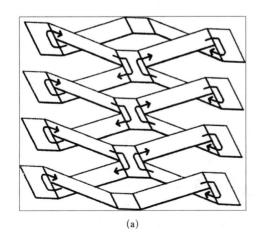

（a）

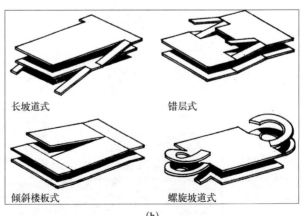

长坡道式　　错层式

倾斜楼板式　　螺旋坡道式

（b）

图4-27　地下车库空间实例

　　另外需要指出的是，地下室与首层不应共用楼梯间。当必须共用时，应在入口处作防火分隔（耐火极限 ≥ 2.00h 的隔墙、乙级防火门），并应有明显标志（图4-28）。

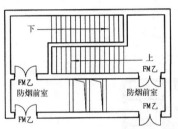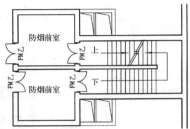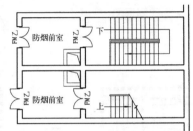

图4-28　楼梯间的分隔

　　其他有关地下车库设计所需要的重要数据，诸如耐火等级、防火分区、防火墙和防火门的规定、用于人员疏散的楼梯的数量、疏散距离、车行道及坡道宽度与坡度以及汽车转弯半径等要求，请仔细阅读并能熟知《汽车库、修车库、停车场设计防火规范图示》12J814。在任何时候，建筑规范都是建筑设计的首要资料。

4.3　标准层设计

　　建筑平面设计的本质都是空间设计。高层建筑的标准层平面同样反映了高层建筑的空间构成模式。

　　目前，高层建筑主要以办公写字楼、旅馆酒店、住宅或公寓三种类型为主。虽然它们的空间尺度和建筑功能各不相同，但是从标准层平面构成的角度看，它们都可以被归纳为一个最基本的模式，即"内筒外框"式的结构 - 空间类型（图4-29）。

4.3.1　平面类型

　　不论是公共建筑，还是居住建筑，作为垂直交通枢纽的核心筒位于平面中心是最基本的模式（图4-30）。

　　依据核心筒的位置，标准层平面类型一般有中心型、偏心型、外周型、分离型等模式（图4-31 ～图4-34），可根据标准层面积大小和空间进深的

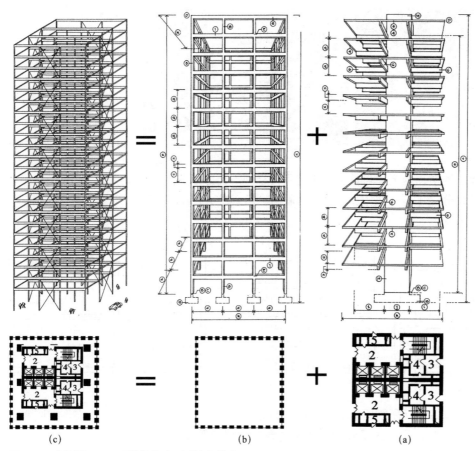

图 4-29　内筒外框——既是结构类型，也是空间模式

　　"内筒外框"作为最广泛最基本的类型，它是由使用空间和辅助空间两大部分组成。其中，辅助部分包括楼电梯间及其前室、卫生间、配电间、各种设备管道管线竖井等，这些以交通枢纽为主要内容的辅助部分往往形成一个或几个核心，称为标准层的核心筒（图 a）；标准层平面的周边则由一系列的钢筋混凝土柱或钢柱按照一定的间距（开间尺寸）分布，形成外框（图 b）。外框与核心筒之间的空间就是我们要得到的使用空间，其结构跨度或空间进深随使用功能而定。内筒与外框架相组合就是标准层（图 c），它反映高层建筑主体的结构类型特征和空间布局模式。

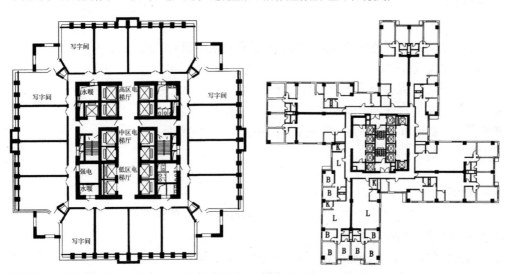

图 4-30　在公共建筑和居住建筑中，中心型平面是最多、最基本的模式

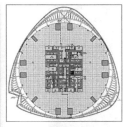
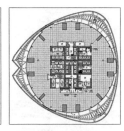
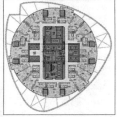
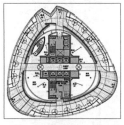

图4-31　上海中心大厦方案，美国Gensler建筑设计事务所设计，2007—2013年

主体建筑结构高度为580m，总高度632m，是目前中国国内规划中的第二高楼。地下结构5层，地上部分为124层塔楼。

外观为"龙"形或者祥云火炬形。其标准层的轮廓线随着高度而改变，但均保持为中心型平面组织。

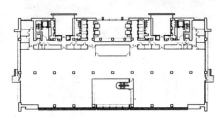
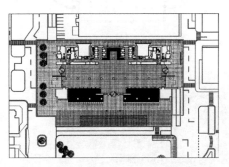

图4-32　偏心型核心筒布置实例——佳能公司总部Canon Headquarters，东京，RICHARD MEIER设计

使用以及建筑造型等要求而综合选择相应合理的布局方案。

4.3.2　平面形状

影响标准层平面形状的因素大致有来自结构的要求、功能的需要和艺术表现的目的三方面。

● 来自结构的要求主要是强调平面的几何中心与质量重心相重合一致以及长宽比（图4-35、图4-36）。

● 来自功能的需要主要考虑空间单元的适用性（图4-37、图4-38）。

● 来自艺术表现的要求无疑是建筑师最为关心的方面。

在实践中，一些高层建筑因形态造型和艺术表现的需要，其标准层平面采用了不规则形状，平面长宽比超出了常规比例的现象是被允许的，只需要结构采取相应的加固措施并多花些钱而已。但应该记住，任何形

图 4-33 双侧外核心筒的布局模式

标准层平面反映了建筑造型。

图（a）新加坡华侨银行 Oversea Chinese Banking Center，贝聿铭设计，1976 年；

图（b）印度联合商业银行大楼 United Commercial Bank of India

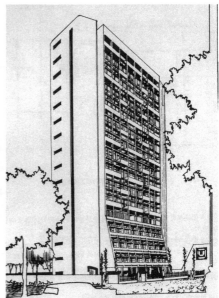

图 4-34 周边型或者分离型标准层实例——伦敦伍德大街 88 号（88 木材街，88 Wood Street），Richard Rogers 设计，1993—2001 年

为配合街道建筑高度的尺度，整栋建筑物分为三个不同高度的段落——10F、14F、18F 层层退缩。每个段落开始配置退缩的平台，除缩小尺度外，更提供一个户外休闲空间。

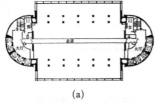

(a)

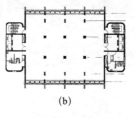

(b)

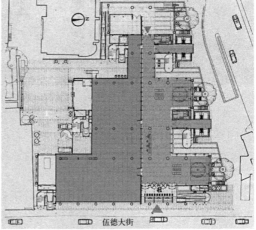

伍德大街

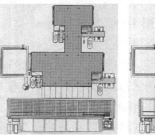

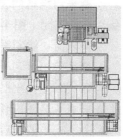

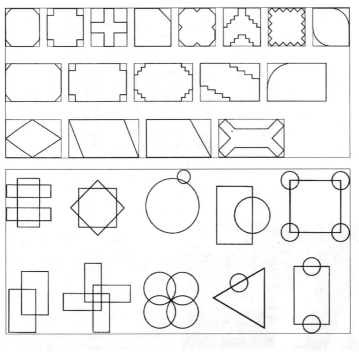

图 4-35　平面形状考虑因素之一：几何中心与质量重心

　　风荷载作用的合力中心为建筑物投影的几何中心；地震荷载作用的合力中心为结构布置的质量中心。两个中心重合有利于结构抗扭形变。

　　因此，建筑标准层平面宜简单规则，并使结构各层的抗侧力平面刚度中心与质量中心接近或重合，同时各层刚心与质心接近在同一竖直线上。

　　如果标准层结构平面不规则，通常不宜设置防震缝，而是将平面不规则的结构，分解为几个结构平面较规则的部分。

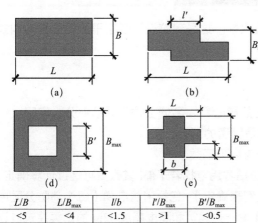

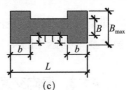

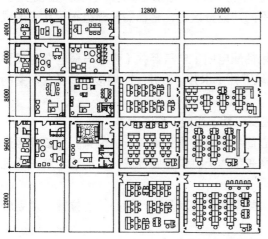

L/B	L/B_max	l/b	l'/B_max	B'/B_max
<5	<4	<1.5	>1	<0.5

图 4-36　长宽比的一般规定

　　平面布上具有下列情况之一者，为平面不规则结构：

①任意层的偏心率大于 0.15。

②结构平面形状有凹凸角：伸出部分在一个方向的长度超过该方向建筑总尺寸的 25%。

③楼面不连续或刚度突变：

例如，开洞面积超过该层楼面面积的 50%。

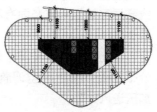

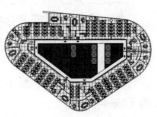

图 4-37　办公空间的开间与进深尺寸表（左）

　　与模数概念一样，空间单元也应考虑其适用性——"租赁跨度"。

图 4-38　上海中建大厦，KPF, 2004 年（右）

　　空间进深包括办公空间与走道宽度。

图 4-39 2U2（第二联合广场大厦），西雅图，USA

西雅图风力和水利资源丰富，喷气式飞机、水翼船、帆船等制造业历史悠久。是故，该大厦标准层平面轮廓采用风帆、金属翼和飞机头等流线型曲线组合图形。

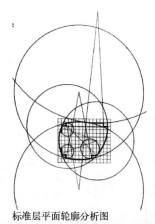

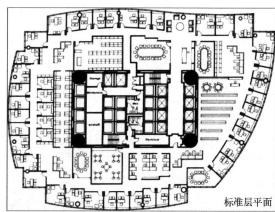

标准层平面轮廓分析图

标准层平面

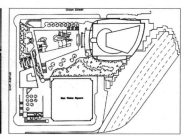

状都不应妨碍内部空间的适用性。这是建筑设计区别于雕塑或其他构筑物的基本判据（图 4-39）。

4.3.3 竖向交通

以交通枢纽为主要内容的核心筒，名分上作为辅助部分，实际上却是高层建筑这个复杂机器中最精密的部分。

核心筒中的内容大致分为以下三类：

一是交通设施和空间：包括客用电梯若干部（其数量可经过计算确定，也可以参照其他相似建筑实例来确定）；包括消防电梯（每个消防分区中至少设一部）；包括疏散楼梯（一类建筑和高度超过 32m 的二类建筑应设防烟楼梯间，每个防火分区不少于两部）；包括电梯厅（客梯数量较多时，或高层建筑沿垂直竖向有不同功能分区时，客梯需要分组布置从而形成多个电梯厅）。

二是管道管线空间：包括配电间；电气竖井（强电与弱电有时需要分布在两个井中）；空调通风竖井；水井与暖井；防烟楼梯间及其前室的加压送风井等。

三是公共服务房间：主要包括卫生间，盥洗室等。

以上空间与设施在核心筒中应该占据各得其所的位置。建筑师经过拼图般的设计与经营，最终在整体上打包并归拢成一个简洁的单一的几何形体中，是谓核心筒。

前面所讲的标准层平面类型实质上就是以"核心筒的位置"来划分的（表 4-1）。

以核心筒位置来划分标准层平面类型　　　　　　表 4-1

分类	核心类型	一般事项
中央型	A　　B　　C　　D	A、B、C 是最一般的类型，w：10～15m D 适于需要大房间的情况，w：20～25m 标准层面积：A，B：1000～2500m² 　　　　　　　C，D：1500～3000m²
外周型	A　　　B	能得到具有高度灵活性的大房间，适于各层功能、层高不同的复合建筑，w：20～25m 标准层面积：A：1000～1500m² 　　　　　　　B：1500～2000m²
偏心型	A　　B　　C　　D	如果平面的规模较大，那么在核心以外也需要有疏散设施和设备管道竖井 A、B w：10～20m，C、D w：20～25m 标准层平面：A，B：500～2000m² 　　　　　　　C，D：500～1000m²
分离型	A　　B　　C	A、B 与偏心型具有大体相同的特征，C 与外周型有大体相同的特征 设备管道及配管在各层的出口受结构的制约
特殊型 （复合型）	A　　B　　C	A 是中央型 B 的变形，可得到具有灵活性的大房间，w：10～20m B 由中央型 A 和 4 条独立的竖井组成 C w：10～20m

　　1）**电梯组**：高层建筑核心筒中的电梯数量通常比较多，电梯作为主要垂直交通工具，不仅直接影响建筑物的一次投资（一般电梯投资约占建筑物总投资的 10％左右），而且建筑物内的电梯一经选定和安装使用就几乎成了永久的事实，以后若想增加或改型都非常困难，甚至是不可能的了。因此，在设计开始时应予以充分重视，恰当地选用电梯的台数、容量、运行速度、控制方式就显得非常重要。

　　客用电梯：数量建议按大楼主体总建筑面积确定，一般每 3000～5000m² 设一台；或者，客用电梯数量也可按 5min 运送大楼 12％～15％工作人员标准进行计算。

　　服务电梯：可按客梯数量的 1/3～1/4 考虑。

　　消防电梯：按《建筑设计防火规范（2018 年版）》GB 50016—2014 规定设置。一般高层建筑（100m 以内）设 1～2 台；超高层建筑应不少于 2 台（每个防火分区内不应少于 1 部）。消防电梯平时可兼作服务电梯。

　　电梯选型：根据不同使用要求考虑载重、速度。高层住宅中电梯井的尺寸较小：2400～2700mm。现代超高层建筑中电梯井的尺寸较大，在 2800mm 或以上。也可选择双层电梯，以提高运载效率（图 4-40）。

　　电梯厅：其深度尺寸与电梯组的布置方式有关（图 4-41）。

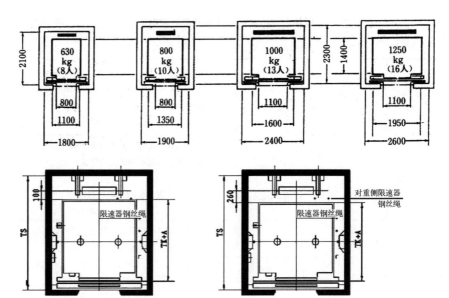

图 4-40 电梯的主要参数与规格

我国电梯生产厂家较多，加之国外的技术和产品，电梯的主要参数（额定载重量与额定速度）及其规格尺寸并不统一。因此，方案中电梯井预留尺寸应参照所选定的产品样本。

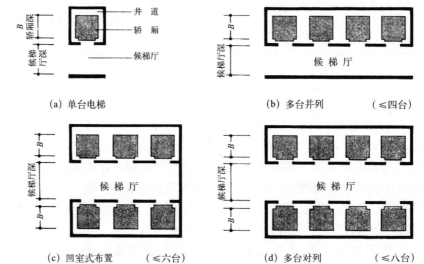

载人电梯布置与候梯厅的一般要求

(a) 单台电梯

(b) 多台并列 （≤四台）

图 4-41 影响候梯厅深度的因素
①轿厢深 B
单梯布置 ≥ $1.5B$
多台并列 ≥ $1.5B$，且 ≥ 2400
多台对列 ≥ B 之和，且 ≤ 4500
②平面交通：
当候梯厅兼做通道时，应加上走道宽度。
③同层多组群控
④无障碍设计

(c) 凹室式布置 （≤六台）

(d) 多台对列 （≤八台）

服务方式（图 4-42）：

全程服务——每层停靠开门。

分区服务——奇偶数停靠；分区停靠；或设空中转换厅方式。

（1）在一般高层办公楼中，可采用全程服务方式，也可采用奇、偶数层分开停靠的方式；

（2）在超高层办公楼中通常将电梯服务分区分段，充分发挥电梯的输送能力；

（3）有的超高层建筑可采用空中转换厅接力方式。

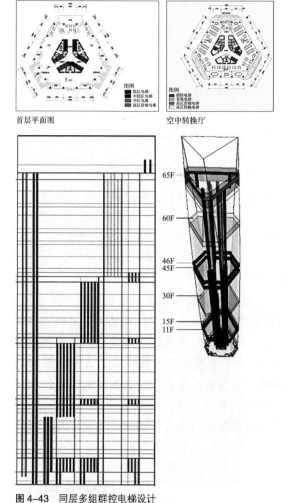

首层平面图　　　　　　　空中转换厅

图4-43　同层多组群控电梯设计

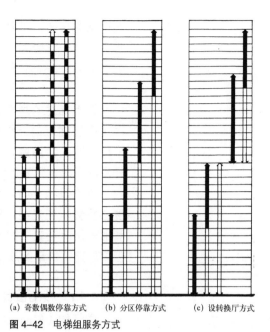

(a) 奇数偶数停靠方式　　(b) 分区停靠方式　　(c) 设转换厅方式

图4-42　电梯组服务方式

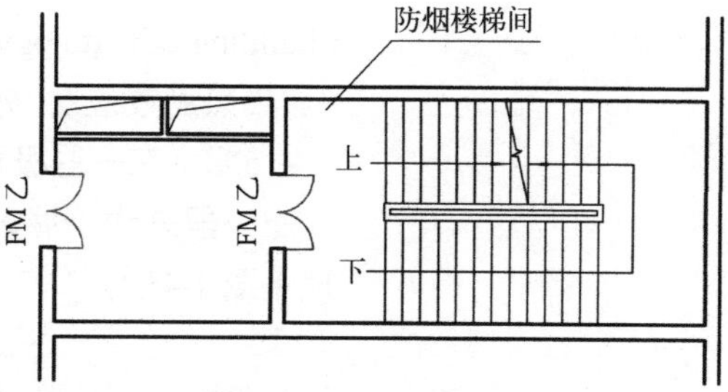

大楼共分为4个区域，低区，中低区，中区，高区，布置有23个电梯井道（包括19台客梯、2台观光电梯及2台消防电梯)，2部消防楼梯。一般客梯分区、分段设计；景观梯、消防电梯、疏散楼梯贯穿所有楼层。

图4-44

超高层建筑电梯组综合服务（分区＋分段＋空中转换厅）的设计示例（图4-43）。

2）**疏散楼梯**：一类建筑和高度超过32m的二类建筑应设防烟楼梯间。高层建筑的疏散楼梯有两个特点，一是要求用乙级防火门封闭，并向疏散方向开启；二是要求设置防烟前室（图4-44）。

4.4　城市设计与公共空间

在洛杉矶，一座50层的商务塔楼在12月的下午1时至2时之间投下的阴影有305m长。到下午3时，阴影的长度达到329m，面积相当于两个城市街区。阴影的远端边界落在一座颇受欢迎的中心区旅馆的游泳池上，将一些晒太阳的人吸引到一条很窄的光带里，游泳池的其余部分处于阴影中，冷冷清清。

以上描述的画面在世界各个大城市中是寻常的现象，但却值得我们对于高层建筑的外部空间和城市设计问题进行讨论。建筑师应该明白，或许有些人会愿意站在阴影里欣赏高楼的天际线，但他们绝不愿意默认开发商或建筑师替他做出这种选择。

不论是独立的还是混入在城市里，高层建筑由于其绝对的体量与高度必将影响到光线、日照、阴影、空气流动和道路交通。建筑物的位置和形式是决定其干扰性大小的主要因素。尽管大多数建筑不能成为杰作，但高层建筑的最终成就是以它们对于城市环境的贡献大小来衡量。

4.4.1 城市设计与微气候

微气候（Microclimate）是指在建筑物表层之上或其临近的区域内，受到建筑物之物理属性的影响而形成的城市气候环境状况（Geiger.R. 1965. *The Climate Near the Ground*）。微气候也叫小气候，是建筑气候学（building climatology）研究中的一个重要内容。其中广为人知的概念是"城市热岛效应"，即城市密集区在深夜的温度会比它周围的地区温度高3 ~ 5℃，在一些极端情况下的温差甚至高达8 ~ 10℃。

一般来讲，城区中建筑密度和建筑高度会影响城市的温度与近地风速（图4-45）。

图4-45 建筑密度与建筑高度对风速的影响

建筑物越高，近地面风速越小；

在相同高度下，密度大的区域（城市）比密度小的区域（城郊）风速较小。

在相近的建筑密度下，通风条件可能大相径庭，会受到容积率、平均高度、建筑物间距、街道宽度与走向以及地面绿化情况等城市设计中的多种因素的影响。

风速变化又与温度变化息息相关。

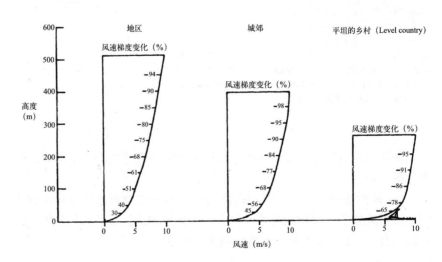

城市物质空间结构的许多特征都会影响城市的微气候。城市空间结构是由城市设计元素来塑造，诸如城市的规模、路网规划、道路的宽度与走向、建成区的密度、建筑物的高度、建筑物的颜色、城市公园绿地和开放空间等。此外，高层建筑迎风面的外墙形状也会改变空气流动的

模式。一个凸墙面能将气流更多地导向两侧，而减少上下方向的流动。与之相反，凹形的迎风面会使气流汇集于墙面，并沿上下方向流动，尤其是向下流动使近地面形成涡流和湍流（图4-46）。

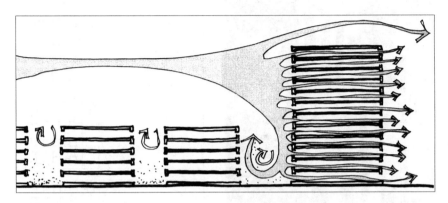

图4-46 高层建筑迎风面的外墙形状会改变空气流动的模式

凹形迎风面会使上部气流转移到地面，加速地表空气流动。

这种效应在寒冷干燥地区会产生消极影响；然而在湿热地区将产生积极效果。

此外，狭窄的塔状建筑物如果相互间隔布置，也会引起高层气流与地表气流的混合。

认识到高层建筑对于城市气流的组织模式，也就发现了高层建筑在城市气候中的积极作用——提高近地面的污浊空气与上方洁净空气的混合率。在实践中，如果能将高层建筑的距离地面6～10m以上部分设计成退台式，就能消除街道上空大部分下沉气流，只允许较少的、较缓和的气流到地面，以免影响街道中行人的舒适度。

这是一种扬长避短的设计策略，与沙利文（Louis Sullivan）提出的高层建筑"三段式"经典语汇——顶部—中部—底部——相符。现在看来，这不仅仅是一个古典主义的美学问题，也是一个基本的环境问题。

高层建筑的底部——基座或者裙房——的设计至关重要，它是街道美学和人性化空间的重要组成部分，也是"人文微环境"的影响者和塑造者。正像科恩（Kohn-Pederson-Fox，KPF建筑事务所的建筑师之一）所说：

"不管我们悬空在多么高的办公室里，我们总还必须回到街上来。虽然飞机的发明能使我们在天空飞翔，但我们总还必须回到地上。……所以，我们必须过问：那些激增的高层办公楼，从街道上看对我们所产生的那种影响。就是说，我们如何才能建造空前高度的大楼而又不损害行人街道生活的脆弱格局和地下设施？"——Kohn 1990, *The Tall Building*。

按照现代惯例，高层建筑的楼身立面和顶部造型无疑是建筑师和观光客最为感兴趣的部分，事实上它们对城市景观和天际线的贡献良多。然而，当一座大楼特别的高耸而且建在拥挤的环境之中，以至于人们难以见到其整体全貌时，在这种情况下，高层建筑"三段式"造型中注重基座或裙房的设计方法就变得有多重意义了（图4-47、图4-48）。

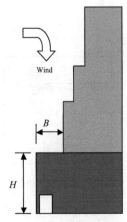

图4-47 退台式或基座式造型有利于街道尺度和微气候的舒适性

此外，我国《建筑设计防火规范》（GB 50016—2014）中，对于裙房包裹高层主体部分的宽度B和高度H尺寸有严格的要求。

191

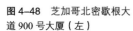

图4-48 芝加哥北密歇根大道900号大厦（左）

高层建筑的基座设计是对于街道尺度、地方文化和行人心理感受的真正关怀，也是人与建筑互动交流的真正界面。

图4-49 街道与广场的交接方式（右）

水平栏显示了街道与广场交接的四种方式：

①在中心相交并和广场一边垂直；

②偏离中心但仍与一边保持垂直；

③在广场的一个角部垂直相交；

④倾斜的或曲折的街道、在任意点以任意角度切入。

竖向栏显示了与广场交接的街道数量上的变化。

——《城市空间概念的类型学与形态学元素》，罗布·克里尔Rob Krier, 1975年。

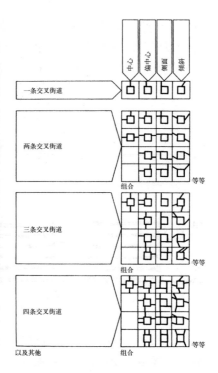

4.4.2 高层建筑与外部空间

高层建筑是城市环境中最大的介入者和影响者。前面仅仅就高层建筑与城市风环境关系的一个侧面的讨论，就足以断定高层建筑设计与城市设计必定跻身于这个时代最宏伟的实践之列，其中，开放广场、绿地、花园、步行街和林荫道等场所空间塑造了城市设计特有的"城市性"，因此，良好的建筑形态、有效的公共空间和舒适的生活环境是建筑师献给城市未来的礼物。

街道和广场是人们最早学会的两个能创造城市空间的建筑手段，是具有"城市性"外部空间的两个基本原型。当这两个类型相遇时，便出现了丰富多彩的组合图式（图4-49）。

上述城市空间类型在古今中外的城市形成和发展中均可见到其大量的实例。在现代城市设计中，高层建筑的介入将极大地改变人们对外部空间的体验和设计策略（图4-50）。

事实上，并非每个高层建筑的旁边都恰好有一个现成的城市广场，更多的情况是要面对高层建筑与街道的关系问题。

从城市街道进入场地，走向主入口门厅，再由门厅进入电梯厅，垂直电梯至各楼层，这是超高层建筑中最为普遍的空间流线组织方式。在街道与高层建筑门厅之间的建筑入口地带（Entrance Front & Lobby Front）既是一个地面人流、车流、物流的交通集散地，也是环境景观设计、塑造艺术氛围、营销业主形象的一个重点。如果在大型建筑或者高层建筑的主入口与城市空间之间缺乏过渡，没有"中间领域（zone in-between）"

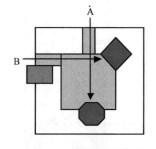

图4-50 高层建筑的位置因素

如果说，上面的空间类型的划分是有意忽略了美学标准的话，那么，高层建筑在城市中作为街道景观的底景、作为开放广场的统治者和作为一个重要的标志物，它与上述要素的综合与叠加效果则是城市设计中最具美学意义的领域。

的概念，那么在人员集散的高峰期，不仅会对城市交通环境的影响极大，也是城市日常生活（例如驻足停歇、文化休闲、等候约会等）福利机会的缺失。建筑应该使城市生活更美好更丰富，而不是更贫乏。

总之，经济机会和社会责任的目标是通过提供公共空间来实现的。以纽约为例，自1961年以来，纽约一直在以诱人的优惠政策或补偿条款来鼓励开发商建造公共广场：每修建1平方英尺的广场，开发商可以在常规的容积率上增加10平方英尺的商业楼面积（图4-51）。截至1972年，纽约总共拥有了8万 m² 的全世界最昂贵的开放空间。

第一个实践是西格拉姆大厦（Seagram Building）广场，作为纽约广场优惠政策的开先河者，在阳光明媚的日子里，总会有多达150人坐着享受野餐或者慵懒地晒太阳（图4-52）。

1970年，建筑师威廉·H·怀特（William H. Whyte）组建了一个小型研究团队——"街道生活研究小组 The Street Life Project"对城市开放空间的使用情况进行了长达3年的调查（图4-53）。

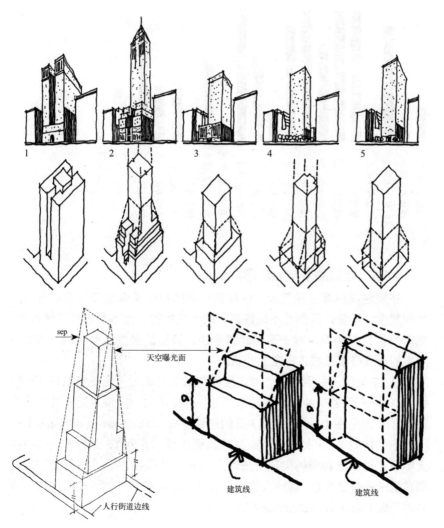

图4-51　美国的区划奖励 incentive zoning

从左到右：

1. 1916年以前纽约曼哈顿的建筑是沿着建筑红线直接向上建造，结果整个街道空间幽暗，空气污浊。

2. 1916年，纽约颁布了全美第一个区划法（zoning），要求建筑后退。其中提出了弹性原则即"区划奖励 incentive zoning"：建筑每后退一段就可以增加建筑高度。结果出现了大量退台式造型，称为"结婚蛋糕式建筑"。

3. 随着日照问题的突出，1961年修改的区划法中，提出用"天空曝光面 Sky Exposure Plane.SEP"代替退后要求以换取建筑高度奖励。

4、5. 1961年的区划修改法中还有一项重大规定，要求增加建筑物的开放空间，提出了"广场中的高层建筑"概念。规定若设置广场，则可增加建筑容积率。

公共建筑设计原理（第二版）

图 4-52 西格拉姆大厦建于 1954—1958 年

地上共 38 层，高 158m，总投资 4 亿美元，位于美国纽约市中心。设计者是著名建筑师密斯·凡·德·罗和菲利普·约翰逊。虽然大厦广场最初的设计定位并非如此，但随后它自然而然地成为一个最受欢迎的城市市民广场，尤其是在午饭时间。

图 4-53 开放空间的数量

怀特小组总共对 16 个广场、3 个小公园和一些零星地点的调查结果显示：

①广场是能够增加交往机会的空间；

②在广场使用者中，女性比例高于平均水平；

③不同的广场在早晨、中午、傍晚的生活节奏相似，只随季节和天气情况而有所不同。

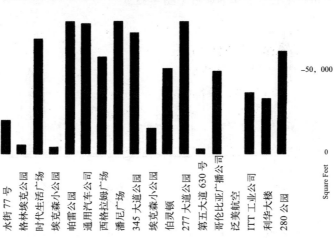

4.4.3 建筑高度与城市形象

按照经典标准，建筑设计中压倒一切的目标是满足使用功能方面的种种要求，毕竟，实用性不是建筑物的外在目的，也不是建筑物偶然的、临时的属性。然而，对于高层建筑来说，建造的目的还有另外一笔账：业主的自豪感以及城市形象和营销。

从 17 世纪开始到现在，城市绘画与后来的城市风光摄影中对"天际线（Skyline）"的反映与表现是艺术创作的主题之一。最早正式使用"天际线"一词是在 1896 年 5 月 3 日的纽约时报（The New York Times）中（Taylor，1992）。在美国这个高层建筑诞生地，直到 19 世纪末，纽约的天际线还被教堂钟塔的尖顶所统治。20 世纪初开始出现另一种类型的高层建筑——办公大楼、保险大楼以及其他商业建筑——被评论家称作"商界的圣殿 Business Architectural Imagery"：

商界的圣殿，多半是美国心态的产物，完全可以与现代商业理想画等号。其胆略强劲、蓬勃活力、聪明才智和辉煌壮丽都通过许多现代商业建筑形象而得到证实，完全显示了美国特色的一个也许还是一个主要的表征。

——Gibbs, 1984

在商界殿堂的建设中，帝国大厦（Empire State Building）恰如其名一样堪称一个典型样本（图 4-54）。

图 4-54 纽约帝国大厦（the Empire State Building），共有 102 层。比尔·兰姆（Bill Lamb）设计，1930—1931 年

　　地面距天线高度：448.7m，地面距屋顶高度：381m。

　　时任民主党主席、百万富翁拉斯科布（John Jacb Raskob）所赞助的胡佛（Herbert Hoover）竞选总统失败后，决定在另一项角逐中取胜：在经济大萧条时期修建一座世界最高的建筑。他问比尔·兰姆楼房能盖多高？兰姆沉思片刻回答说："1050 英尺（320m）。"拉斯科布对这个高度极不满意，因为它比埃菲尔铁塔（Eiffel Tower 法文 La tour Eiffel，高 300m，天线高 24m，总高 324m）低许多，而且仅比当时纽约新建成的克莱斯勒大厦高 4 英尺（1.22m）。于是，建筑师设法增加了一节 200 英尺（60.96m）高的圆塔，使帝国大厦的高度为 1250 英尺（381m）。这个高度领先世界达 42 年。

也许，最能感觉到帝国大厦象征效果的是一位著名的盲人——海伦·凯勒（Helen Keller）。她在造访大厦后写道：

"让挖苦的人们和神经质者之流去发泄他们对美国物质文明和机器文明的抨击去吧。在这个表层下面，存在着帝国大厦所表达出来的全部诗情、神秘感和鼓舞力量。我从这座巨塔中看到了对美的精神境界的求索。"

——Goodman, 1980

帝国大厦的情况集中体现了人们赋予高层建筑的"高度"以心理的、社会的和政治文化的各种含义与期望。

事实上，高度不但具有巨大的文化价值，而且也具有巨大的经济价值。在美国的奖励区划法（incentive zoning）中，有一项"空中开发权转让（Development right transfer）"原则：某些历史建筑的上部空间作为经济资源可以转让到其他基地中，使该基地的容积率增加。空中开发权的转让收益用于历史建筑的维护费。这是一种双赢的管理措施（图 4-55、图 4-56）。

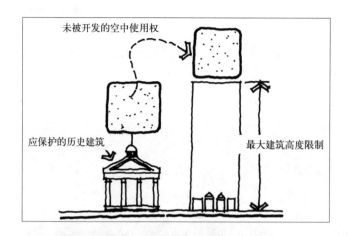

图 4-55
空中开发权转让示意图

图 4-56
空中开发权转让的实例
花旗集团中心大厦 Citicorp Center，休·斯塔宾斯（Hugh Stubbins, Jr.）设计。它以 279m 的高度、独特的 45° 屋顶，耸立于纽约城市天际线。中心包含地上 59 层，300 万平方英尺（120000m²）的办公室。
地点是在 1862 年建立的 St.Peter's Evangelical Luther Church 所在地。1970 年教会售予花旗集团空中权，花旗集团中心建筑在教会的上方。新的大厦建筑由 5 支方柱支撑，每支方柱位于大楼每一面 35m 横梁的中央，并将墙面以多个倒等腰三角形支撑。

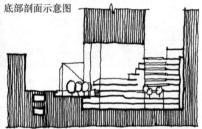
底部剖面示意图

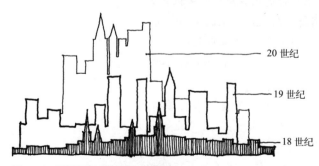

图 4-57 不同历史时期曼哈顿的天际线

建筑高度给城市与个人、街道与景观乃至政治与经济带来太多的影响。从识别性的角度来看，摩天大楼（Skyscrapers）、摩天城市楼群（Skycities）所形成的天际线是纽约最具特色的视觉符号，在这一点上，建筑高度取得了无与伦比的成功（图 4-57）。

然而，城市设计的成功并非都来自对建筑制高点的抢占。城市设计的本质是塑造符合当地人群生活方式的物质环境和文化场所——一种丰富多样的功能混合体（图 4-58）。

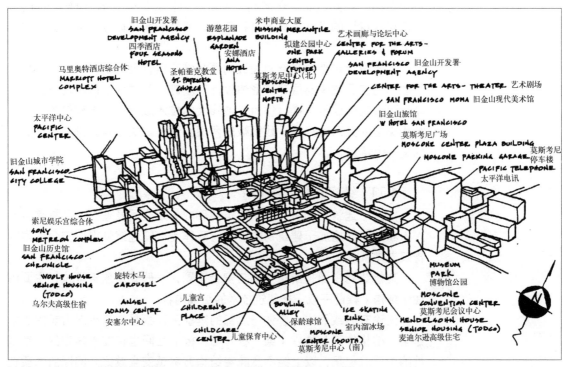

图 4-58 加州旧金山耶尔瓦布埃那中心（Yerba Buena Center，YBC 项目）

自 20 世纪 60 年代起，与旧金山金融区相邻的"南市社区"主要是墨西哥裔居民的生活地带，处于衰败状态。新的城市规划和设计蓝图计划将其拆迁，扩大金融区、兴建几座现代办公楼并环绕一个体育场和一个会展中心——这是一个在 20 世纪末中国城市建设中备受推崇的蓝图，在那个时代同样是城市设计的典范——本应该取得成功，却遭到南市社区居民的强烈反对，最终通过法律诉讼而获得公开听证和参与讨论的机会。在旧金山市长的干预下，达成了一个符合大多数民意的设计构想：不再去追求宏伟构图和建筑师华丽的艺术感，而是认真关注这一地段的社会现实，采取混合功能和融合了新老住户的多样化居住社区建设。

新规划以开放的花园为中心，周围有机且自然地分布着各种各样的建筑，既有新颖的设计和大师级的建筑，也有保留下来的空间与设施，成为名副其实的丰富多样的功能混合体。

1999 年，耶尔瓦布埃那中心项目获得"鲁迪·布如那杰出都市奖 Rudy Bruner Award for Urban Excellence"："The mixed-use development enables cultural, social justice, and economic development agendas to coexist within a network of collaborative management practices."

评委会认为该项目在三个方面值得肯定：①包容性领导机制；②对文化与利益冲突的引导；③对场所的责任。

也许，在物质形态方面的宏伟构图能使城市设计取得"速成"效果，但是，耶尔瓦布埃那中心花园项目的实践更应该值得深思，因为，其中的成功经验必将或者已经在以十分微妙但却根本性的方式改变着城市设计中关于"成功"的含义。

4.5 结构选型与建筑造型

现实中的建筑太平淡，杂志中的建筑太梦幻。设计教室中的学生们，除了感叹还能怎么办？

大学里的学生不需要知道建筑项目的投资人，也不必直接面对城市建设管理部门中的官员们。因此大多数学生意识不到那些被建筑师认为是困难的东西，即苛刻的场地条件以及甲方与官僚所带来的审美趣味、资金费用、时间限制等等方面。于是，他们更喜欢沿着一种个性化的、充满自我意识的设计思路来进行工作，其目的既可以愉悦自己又可以取悦"鼓励创新"的潮流。

建筑设计创新总是针对设计问题与特定条件而言的。其中，结构与造型的内在逻辑是高层建筑形体设计的基础。高层建筑的出现仅仅百余年。除去其他因素不提，作为一项伟大的技术成就，高层建筑的形态与结构类型的关系始终是一枚铜板的两面。这是高层建筑区别于多层建筑的又一个特点。

4.5.1 结构的概念与作用

定义：建筑结构是有助于建筑物形成一定空间及造型，并具有承受人为和自然界施加于建筑物的各种荷载作用，使建筑物得以安全使用的骨架支撑系统。

建筑结构主要是解决坚固与安全问题，一般处于服务地位，主要由注册结构工程师完成，是建筑技术的组成内容。

无论东方或西方，整体与局部的辩证关系都是一个相对古老的哲学命题；结构体系与构件（梁、柱、墙、板）之间也存在着内在的、常识性的关系。但是，以上绝不意味着结构方案越安全越好。问题的本质在于我们必须在结构的可靠性与经济性之间选择一种合理的平衡：即在建筑的寿命周期内，力求以比较经济的方法，使建筑结构以适当的可靠度满足其预定功能。

一般说来，建筑结构要能够同时承受竖向荷载和水平作用。（"作用"一词是结构专业术语，是指施加在结构上的各种荷载与力，以及引起结构变形的各种原因，诸如地震、大风、基础沉降、温度变化导致的膨胀与收缩等）。在低层建筑结构中，起控制作用的是竖向荷载，水平作用通常可以忽略；在多层建筑结构中，水平作用的效应逐渐增大；而在高层建筑结构中，水平作用将成为控制因素。从这一角度来看，高层建筑可以理解为是一种受水平力影响的建筑类型。

简而言之，高层建筑及其结构所受到的影响是 *1+2* 作用：

1 就是地球万有引力作用；*2* 就是两个水平力作用，即风场作用和地震作用。因此，如何有效地抵抗和克服 *1+2* 作用，就成为高层建筑结构设计的重点和难点，也是建筑形态合理性的重要判据（图 4-59）。

由上可见，高层建筑具有"高度＋稳定"的双重要求。针对不同性质、不同高度、不同风格的高层建筑方案设计而言，结构选型都显得非常重要了。

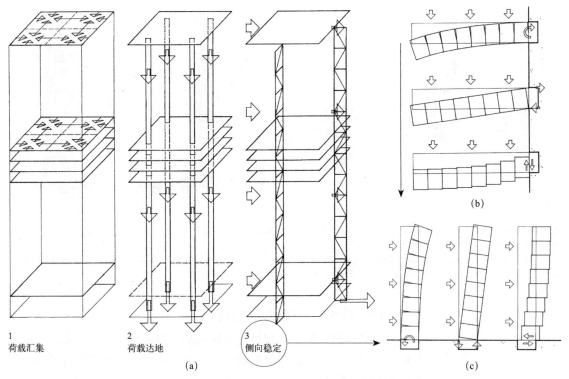

图 4-59 *1+2* 作用

　　在建筑结构体系中,力的传递遵循两条途径:水平方向的力经由楼板汇集到支点处(例如柱子);垂直方向的力经由柱子或承重墙体传达到地面。高层建筑具有"高度＋稳定"的双重要求,其中,侧向稳定性是主要矛盾。

　　图(b)表明水平悬臂梁面临三种考验,分别是弯曲、倾覆、剪切断裂。同理,图(c)表示高层建筑作为一个竖直悬臂梁,分别需要考虑(从左至右)弯曲抵抗、倾覆抵抗、剪力抵抗才能保持稳定。单位面积的风压随着建筑高度而增加。

　　综上所述,高层建筑之建筑结构选型的原则可概括为:

　　(1)适用性:适应建筑功能的要求;

　　(2)表现性:满足建筑造型的需要;

　　(3)合理性:发挥结构力学的优势;

　　(4)可行性:考虑材料和施工条件;

　　(5)经济性:只选对的,不选贵的。

　　再简而言之,高层建筑结构方案至少包含三层含义:

　　(1)结构形象:保证和保持建筑物形体,具体描绘建筑形态;

　　(2)结构体系:实现建筑物内部力量传递与平衡的力学方案;

　　(3)结构构造:组成结构整体的各种部件性能及其连接方式。

　　这是一个整体与局部、内容与形式之间的老话题,其中,结构形象是当代建筑创作中最具表现力的因素(图 4-60)。

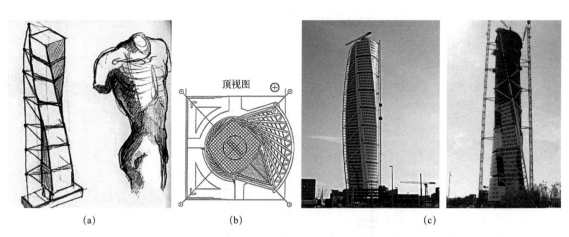

(a)　　　　　　　　(b)　　　　　　　　(c)

图 4-60　卡拉特拉瓦（Santiago Calatrava）设计的旋转中心大厦（Turning Torso，瑞典马尔默）图（c），完美地诠释了结构方案在建筑造型中的作用：从结构形象到结构体系再到构造节点，概念清晰，形态鲜明。
　　　　这个位于瑞典第三大城市马尔默的 HSB 旋转中心高 189m，共有 9 个区层，每区层有 5 层，有 152 个单元，每区层都旋转少许，使整栋大厦共旋转 90°。卡拉特拉瓦表示，设计的灵感来自一件身体扭动的人体雕塑（图 a）。

4.5.2　结构的常规体系与形象

　　对于结构设计来讲，按照建筑使用功能的要求、建筑高度的不同以及拟建场地的抗震设防烈度以经济、合理、安全、可靠的设计原则，选择相应的结构体系。

　　结构体系一般分为六大类：

　　框架结构体系、剪力墙结构体系、框架—剪力墙结构体系、框—筒结构体系、筒中筒结构体系、束筒或多筒结构体系。

　　20 世纪 90 年代后，连体结构、巨型结构、悬挑悬挂结构、错层桁架结构等也被广泛采用。

　　结构可能完全隐藏于建筑形态之内，也完全可以变成建筑表现形态本身。从结构的起因、存在及其影响来看，建筑设计与结构设计的紧密结合是未来高层建筑发展的一种趋势。

　　高层建筑主要承受风荷载或地震作用引起的水平力。防止结构被这些水平力剪切破坏的基本措施之一就是使结构形成一个"筒体"。因此，筒结构是高层建筑的原型结构和基本形象。

　　要形成筒体，就要设置剪力墙或者密柱。

　　剪力墙（shear walls）又称之为抗风墙或抗震墙、结构墙。它一般分为单片剪力墙和筒体剪力墙。前面所说的核心筒之"筒"就是筒体剪力墙结构。当框架结构中的钢筋混凝土柱子的宽度大于其厚度的四倍时——从结构的角度理解——就可以看作是剪力墙。如果外层框架密柱也可以起到剪力墙的作用时，就形成了外筒，那么这时的结构类型便成了"筒中筒"结构。这种结构抵抗水平力的能力极强，相应的建筑高度可以更高。此外，筒体结构的稳定性还要涉及一个概念：高宽比 H/B（图 4-61）。

以下是三个常见的框体结构（图 4-62）：

1）框架—筒体结构布置

适宜高度：130m 左右（抗震设防 7 度地区）；

平面形状：较自由，最好要规则、均匀、对称。

高宽比（H/B）：2.5 ~ 4.0。

外框柱距：4 ~ 9m。

内筒尺寸：较自由。核心筒应该贯通建筑物全高。

核心筒的宽度不宜小于筒体总高的 1/12。当标准层平面设置角筒、剪力墙或其他增强结构整体刚度的构件时，核心筒的宽度可以适当减小。

2）框架—剪力墙结构

适宜高度：120m 左右（抗震设防 7 度地区）；

高宽比（H/B）：4 ~ 6；

框—剪结构中剪力墙的合理数量：剪力墙配得太少，对抵抗风荷载及地震作用的帮助很小，但是配得太多，既增加了材料用量，也增加了结构自重，扩大了地震作用效应，也是没有必要的。

纵向剪力墙宜布置在结构单元的中间区段内。平面较长时，不宜集中在两端布置纵向剪力墙，纵横双向剪力墙宜组成 L 形、T 形和口字形等。剪力墙宜贯通建筑物全高，厚度逐渐减薄，以避免刚度突变。

3）筒中筒结构布置

适宜高度：150m 左右（抗震设防 7 度地区）；

平面形状：宜为圆形、正多边形、椭圆形或矩形等，矩形平面的长宽比不宜大于 2。

高宽比（H/B）：宜大于 4，不应小于 3。

框筒开孔：开孔率不宜大于 60%。

框筒柱距：2.0 ~ 3.0m，不宜大于 4m。

内筒尺寸：内筒的边长可为高度的 1/12 ~ 1/15。

由剪力墙或密柱深梁组成的封闭筒体，它比剪力墙或框—剪结构体系具有更大的强度和刚度，是一种具有双向抗侧能力的空间受力结构，适合在超高层建筑中采用。

4.5.3　钢筋混凝土的结构类型与结构形象

从材料上划分，建筑结构有混凝土结构体系与钢结构体系以及两者的混合结构体系。

由两种材料——混凝土和钢筋——组配而成的钢筋混凝土技术（RC）最早发明于法国，以法国工程师

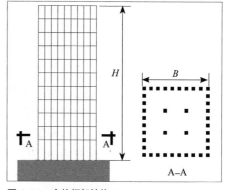

图 4-61　密柱框架结构

由于梁跨小，刚度大，使周圈柱近似构成一个整体受弯的薄壁筒体。具有较大的抗侧刚度和承载力。框架结构的梁柱节点宜采用刚性连接。

当框架柱间距大于 7m 时则形成稀框架外筒。相应的柱子截面应加大。

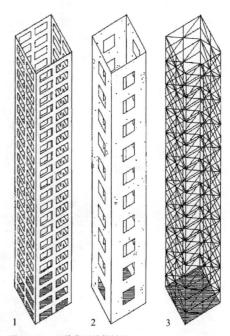

图 4-62　三种典型的筒结构
1. 钢筋混凝土刚架筒
2. 钢筋混凝土剪力墙筒
3. 桁架筒

莫尼尔（Joseph Monier）于 1850 年用钢筋混凝土制作花盆之成功为标志。美国人兰塞姆（Ernest L.Ransome）在 19 世纪 80 年代得到 RC 技术专利之后，进行了大量的商业和工业建筑设计。他的主要贡献是推动了今天已经普遍应用的梁—柱式框架结构的发展。在第二次世界大战期间和之后，钢筋混凝土剪力墙也采用，框架和剪力墙的结合已成为高层住宅建筑中最常见的结构系统。随着新材料和新施工技术的开发，钢筋混凝土结构建筑的高度从 20 世纪 50 年代初的 20 层迅速发展到 20 世纪 60 年代末的 70 层。

20 世纪 80 年代以后，一些变形的筒体式结构、组合式筒体结构和交叉支撑式筒体结构等相继出现（图 4-63、图 4-64）。

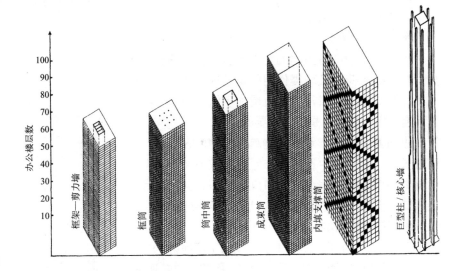

图 4-63 混凝土结构类型

图 4-64

据统计，1985 年以前，世界上 30 ~ 80 层高的钢筋混凝土建筑中，40% 以上在北美洲以外。

近期最高的钢筋混凝土建筑：柳京饭店

柳京饭店（Ryugyong Hotel）以平壤的古名柳京为名。大厦为三角金字塔形建筑，斜面角度为 75°，高 105 层 330m，楼面总面积 360000m²，钢筋混凝土结构。

柳京饭店大厦工程于 1987 年起展开，于 1992 年完成结构封顶工程后停工 16 年，于 2008 年 4 月恢复兴建。如果于 2012 年竣工，可能成为世界最高的钢筋混凝土建筑，也是拥有 3000 间房间规模的全球最高饭店（旅馆），最初预算花费 7.5 亿美元，这是朝鲜总 GDP 的 2%。

图 4-65　Twin Towers of Marina City in Chicago，共 65 层，179m 高。Bertrand Goodberg 设计，1959—1964 年

该大楼俗称"玉米楼"，混凝土核心筒直径 10m。19 层以下为停车层，每个楼可提供 896 个车位。第 20 层是设备层。21 ～ 60 层为公寓，每个楼可提供 450 套居住单元，每个单元有弧线形阳台。顶层为观光平台。两楼之间由商业、体育馆和其他多功能服务设施连接。右下图是施工过程。

现代钢筋混凝土材料以其强度和可塑性给了建筑师在创造力、美学表现和工程设计方面有相当大的自由度。除了大量的方盒子式的建筑造型，位于芝加哥马林纳城的双塔公寓是美国高层建筑中雕塑式造型的先锋（图 4-65）。

4.5.4　钢结构类型及其他结构形象

建筑史表明，除了桥梁工程之外，最初应用铁类金属作为建筑结构构件的是铸铁柱和熟铁梁。1885 年结构型钢的出现大大加快了高层建筑的发展。

最早的钢结构建筑出现在法国（图 4-66）。而钢结构高层建筑的早期实践主要集中在美国的芝加哥和纽约，所创下的建筑高度的记录被一再突破。

目前，钢框架结构是高层建筑最经济有效的结构形式之一，而且钢结构与石材、木材和玻璃的结合奠定了建筑学中结构艺术的新概念（图 4-67）。

在实践中，混凝土与钢两种材料各有其优缺点，将两种材料的优势相结合是一种理所当然的选择。除了发挥各自材料力学的优势之外，形式逻辑上的相互借鉴也为结构类型与建筑造型提供了丰富多彩的表现效果。

1）巨型框架结构 Super Frame and Mega truss&column

巨型框架结构体系由主框架和次框架组成。主框架是一种大型的跨层框架，每隔 6 ～ 10 层设置一根大截面框架梁，每隔 3 ～ 4 个开间设置

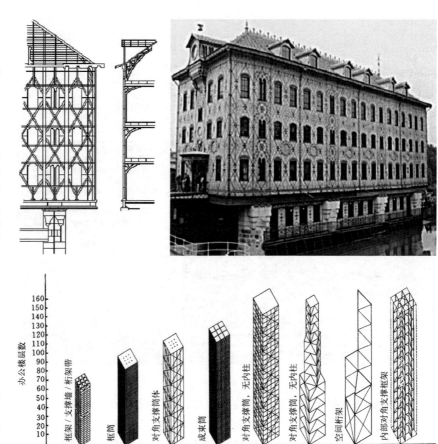

图 4-66 世界上第一个多层钢结构建筑

梅尼尔巧克力工厂（Menier Chocolate Factory），四层，位于 Noisiel，巴黎，1872 年。

建筑师：儒勒·索尼耶（Jules Saulnier），儒勒·洛克（Jules Logres），梭维斯特（Logres and Sauvestre）。

From 1870 to 1914, the Menier plant at Noisiel was the biggest chocolate factory in the world.

图 4-67
钢结构类型与适用高度

图 4-68 巨型框架结构与实例

原理：楼层被分组分别支撑于少数几个大梁之上。巨型框架可以是钢筋混凝土结构或是钢结构。

实例：香港汇丰银行 New Headquarters for the Hong kong Bank，N. Foster，1986 年

一个大截面框架柱。主框架之间的几个楼层作为一组设置于次框架之上，次框架仅负担这几个楼层的竖向荷载，并将它传给框架大梁，而这些楼层的水平荷载通过各层楼板直接传到框架柱上（图 4-68、图 4-69）。

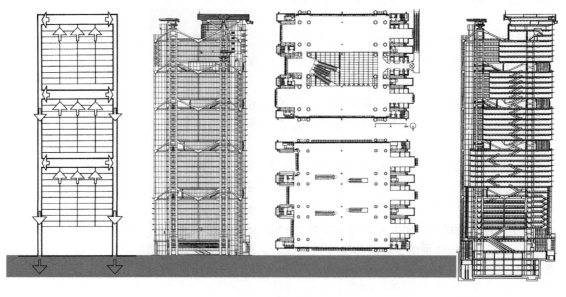

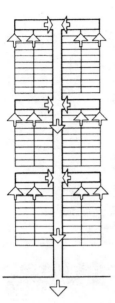
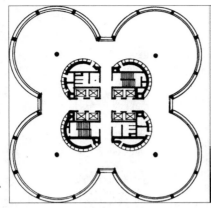

图 4-69　巨柱结构与实例
德国巴伐利亚州奥林匹克公园（1972 年慕尼黑奥运会）附近的 BMW 总部办公楼，建筑面积 15650m²，22 层。维也纳设计师 Karl Schwanzer 设计，1971—1973 年。办公楼的每一层都是在地面建成，再像搭积木似的一层一层起吊拼装起来的。

2）巨型桁架式外墙筒 diagonal shear walls

在内筒外框结构形式中，外框架柱子之间加斜撑构件，以此增强高楼抵抗水平作用（图 4-70，图 4-71）。

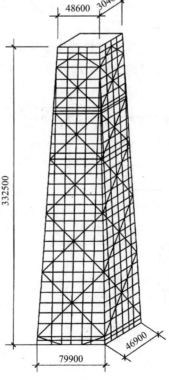

图 4-70　汉考克中心
芝加哥汉考克中心：John Hancock Center，100 层，344m。钢结构桁架外墙。SOM 建筑事务所设计。大楼开工于 1965 年，完工于 1969 年。

为了稳定性，SOM 设计了直抵基岩的巨大沉箱基础，入地 191 英尺（58.255m）。楔形塔身由基底处的 40000 平方英尺（3716.1m²）面积收缩到顶部的 18000 平方英尺（1672.24m²）面积。

楔形造型既是功能需求使然，又是结构要求使然。

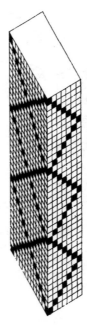

图 4-71　翁太雷中心

芝加哥翁太雷中心：Onterie Center，60 层，171m，钢筋混凝土斜撑筒体。

Skidmore，Owings & Merrill (SOM) 设计，1986 年。

Onterie Center is the first concrete high-rise in the world to use diagonal shearwalls at the building perimeter. In 1986 this building won the Best Structure Award from the Structural Engineers Association of Illinois.

594 apartments, 13000m^2 office space 1500m^2 ground-floor retail space, 1100m^2 health club facility with indoor swimming pool, a 363-space, above-grade parking garage.

3）错列桁架结构 staggered truss system

20 世纪 60 年代中期由美国麻省理工学院开发的一种在建筑布置上具有优越性的比较经济的结构体系。

该结构系统是由一系列与楼层等高的桁架组成，桁架横跨在两排外柱之间。楼板系统在每一开间上可以一边支承在一个桁架的上弦，另一边则悬吊在其相邻桁架的下弦，每榀桁架的上弦和下弦同时承受楼板的竖向荷载。

采用这种结构体系能为建筑平面布置提供宽大的无柱楼层面积，使空间的使用更加灵活（图 4-72，图 4-73）。

图 4-72　错列式桁架结构

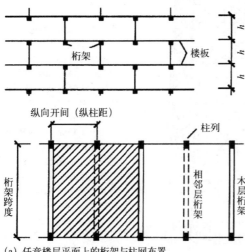

（a）任意楼层平面上的桁架与柱网布置
（阴影为在该层上的无分隔空间的面积）

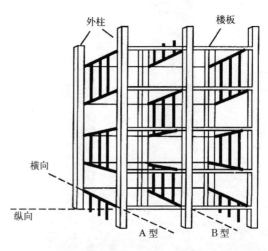

（b）错列桁架结构体系（Staggered Truss Structures System）

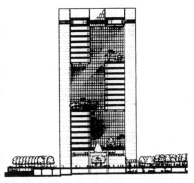
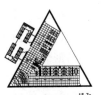
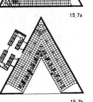

图 4–73　吉达全国商业银行大楼，沙特。戈登·邦沙夫特、SOM，1982 年。

三角形平面每隔 7 ~ 9 层左右 V 型转换一次方向，形成三个"空中庭院"（sky court），呈螺旋状分布，所有的窗都面向空中庭院，外墙无窗形成巨型桁架。是福斯特设计法兰克福商业银行（1994—1997 年）的先例和原型。

4）悬臂核心筒体系 Cantilever Core Systems 以及间接荷载核心筒体系 Indirect Load Core Systems

由核心筒伸出四个井字大梁来悬挂或悬挑楼层结构。或者，通过在核心筒顶部悬挂或在下面支托，使楼层稳定。由于所悬挂和支撑的楼层荷载不直接传下地面，故名（图 4-74）。

5）束筒或多筒体结构

筒体是一种具有双向或多向抗水平作用力的空间结构体。增加筒体会使建筑物在高度与稳定性上同步提高（图 4-75）。

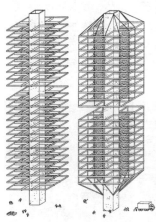

图 4–74　丹麦哥本哈根"天空村 Sky Village"

荷兰 MVRDV 建筑事务所，2008 年"Rødovre 摩天楼的竞赛"获胜方案。

在以大楼为中心的周边全部空间为 60m² 的立方体，这些小单元的组合允许功能的灵活设置及调整以适应市场的需求。功能设置为 970m² 的零售，15800m² 的办公，3650m² 的住宅，2000m² 的酒店以及一个 13600m² 的地下室能够容纳停车以及储存。

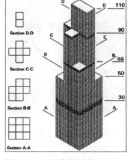
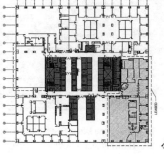

图 4–75　西尔斯大厦 Sears Tower
SOM 设计。1973 年开始建造，用了三年的时间建造完成。

屋顶至地面高约 436m，至顶端的天线全高为 512m。

由于采用钢结构，使整个建筑物的总重量为 22.5 万 t，总耗资超过 1.5 亿美元。有 32 万 m² 的总使用面积。天气晴朗时，站在塔上可以看到 Illinois, Indiana, Wisconsin and Michigan 四个州。

束筒增强了建筑稳定性：建筑物的平均摇摆度为偏离中心轴线仅 15cm。

4.5.5　非结构造型与奇观

前面所讨论的建筑造型大多属于技术与艺术的完美结合，建筑的外观与形体反映了 80% 以上的结构信息。

由于建筑立面是有建筑外墙经过艺术划分所呈现，而外墙或者表皮可以与支撑结构相脱离，从而使得建筑的表皮成为一个独立表现的造型领域。

1）独立造型 Form beyond Structure

与内部结构体系和构造逻辑无直接对应性的建筑视觉表现均可称为非结构造型或者独立造型。它们更多的是对社会文化、环境文脉和主观愿景相链接的视觉影像（图 4-76 ～图 4-78）。

2）奇观造型 àrchitecture

其实，英国人迪耶·萨迪奇（Deyan Sudjic）曾在《权力与建筑》（*The edifice complex*）中围绕"建筑为什么存在"这一问题列举了 20 世纪许多

图 4-76　The Absolute Tower "梦露大厦" 位于加拿大 Mississauge，竞赛作品。马岩松 +MAD 建筑事务所 2005 年

造型逻辑：核心筒及外围结构框架体系保持不变，出挑的弦形部分围绕中心圆筒逐层错位转动形成连续扭转＋象征性解释。

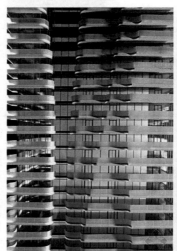

图 4-77　Aqua Tower（爱克瓦大厦）82 层，芝加哥，Studio Gang 建筑工作室 2009 年

由出挑的阳台、遮阳板等独立构件的长短变化来模拟 "水"（Aqua 有 "水" 之意）。最大悬挑 3.7m。

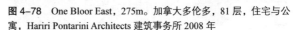

图 4-78　One Bloor East, 275m。加拿大多伦多，81 层，住宅与公寓，Hariri Pontarini Architects 建筑事务所 2008 年

由于是出租公寓和住宅项目，所以标准层为方形。立面阳台出挑横向长短不一，形成波浪或绸带状。

著名建筑、建筑师、富豪、政治家以及独裁者的事迹，剖析了掌权者如何利用建筑形象和空间来左右人们的思想、树立自身形象或权威，解读了建筑与权力之间的复杂而微妙关系。

虽然时过境迁，但是，当代人内心的某些渴望与建筑形象的链接仍然是一个有趣的话题。如若用一种较为平和的态度来说，àrchitecture、"啊造型"或者"Ambition 景观"是在当代社会注重"注意力资源"的背景下所产生的现象（组图 4-79）。

4.5.6 背景知识：我国的钢结构

钢结构具有强度高、自重轻、抗震性能好、施工速度快、结构构件工业化程度高的特点，同时，钢结构是可重复利用的绿色环保材料，因

我们若将 architecture 中的字母 a 换成汉语拼音 à，就是"啊建筑"。

1. 北京天子大酒店

10 层，高 41.6m。位于河北省三河市，外形为传统的"福禄寿"三星彩塑。单面走廊，单面客房。第 10 层是办公会议室，第 9 层是 1 套总统套，8 层以下是标准间，全部都在三位星爷身体和寿桃里。2001 年以"最大象形建筑"登上了吉尼斯世界纪录。

2. 沈阳方圆大厦

台湾李祖源建筑事务所（C.Y. Lee & Partners）设计，2002 年。

占地面积 5580m²，总建筑面积 48000m²，建筑高度 99.75m，共 24 层，地上 22 层，地下 2 层，钢筋混凝土框架剪力墙结构。5A 级国际甲级写字楼。

3. "团圆大厦"或"日月同辉"

广州市荔湾区东沙大桥以东的珠江北岸。意大利人约瑟夫设计。灵感来自南越王墓中的"玉佩"和奥运奖牌"金镶玉"。外径 146.6m、内径 47m，宽 28.8m，共 33 层，高 138m，外立面呈金黄色。大楼功能包括交易大厅、展览厅、写字楼等。

4. CCTV 大厦

库哈斯大都会建筑事务所（OMA）设计 2004—2010 年。被美国《时代》评选为 2007 年世界十大建筑奇迹。总建筑面积约 55 万 m²，建筑最高点 234m。

1	2
3	
4	

组图 4-79

此钢结构建筑是符合国家产业政策的推广项目。

1997年以后，我国的钢产量连续四年超过亿吨，但我国的钢结构用钢量占总钢产量的比例仅为2%，而在钢结构用钢量中，建筑钢又仅占10%。显然，这与我国作为产钢世界大国的地位是很不相称的。

为此，国家外经贸委与冶金部制定了在建筑工程中推广使用钢结构的一系列政策措施，而建设部首先将钢结构住宅体系的开发和应用作为我国建筑业用钢的突破点。20世纪末，我国制定了《钢结构住宅建筑体系产业化技术导则》《钢框架核心筒住宅建筑体系技术导则》并在"十·五（2003—2007年）"期间，建筑钢结构的用量达到钢铁总产量的3%，至2010年建筑钢结构的用量力争达到钢铁总产量的6%。

进入21世纪，随着国家禁用实心黏土砖和限制使用空心黏土砖的政策的推出，加快住宅产业化进程、积极推广钢结构住宅体系已迫在眉睫。

《钢结构住宅建筑体系产业化技术导则》推荐的范围是：

1～3层的建筑：用框架体系或轻钢龙骨体系；

4～6层的建筑：用钢框架支撑体系或者钢框架—混凝土核心筒（剪力墙）体系；

7～12层的建筑：用钢框架—混凝土核心筒（剪力墙）体系。

20世纪80年代，在我国建造的11栋高层钢结构基本上都是由国外设计、施工和承建。

目前（至2010年）我国已建和在建的高度超过100m的钢结构有48栋。

4.6 建筑方案设计中的防火要点与图式

高层建筑防火设计也许是建筑设计中最重要的内容之一。

如果说，标准层浪费了，结构选型选贵了，那么盖楼不过就是费钱了。这仅涉及经济效益问题。如果建筑防火设计也不符合标准，那么这样的设计既图财又害命。

设计规范之于建筑设计，相当于《刑法》和《民法》之于日常生活。设计规范是建筑设计行业里的法律。一个品学兼优的学生在生活中时时能做到遵纪守法，但在设计过程中常常以创新为借口视"规范"如无物，实则本末倒置：瞎画很可怕。

我国最早的《建筑设计防火规范》的编制始于第一个五年计划。1956年4月，国家基本建设委员会批准颁发了《工业企业和居住区建筑设计暂行防火标准》，它借鉴了英国和苏联的防火标准，又结合了我国国情。1960年8月，国家基本建设委员会和公安部批准颁发《关于建筑设计防火的原则规定》及所附《建筑设计防火技术资料》。直到1972年10月，《建筑设计防火规范》TJ 16—74版正式颁布。1978年，由公安部组织了第2次全面修订，形成了《建筑设计防火规范》GBJ 16—87版。此后又进行过多次局部修订。1982年底的改革开放初期，国家经委和公安部批准联合颁发了首部《高层民用建筑设计防火规范》GBJ 45—82国家标准。目前执行的是（2018年版）《建筑设计防火规范》GB 50016—2014【它是由《建筑设计防火规范》GB 50016—2006与《高层民用建筑设计防火规范》GB 50045—95整合修订而成，自2015年5月1日起实施】。由上可见，从1956年至2018年的六十余年间，我国建筑防火规范先后经历了将近十次的修订。规范的修订原则上是成熟一条定一条，求准而不急于求全。随着我国经济的进一步发展，新的建筑类型（如"物流中心""中转仓储建筑"及地下空间开发等）和新的使用情况（如新材料、新技术、新构造的防火性能）的出现，必将促进建筑防火规范的不断完善。

　　总体看来，建筑设计防火规范的内容大体分为四个部分：
　　（1）被动防火设计：在着火之前进行的预防性空间规划措施；
　　（2）主动防火设计：在着火之后启动的报警灭火排烟设备等；
　　（3）安全疏散设计：水平与垂直交通的距离、宽度和方向等；
　　（4）灾后修复设计：主要构件的耐火性能、替换的可能性等。
　　建筑方案阶段的防火设计主要属于被动式消防设计，是指在总平面规划、防火间距、建筑平面防火分区、安全出口的位置与数量安排、疏散出口与疏散走道的宽度计算、房间门口距离疏散楼梯间的距离以及房间内最远点至门口的距离、材料构造方式等等方面通过建筑学的手段进行预防性的设计。
　　以下是被动式消防和建筑防火设计的简明条目：
　　一）设计依据：
　　1. 国家颁布的有关防火规范和消防技术规程、规定等；
　　2. 当地城市规划管理部门有关城市消防规划的文件等。
　　二）建筑分类和耐火等级：
　　1. 建筑概况：建筑性质，类别、高度、层数，标准层面积；
　　2. 建筑分类：工业建筑——厂房、仓库等；
　　　　　　　　民用建筑——多层、单层（居住或公共建筑）；
　　　　　　　　高层建筑——一类建筑（居住或公共建筑）；
　　　　　　　　　　　　　　二类建筑（居住或公共建筑）。
　　3. 耐火等级：根据建筑物的结构类型、主要建筑构件（防火墙、承重结构、填充墙、隔墙、楼板、屋顶承重构件等）的耐火性能（燃烧性能和耐火极限两方面），确定建筑物的耐火等级。

　　　建筑物的耐火等级决定了建筑设计中的防火间距、最大防火分区、最大安全疏散距离及疏散宽度计算等重要标准。

　　三）建筑总平面防火设计：
　　1. 建筑物与周围相邻建筑物的性质及防火间距；
　　2. 总图中建筑周围消防车道的设置情况与条件（图4-80）；
　　3. 高层建筑裙房的设置及其与高楼主体的关系（图4-81）。

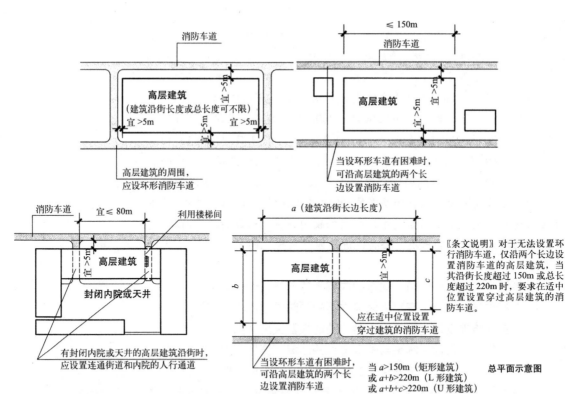

图 4-80 总平面的消防要求

《建筑设计防火规范》GB 50016—2014 第 7.1.1 条规定：当建筑物沿街长度大于 150m 或总长度大于 220m 时，应设置穿过建筑物的消防车道。确有困难时，应设置环形消防车道。第 7.1.2 条：高层民用建筑，超过 3000 个座位的体育馆，超过 2000 个座位的会堂，占地面积大于 3000m² 的商店建筑、展览建筑等公共建筑应设置环形消防车道，确有困难时，可沿建筑的两个长边设置消防车道。第 7.1.4 条：有封闭内院或天井的建筑物，当内院或天井的短边长度大于 24m 时，宜设置进入内院或天井的消防车道；当该建筑物沿街时，应设置连通街道和内院的人行通道（可利用楼梯间），其间距不宜大于 80m。

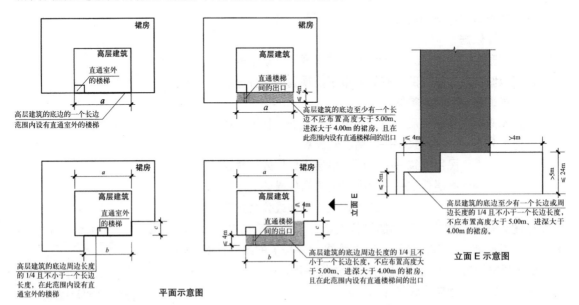

图 4-81 基座式裙房与高楼主体的关系

《建筑设计防火规范》GB 50016—2014 第 7.2.1 条规定：高层建筑应至少沿一个长边或周边长度的 1/4 且不小于一个长边长度的底边连续布置消防车登高操作场地，该范围内的裙房进深不应大于 4m。第 7.2.3 条规定：建筑物与消防车登高操作场地相对应的范围内，应设置直通室外的楼梯或直通楼梯间的入口。

四）建筑平面防火设计：

1. 建筑平面及竖向布置、防火分区划分（防火分区内是否有跨层空间、多层共享中庭、自动扶梯等开口部位等）；

2. 附设于建筑物内的配套设施（锅炉房、变配电室、通风空调机房、消防控制室、灭火设备室、汽车库等）的防火设计；

3. 建筑中歌舞娱乐放映游艺场所、地下商店的防火设计。

五）建筑安全疏散设计：

据统计，建筑火灾死亡人数中，约有 60% 以上系被烟熏而缺氧窒息。研究表明，浓烟中的一氧化碳与血液中血红蛋白结合的速度比与氧的结合快 210 倍。另据公安部公布的有关资料显示，在近 10 年来我国所发生的群死群伤特大火灾事故中，疏散通道堵塞、安全出口和疏散出口数量不足、锁闭是导致人员严重伤亡的主要原因。

A. 下面是与疏散设计有关的几个重要概念：

1. 安全出口：是指供人员安全疏散用的楼梯间、室外楼梯的出入口或直通室内外安全区域的出口。

2. 疏散出口：是指房间连通疏散走道或过厅的门，同时还包括安全出口。

3. 防火分区：防火分区就是根据建筑物的特点，采用相应耐火性能的建筑构件或防火分隔物，将建筑物依照相应规范标准划分成一定面积的空间单元，它能在一定时间内防止火灾向同一建筑物的其他部分蔓延。它是控制建筑物火灾的基本空间单元。

防火分区的划分一般包括水平防火分区和竖向防火分区。

防火分区的划分一定要与功能分区紧密结合！由于不同的功能分区其人员密度、火灾荷载密度、安全疏散条件、防火设施标准等存在差异，决定了火灾危险程度的不同。因此，功能分区不宜跨越防火分区，两者要结合起来考虑平面设计。

防火分隔物可分为两类：一类是固定、不可活动式的，如建筑物中的内外墙体、楼板、防火墙等；另一类是活动的、可启闭式的，如防火门、防火窗、防火卷帘、防火水幕等。

通常甲级防火门用于防火墙上，乙级防火门用于疏散楼梯间，丙级防火门用于管道井等检查门。

特殊部位和重要房间的防火分隔：特殊部位和重要房间包括各种竖向井道，附设在建筑物内的消防控制室、固定灭火装置的设备室（如钢瓶间、泡沫间）、通风空调机房，设置贵重设备和储存贵重物品的房间，火灾危险性大的房间，避难间等。

4. 防火间距：建筑物着火后，在一定时间内，火灾不至于蔓延到相邻建筑物的空间间隔距离。

第 5.4.4 条规定：托儿所、幼儿园的儿童用房和儿童游乐厅等儿童活动场所宜设置在独立的建筑内，且不应设置在地下或半地下；当采用一、二级耐火等级的建筑时，不应超过 3 层；确需设置在其他民用建筑内时，应符合下列规定：设置在一、二级耐火等级的建筑内时，应布置在首层、二层或三层；设置在高层建筑内时，应设置独立的安全出口和疏散楼梯。

第 5.4.4A 条规定：老年人照料设施宜独立设置。当老年人照料设施与其他建筑上、下组合时，老年人照料设施宜设置在建筑的下部。

第 5.4.4B 条规定：当老年人照料设施中的老年人公共活动用房、康复与医疗用房设置在地下、半地下时，应设置在地下一层，每间用房的建筑面积不应大于 $200m^2$ 且使用人数不应大于 30 人；设置在地上四层及以上时，每间用房的建筑面积不应大于 $200m^2$，且使用人数不应大于 30 人。

第 5.4.8 条规定：建筑内的会议厅、多功能厅等人员密集的场所，宜布置在首层、二层或三层。设确需布置在一、二级耐火等级建筑的其他楼层时，应符合下列规定：1. 一个厅、室的疏散门不应少于 2 个，且建筑面积不宜大于 $400m^2$。

第 5.4.9 条规定：歌舞厅、录像厅、夜总会、卡拉 OK 厅（含具有卡拉 OK 功能的餐厅）、游艺厅（含电子游艺厅）、桑拿浴室（不包括洗浴部分）、网吧等歌舞娱乐放映游艺场所（不含剧场、电影院）的布置应符合下列规定：1. 不应布置在地下二层及以下楼层；2. 不宜布置在袋形走道的两侧或尽端；3. 确需布置在地下或四层及以上楼层时，一个厅、室的建筑面积不应大于 $200m^2$。

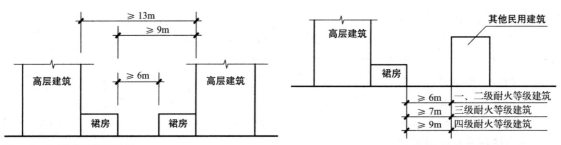

图 4-82 《建筑设计防火规范》

《建筑设计防火规范》GB 50016—2014 第 5.2.2 条防火间距说明：1. 两座建筑相邻较高一面外墙为防火墙，或高出相邻较低一座一、二级耐火等级建筑的屋面 15m 及以下范围内的外墙为防火墙时，其防火间距不限。2. 相邻两座高度相同的一、二级耐火等级建筑中相邻任一侧外墙为防火墙，屋顶的耐火极限不低于 1.00h 时，其防火间距不限。3. 相邻两座建筑中较低一座建筑的耐火等级不低于二级，相邻较低一面外墙为防火墙且屋顶无天窗，屋顶的耐火极限不低于 1.00h 时，其防火间距不应小于 3.5m；对于高层建筑，不应小于 4m。4. 相邻两座建筑中较低一座建筑的耐火等级不低于二级且屋顶无天窗，相邻较高一面外墙高出较低一座建筑的屋面 15m 及以下范围内的开口部位设置甲级防火门窗，其防火间距不应小于 3.5m；对于高层建筑，不应小于 4m。

影响防火间距的因素很多（图 4-82）。除考虑建筑物的耐火等级、建（构）筑物的使用性质、生产或储存物品的火灾危险性等因素外，还要考虑消防人员能够及时到达并迅速扑救这一因素，即消防通道设置的合理性和易达性。

除了规定的数值之外，通常根据下述情况确定防火间距：

（1）热辐射。火灾资料表明，一、二级耐火等级的多层民用建筑，保持 6~9m 的防火间距，在有消防队及时进行扑救的情况下，一般不会蔓延到相邻的建筑物。

（2）热对流；

（3）建筑物外墙面门窗的面积比例；

（4）引起火灾的可燃物种类和数量；

（5）风速与风向；

（6）相邻建筑物高度及其防火构造；

（7）建筑物内消防设施的配备标准。

总之，在总平面规划和建筑平面设计中，既有一些间距要求，如防火间距、日照间距、疏散距离等；也有一些特殊的空间单元，如防火分区、防烟分区及建筑的特殊部位或楼层。此外，建筑有两种使用状态：正常使用情况和紧急疏散状态。在平面设计中，除了考虑正常使用情况下的功能分区之外，还应该培养防火分区的意识。

B. 安全疏散设施与疏散路线设计

在消防设计中，应根据建筑物的规模、使用性质、重要性、耐火等级、生产和储存物品的火灾危险性、容纳人数以及发生火灾时人的心理状态和行为规律等情况，合理设置安全疏散路线及设施，综合设计，以便为人员的安全疏散提供有利条件。

一般来讲，建筑物的安全疏散设施包括：疏散楼梯间、疏散走道、安全出口、火灾自动报警和灭火系统、应急照明和疏散指示标识系统、应急广播及其他辅助救生设施等。对于超高层建筑还需设置避难层和屋顶直升机停机坪等。

疏散路线一般可分为四个阶段：

（1）从着火房间内部到房间门（疏散出口）；

（2）公共走道中的疏散（疏散走道）；

（3）在楼梯间内的疏散（安全出口）；

（4）离开楼梯间到室外等安全区域的疏散。

可见，安全疏散设计的关键在于安全出口数量与宽度、安全疏散距离、疏散楼梯间的形式这三方面。

●建筑的安全出口和房间的疏散出口的数量：建筑中的较大空间、每个防火分区、地下室等一般不少于两个安全出口，且两个安全出口之间的距离应符合有关规定（图4-83）。

当平面中只有一个楼梯间时，应满足三个条件（图4-84）。

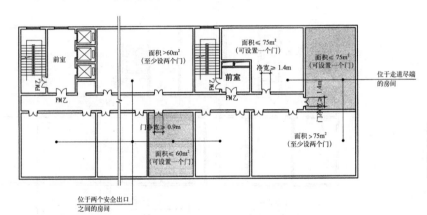

图4-83 高层建筑平面示意图——位于两个楼梯之间的房间和位于走道尽端的房间，对其要求有所不同

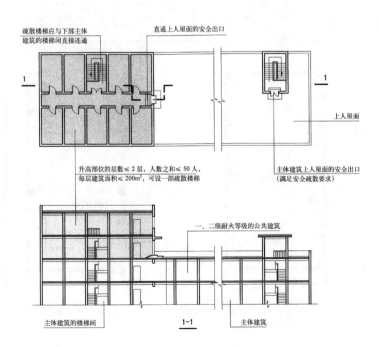

图4-84 建筑顶层局部升高部位的楼梯只有一部时，应符合如下要求：
1. 层数不超过2层；
2. 人数之和不超过50人；
3. 每层建筑面积不大于200m²。

215

●安全疏散距离：包括房间外部与房间内部的情况，以及首层平面中疏散楼梯间的门和消防电梯前室的门距离室外出口的距离这三种情况。

（1）房间外部：房间门至最近的安全出口疏散距离（位于两个安全出口之间；位于袋形走道两侧或尽端）（图4-85）。

（2）房间内最远点距离门口的疏散距离要求（图4-86）。

建筑内的特别房间：人员密集的场所（观众厅、会议厅、多功能厅等）和歌舞娱乐放映游艺场所（歌舞厅、卡拉OK厅、夜总会、录像厅、放映厅、桑拿浴室、电子游艺厅、网吧等）和地下商业空间的设置位置、面积、最大容纳人数，疏散走道的设置、安全出口的数量，走道和安全出口的宽度，固定座位的排列、排距等设计的要求，在规范中有单独的规定。

（3）首层平面中从疏散楼梯间或消防电梯前室的门到室外出口的距离：原则上应直通室外。当条件不允许时，则分别有疏散距离的限制要求（图4-87）。

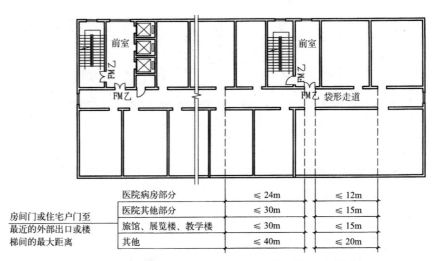

医院病房部分	≤ 24m	≤ 12m
医院其他部分	≤ 30m	≤ 15m
旅馆、展览楼、教学楼	≤ 30m	≤ 15m
其他	≤ 40m	≤ 20m

图4-85 房间门至最近楼梯间的疏散距离要求

房间门或住宅户门至最近的外部出口或楼梯间的最大距离

图4-86 高层民用建筑设计防火规范

公共建筑的安全疏散距离应符合《建筑设计防火规范》GB 50016—2014表5.5.17规定。注：1. 房间内任一点至房间直通疏散走道的疏散门的直线距离，不应大于表5.5.17规定的袋形走道两侧或尽端的疏散门至最近安全出口的直线距离。2. 一、二级耐火等级建筑内疏散门或安全出口不少于2个的观众厅、展览厅、多功能厅、餐厅、营业厅等，其室内任一点至最近疏散门或安全出口的直线距离不应大于30m；3. 当疏散门不能直通室外地面或疏散楼梯间时，应采用长度不大于10m的疏散走道通至最近的安全出口。当该场所设置自动喷水灭火系统时，室内任一点至最近安全出口的安全疏散距离可分别增加25%。

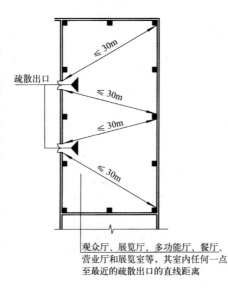

观众厅、展览厅、多功能厅、餐厅、营业厅和展览室等，其室内任何一点至最近的疏散出口的直线距离

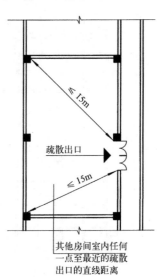

其他房间室内任何一点至最近的疏散出口的直线距离

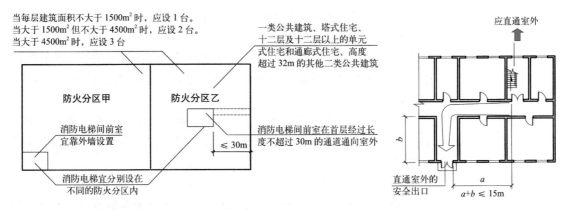

图4-87　《建筑设计防火规范》GB 50016—2014 消防电梯的设置

第7.3.1条：以下建筑应设置消防电梯：1.建筑高度大于33m的住宅建筑；2.一类高层公共建筑和建筑高度大于32m的二类高层公共建筑、5层及以上且总建筑面积大于3000m²（包括设置在其他建筑内五层及以上楼层）的老年人照料设施；3.设置消防电梯的建筑的地下或半地下室，埋深大于10m且总建筑面积大于3000m²的其他地下或半地下建筑（室）。

第7.3.2条：消防电梯应分别设置在不同防火分区内，且每个防火分区不应少于1台。

第7.3.5条：消防电梯应设置前室。1.前室宜靠外墙设置，并应在首层直通室外或经过长度不大于30m的通道通向室外；2.前室的使用面积不应小于6.0m²，前室的短边不应小于2.4m；与防烟楼梯间合用的前室，其使用面积尚应符合本规范第5.5.28条和第6.4.3条的规定。

●疏散楼梯间的形式：

按防烟火作用分为：防烟楼梯间、封闭楼梯间、室外疏散楼梯、敞开楼梯。

A.防烟楼梯间：是指具有防烟前室和防排烟设施并与建筑物内使用空间有防火分隔的楼梯间。其形式一般有带封闭前室或合用前室的防烟楼梯间；用阳台作前室的防烟楼梯间；用凹廊作为前室的防烟楼梯间等。

防烟楼梯间主要用于：一类建筑和高度超过32m的二类建筑以及超过18层（不含18层）的塔式住宅。高层建筑的一级和二级分类是根据建筑的使用性质、火灾危险性、疏散和扑救难度等进行划分的（详见《建筑设计防火规范》GB 50016—2014 表5.1.1）。

B.封闭楼梯间：是指三面有墙体围合的、连接走道一侧有防火门的楼梯间。封闭楼梯间应靠外墙、有直接的天然采光和自然通风。不能直接天然采光和自然通风时，应按防烟楼梯间规定设计。

封闭楼梯间主要用于：建筑高度不超过24m的医院、疗养院的病房楼和设有空气调节系统的多层旅馆及超过五层的其他公共建筑的室内疏散楼梯（包括底层扩大封闭楼梯间）；建筑高度不超过32m的二类高层民用建筑（单元式住宅除外）；十二层至十八层的单元式住宅；高层建筑的裙房；以及建筑面积大于500m²的医院、旅馆，建筑面积大于1000m²的商场、餐厅、展览厅，公共娱乐场所、小型体育场所等。

C.疏散楼梯间的设计要点：

（1）设计原则：应根据建筑物的性质、规模、高度、容纳人数以及火灾危险性等合理确定疏散楼梯的形式、数量。

（2）平面布置：楼梯间应靠近标准层或防火分区的两端布置，以便于形成双向疏散；靠外墙设置，便于自然采光、通风和消防人员的援救行动；靠近电梯间设置。疏散楼梯间在首层应与地下室有防火分隔并直通室外。

（3）竖向布置：疏散楼梯间在各层的位置要保持不变；通向屋顶的疏散楼梯间的数量按照相应的建筑性质设置；应避免不同的疏散人流相互交叉。

（4）疏散楼梯应设明显指示标志，布置在易于寻找的位置。

此外，疏散楼梯间和走道上的阶梯应符合安全疏散要求，不应采用螺旋楼梯和扇形踏步。螺旋楼梯和扇形踏步，因踏步宽度变化，紧急情况下易使人摔倒，造成拥挤，堵塞通道，因此不应采用。

六）建筑构造：

（1）防火墙、防火卷帘、防火门窗；

（2）疏散楼梯间、楼梯和门；

（3）管道井；

（4）玻璃幕墙。

七）特殊部位：

高层建筑避难层、屋顶直升机停机坪及其他特殊防火设计。

特别要指出的是，建筑防火规范所规定的一般是低限要求，同时，规范只是规定了（高层）建筑设计的通用性防火要求。

据不完全统计，从 20 世纪 70 年代末至 2020 年，我国已建成超过 150m 的超高层建筑及 162000 余座，占全球数量 44.5%。其中，高度超过 100m 的建筑（超高超限高层）、约 1500 座左右，超高超限高层占比近 1/100。

由于不同的建筑在使用功能、规模、形状、所处的地理条件位置以及室内火灾荷载、装饰和陈设等种种不同，因此应该针对所设计建筑物的具体条件，在实际设计中加强防火意识，合理设置防火分区隔断，增加灭火手段，避免使用可燃易燃材料，加强防排烟措施，避免最不利组合效应（例如，走道长而窄、出口数量少且门的宽度小等），最终达到消防安全之目的。

本章中的一些插图引自（德）海诺·恩格尔

《结构体系与建筑造型》

（Structure Systems, Heino Engel 1997）

第**5**章 思维与工具：20 世纪设计中三大整体性理论

日本作家村上春树说，"我们的正常之处，就在于懂得自己的不正常"。其潜台词可以理解为，我们所具有的不正常，才是我们正常全部的必要补充。用这句话来描述 20 世纪我们所处时代的建筑，真是再恰当不过了。建筑空间的形式与内容在理想和现实、传统和现代、社会决定和个人意志之间的强大引力漩涡中挣扎，理论繁多，形象杂芜。由于极其易变的环境和潮流，建筑设计充满了极度的异质混杂和符号的多样与多义，同时缺乏合理的中心和良好的秩序（图 5-1）。这或许就是变幻莫测的当代城市和建筑设计的显著特征，迫使建筑师在变化莫测的、通常还互悖的因素之间进行阐释和思考。

正因如此，我们应该更多的关注那些在设计领域中具有基础性和整体性价值的学说。本章试图对这些理论成果进行梳理，从中建立一个具有整体视野的思维环境。

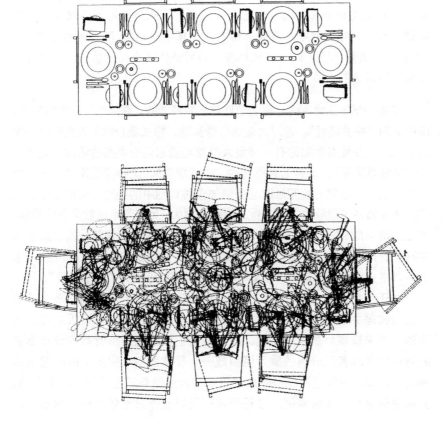

图 5-1 20 世纪的晚宴

法国电影《晚宴游戏》(The Dinner Game, 1998 年)中，有一个名叫阿宝的人和一帮自命聪明的朋友约定星期三晚举办一场"白痴晚宴"。规则很简单：各人只需携带一名"白痴之最"共赴晚餐，便能获得丰富奖品。阿宝带来一个"专门好心办坏事的麻烦友"，从而导致餐桌上可笑的和混乱的事情接踵发生。

20 世纪的建筑史似乎就执行了这种规则，聚会的大师们携带着各自非凡的主张和执着的信念依次登场。这次"智者晚宴"出乎意料的与电影中的"愚者晚宴"有相似的进程。

在一片狼藉之中，所幸的是桌椅盘盏等基本工具还在；在纷繁的设计理论中也有一些基础思维模式指导学习。

5.1　图与底关系理论（Figure-ground Theory）

人们在公园中或置身于自然风景区时，通常并不在意其中的建筑物的数量有多少，而是更多地关注建筑的"质"，即独特的形式、风格、色彩、材料以及是否具有文物价值等因素。但是，在城市环境中，当一块场地中的建筑密度或建筑覆盖率比外部剩余空间的密度大时，建筑师观察事物的方式就与一般游人有了区别，他会同时权衡目标建筑物与周围公共空间之间的相互联系。图底理论（或称图形—背景分析、实空分析、虚实分析）主要研究的就是作为建筑实体的"图"和作为开敞空间的"底"的相互关系。它的理论基础主要来自格式塔心理学。

所谓"格式塔心理学"（Gestalt Psychology）又名完形心理学。"格式塔"是德文 Gestalt 一词的音译，指的是"形式"或"完形"。

一般以其创始人韦太默尔（Max Wertheimer，1880—1943 年）在 1912 年发表的论文《关于运动知觉的实验研究》作为这一学派创立的标记。1933 年后，由于纳粹政权掌权的缘故，韦太默尔及其门徒开始流亡美国，于是这一学派在美国发展成熟起来。其中，韦太默尔的学生鲁道夫·阿恩海姆（Rudolf Arnheim，1904—2007 年）在担任美国美学协会主席期间，陆续出版了《艺术与视知觉》（1954 年）、《艺术心理学论集》（1954 年）。他在《艺术与视知觉》一书的引言中开宗明义地说道："我试图把现代心理学的新发现和新成就运用到艺术研究之中。我所引用的心理学试验和心理学原则，绝大部分都是取自格式塔心理学理论"。阿恩海姆强调说："无论在什么情况下，假如不能把握事物的整体性或统一结构，就永远不能创造和欣赏艺术品。"

完形心理学认为人的心理活动具有一种特殊的"整体性"的组织要求，即所谓的"格式塔性"。通过大量的心理实验，格式塔心理学首先提出一个假设，即人在观察事物时有一种最大限度地追求内心平衡的倾向，这是一种"格式塔需要"，也是上面所谓的"格式塔性"。这种需要使得人在观看一个不规则、不完美的图形时总是倾向于将构图中的各种分离的要素朝着有规律性和易于理解的方向上重新组织。例如，如果不考虑数学上的原因，那么，两条成85°或93°角的线段常常被看作是一个直角；轮廓线上有中断或缺口的图形也往往会自动地被补足成一个连续整体的完形（图 5-2）。上述"格式塔需要"有时也被某些心理学家生动地称为"完形压强"。

由于完形压强的存在，以前我们所讨论的那些形式美的范畴，诸如对比与微差关系、节奏与韵律关系，对称与均衡关系等都可以从完形压强的角度来理解。更进一步说，它帮助我们发现图形从背景中分离出来的诸种条件和各种分离的要素组织成一个整体图形（完形）时所遵循的原则。例如，完形压强使得图形的组织过程遵循着邻近原则、类似原则、共同命运原则、闭合原则、最短距离原则以及连贯性倾向性等原则。不

图5-2　格式塔式的观察与理解在于发现一个"完形"
在这个格式塔图形中，不完整的圆形之间可以观察到一个完整的三角形。

难理解，作为一种观察方式，这些原则使得格式塔具有两种基本特征：一是强调整体优先；二是与之相应的强调结构优先。这就是为什么我们在做素描练习过程中时常眯起眼睛或者后退几步来观察对象时的原因。在这个过程中，我们总是不断地从整体特征和结构关系的角度来权衡、安排局部造型的位置和形状、色调的轻重和虚实等具体问题。

在建筑的构图设计中，人们经常出现的失误在于只将我们认为"有用的"方面如建筑物实体所占据的位置及其轮廓特征（称为正形或阳形）展示给视觉，而对于与之相对应的建筑物之间的剩余空间（称为负形或阴形）却视而不见。显然，这是不符合格式塔原则的。在当代建筑观念中，建筑内部空间与其外部空间具有同等的地位，这已经是一种共识。在建筑空间构图中，作为正形的"图"或作为负形的"底"有着不可分割的紧密联系，只有两者的结合才能真正构成一个"格式塔"。

日本现代建筑师芦原义信（1918—2003年）在《外部空间论》（1960年）中曾把外部空间称为室内的"逆空间"，他认为可以这样幻想：把原来房子上的屋顶搬开，覆盖到广场上面，那么，内外空间就会颠倒，原来的内部空间成了外部空间，原来的外部空间则成了内部空间。像这样内外空间可以转换的可逆性，在考虑建筑空间时是极其具有启发性的。建筑设计除了考虑建筑内部空间外，外部"逆空间"的大小、位置和图形特征也要满足设计意图，这无疑是合乎格式塔原理的（图5-3）。

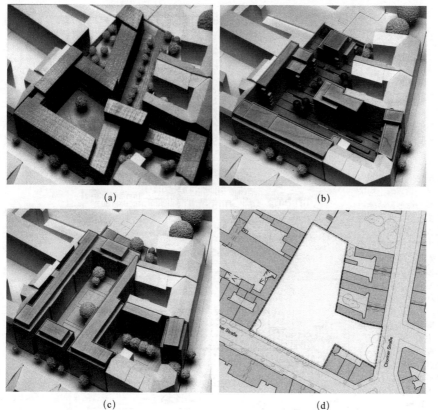

(a)

(b)

(c)

(d)

图5-3 克利纳/策德尼克大街的住宅和商店设计邀请赛，柏林，2000年
分图从左到右：
图（a）一等奖（Gruber+Popp事务所）；
图（b）二等奖（Backmann Schie-ber 等）；
图（c）三 等 奖（Kahlfeldt事务所）。
一等奖方案成功之处在于外部空间设计（形态、尺度、完整性等）更能将环境中分离的各部分整合成一个整体。

图底关系理论对于建筑空间与形式设计的影响虽然主要体现在视觉方面，但却是最基本的层面，涉及图形从背景中分离出来的诸种条件和各种分离的要素组织成一个整体图形（完形）时所遵循的原则这两方面。

首先，分离与划分是空间设计的基本手段。作为整体中的部分，其中，封闭的面、面积较小的面都容易被看作是"图"而从背景中分离出来，而且，每一个分离出来的重要部分都形成一个"局部整体"，从而又可以再次进行划分，这样在不同层次上构成了各自的图底关系（图5-4）。

除了城市设计和建筑总平面设计方面之外，建筑立面设计也是格式塔应用的重要内容。窗户与实墙这一对元素自古以来就是建筑形象的主要组成部分，但是很多学生不愿、不会、不敢在立面上开窗——一则认为它简单平淡，或则开窗的结果很难看——转而宁愿用一张所谓的表皮一蒙了事，美其名曰有时尚感。其实，大多数经典建筑都是在窗与墙的虚实关系中创作出了一种好的格式塔，从而使建筑形象恬淡静穆、意味隽永（图5-5）。

图5-4 纽约中央公园卫星图

中央公园名副其实地坐落在纽约曼哈顿岛的中央，是一块完全人造的自然景观。1856年 Frederick Law Olmsted 和 Calbert Vaux 两位风景园林设计师设计，占地800m宽4000m长（约5000亩）。其中，可以观察到若干个层次分明的格式塔组合：城市级别、公园级别、内部绿地景观级别等，每个格式塔都是一个整体性组织系统。

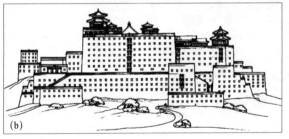

图5-5 开窗组织与格式塔应用

图（a）是布达拉宫：红宫墙与白宫墙上均采用"相似律"组织窗洞，红宫墙的梯形窗套延续运用在白宫墙上，并且它的梯形窗套自上而下有所渐变收小，与墙体下宽上窄的收分趋势相逆，一个如瀑布垂流而下，另一个如山峰拔地冲起。两种格式塔的重叠使得建筑形象在静穆中蕴含着动势，足以跻身世界建筑艺术珍品之列。

图（b）是普陀宗圣庙（承德）：建于乾隆三十六年（1771年），是乾隆为了庆祝他本人60寿辰和皇太后80寿辰而建的。建筑仿拉萨布达拉宫而建，庙名"普陀宗乘"即藏语布达拉。也采用红白两宫布局，红宫上有主殿"万法归一"。

除中轴线窗之外，所有开窗均几乎采用一样的方窗加楔形窗套。其中，红宫墙正面呈7层窗，下4层为实窗盲窗，上3层是群楼真窗。方窗纵横等距分布，构成了一套似"图"又似"底"的格式塔网格，反而突出了建筑体块感。

222

在现代建筑中，框架结构与大面玻璃窗之间就是典型的两个格式塔图形的叠加。与古典建筑相比，由于墙的面积缩小了甚至完全取消了，剩下的就是梁柱构成的狭窄条带网格，这正是现代建筑中"现代性"的本质体现。随着现代结构体系成为艺术表现的重点，建筑立面的虚实关系也呈现出"图-底"的视觉变换效果。事实上，结构构件的立体感、材质的结实感以及"突出在前"的直观特征都加强了它作为"图"的可识别性（图5-6）。

(a)　　　　　　　　　　　　(b)

图 5-6 Aldermanbury Square。英国伦敦，埃里克·派瑞（Eric Parry）建筑事务所设计，2008年。2009英国皇家建筑协会"斯特林奖"（RIBA Stirling Prize，2009年）入选作品。

图（a）是街道景观；图（b）是建筑立面夜景（局部）。

立面网格中，沿建筑高度以横向较宽的条带来划分单元，每个单元之中又有更细的横向构件做再次划分，形成层次分明的格式塔叠合。

同样，在"高技派"的作品中，钢结构体系除了有助于实现支撑功能之外——任何时候都不存在唯一最佳结构方案——每个杆件、每个节点以及它们的组装方式无不以"表现性"为目标，因为建筑师明白它们在任何时候都是具有"图形"的特征（图5-7）。

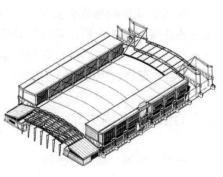

图 5-7 塞恩斯伯里超市，英国，尼古拉斯·格雷姆肖，1986—1988年

这是格雷姆肖的第一个零售业建筑委托项目，因此他以一种新的视角看待这项设计。他认为设计一座具有19世纪风格的浇铸金属的"市场大厅"是一个不错的思路。中央大厅43.2m的跨度屋顶由悬臂结构所支撑，而悬臂结构又由绑扎在一起的杆件固定。12mm厚的特制的环氧、陶瓷材料的包层使主要的悬臂梁能够在大火中坚持两个小时。上层空间使用了压制成型的铝材面板和水平条纹的窗户。富有表现力的结构与材料也与相邻的哥特式教堂相适应。

223

以上，我们提到了格式塔的层级性、图 - 底互换性（模糊性）、格式塔的叠合等表现，实际上这涉及现代建筑对于形式整体性的独特理解，即一个图形经过分割分离和变形之后所获得的新图形，与原图形的叠合或部分重叠会产生新的图 - 底关系，新与旧、前与后两个格式塔图形各自保持可识别的完整性。完整性的重叠会给事物造成一种透明的形象。因此，形式的整体性就是形式以不同状态下呈现出来的视觉同时性。

这里所说的"透明性"本来是指绘画中表现重叠的物体时所出现的色彩明度梯次上的处理：运用传统的透视法（前后采用遮挡效果）就无"透明性"；不用传统透视法，而采用同时性手法，物体的重叠就具有了"透明性"（图 5-8）。

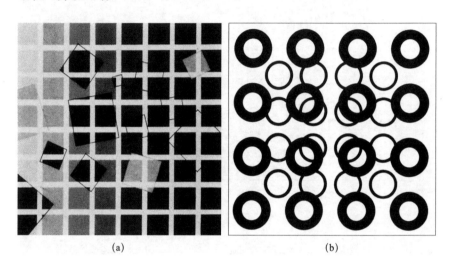

图 5-8 重叠中的同时性与透明性

图（a）正方形经过缩放和旋转，在与背景（一个正方格完形）的叠合之后双方仍保持结构上的完整；

图（b）处于背景中的 16 个小圆形经过中心一点透视而被放大和加粗。小圆和大圆如果采用同色同材质边界，那么小圆可看作是完整的也可以是不完整的：完整性与立体感之间构成了一对矛盾，具有内在的视觉张力。

(a)　　　　　　　(b)

有关"重叠"问题或者"当'两个'并放在一起时"的问题，阿恩海姆在《艺术与视知觉》和《视觉思维》中都分别有大量讨论，看来这是一切视觉艺术所要涉及的基本问题。

李商隐（字义山，晚唐著名诗人）在其《义山杂纂》中曾把现实生活中的"树阴遮景致，筑墙遮山"的现象称为"不快意"。

林觉民（1887—1911，"黄花岗七十二烈士"之一）殉国前在《与妻书》中的一句"窗外疏梅筛月影，依稀掩映"令后人感慨万千。

格式塔理论的基本公式可以这样表述：图与底是一个对立统一体，整体的效果不是由个别元素的简单叠加决定的，相反，每个部分的存在依据和它对整体所做的贡献都是由整体的内在性质决定的。确定并且在设计过程中保持这种整体的性质就是格式塔理论所期望的。

5.2　结构与结构主义（Structuralism）

桥梁与楼房、动物与植物、人体与社会、机器与电路、风景与城市、

DNA 与化学元素周期表等都包含特定的结构，都是一种结构性存在。当一切运转良好时，结构似乎变得无足轻重，我们只是在结构失效时才去注意它。例如，当建筑物遭到破坏时，我们首先检测和反思的就是它的结构问题。

在艺术思维和作品分析中，"结构""结构主义"或"结构主义建筑思潮"这类词语对于多数人来讲似乎是很抽象，因为它带有浓重的法国哲学味儿。其实，如果我们在上一节从图底关系的分析中已经建立了必须从正 / 反、图 / 底、实 / 空两个方面或双重视角来观察一个完整的格式塔形式这样一种思维习惯，那么，我们就都可以被称为"结构主义者。"

现代建筑学中的结构概念有两个源头，一个是 19 世纪的哥特复兴引起的对结构与材料的兴趣；另一个是对早期工业化的反应。这两部分在对建筑形式的理解上取得了一个重要共识：形式是作为建筑结构的逻辑结果。在这里，结构概念包括材料、构造工艺、装配逻辑三个层面。首先，材料特指为 20 世纪初的混凝土、钢铁与玻璃的运用；其次，构造工艺如何融入建筑艺术之中是一个争议问题，由此引发了技术精美倾向和粗野主义以及像蓬皮杜中心那样的技术表现倾向；最后，装配逻辑体现了经济性和标准化的时代精神。柯布西耶的"Domino 结构单元"代表了这一时期对结构概念知识的本质理解（图 5-9）。

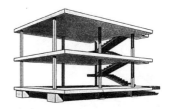

图 5-9　"Domino 结构单元"柯布西耶，1922 年

　　也有人把它视为由支撑结构创造流动空间的典型图示。

在现代建筑学中，结构概念还有一个至关重要的含义，即它是建造过程中的一份行动纲领，从而奠定了建筑设计的现实性和社会性。在 18 世纪，人们没有任何"设计任务书"而建造一个壮丽大厦的行为都是符合惯例的和理直气壮的。从 19 世纪中叶到 20 世纪初，新的建筑类型、新的业主（包括建筑项目承包人）、新的技术与材料、新的城市布局理论以及功能主义的兴起等等促使建筑师们必须面对现实去研究这些"设计问题的结构"而制定一个完整的计划。在这里，整体、次序、过程是结构概念中所包含的关键词。

在建筑理论话语中，结构主义作为正式术语是在 20 世纪 20 年代初开始使用，《真理报》报社大厦的设计作为第一个结构主义建筑反映了结构主义美学的最初特点（图 5-10）。

　　"这座建筑是以一个对玻璃、钢铁和混凝土渴求的时代为特征的。一个大城市街道上的所有附属之物都强加在了一座建筑物之上——图形、宣传栏、钟表、扩音喇叭，甚至是内部的电梯——都被作为同样重要的部分而全部运用在设计中，并且将它们结合为一个统一体。这就是结构主义的美学。"

　　　　　　　　　　　　　——埃尔·利西茨基（EL Lissitsky）

图 5-10　《真理报》报社大厦方案，莫斯科，亚历山大·维斯宁兄弟设计，1924 年

结构主义最初所强调的重点不在于形式上的统一，而是各种主要材料的运用，反映一个世纪技术进步的精神成果。在后来的发展中，结构主义既强调构造的工艺性又强调建构的整体性。

其实，真正对结构与结构主义概念做出本质解释和应用分析的知识来自建筑学之外。作为一种具有广泛影响的理论和方法，哲学结构主义的兴起被公认肇始于列维·施特劳斯（Claude Lévi Strauss，1908—2009年）的《野性的思维》（1962年）：

作为一种思想运动，结构主义以法国为中心，有过20年左右的流行期；作为一种跨学科学术流派，结构主义在欧美有着百年左右的历史；作为一种跨文化学术交流活动，结构主义进入中国已经有四分之一世纪。

结构主义运动的第一代表人物是法国人类学家列维·施特劳斯，其突出性贡献是在方法论上促成了社会学和语言学的结合，并将其成果扩展到人文社会科学的各个领域。

——《野性的思维》中译本新版前言　李幼蒸

列维·施特劳斯的首要贡献正是其在低文明社会研究（原始社会和史前社会）中所提出的结构分析法。因此，"结构主义"首先是指人类学和社会学中偏重于结构分析和功能描述的新方法论。说到底，所谓结构主义，它只是一种思维方式或思考方法。这种思维方式的核心原则建立在这样一种普遍的假设之上，即一切事物的本质构成不在于物自身，而属于我们在事物之间发现的关系。这种关系是结构主义者唯一感兴趣的和唯一能被观察到的东西。

否认"实体的"观点，而赞成"关系的"观点，这是作为结构主义者的思维方式中的第一原则，它在现代科学思想史中尤为突出，例如从"老三论"到"新三论"。此外，在艺术领域亦然，例如自20世纪60年代以后，在建筑界形成的一些重要先锋运动或思潮中也均可归因于结构主义的影响，如建筑类型学、建筑符号学、场所理论、文脉理论乃至历史象征主义等。至于后来的解构主义从某种意义上讲也可以看作是由结构主义的观点所引发的逆向思维的结果。

由Sylvain Anroux主编的《法国哲学百科全书——概念分析卷》（1990—2002年版）中关于"结构主义"条目（由J. Munch撰）的按语这样写道：

"结构主义运动是在60年代达至高峰的一种思想运动。结构主义运动处于多种潮流交汇点，包括美学的（新小说），政治的（共产主义和左翼运动），理论的（马克思主义、精神分析学、人种学、语言学）。此运动先是由几位思想界大人物（列维·施特劳斯、拉康、福柯、阿尔杜塞、德里达、巴尔特）支配，继而有几家重要的刊物（《太凯尔》，《批评》，《分

老三论：系统论、控制论和信息论是20世纪40年代先后创立并获得迅猛发展的三门系统理论的分支学科。按其英文名字的第一个字母合称之为SCI论。

新三论：耗散结构论、协同论、突变论是20世纪70年代以来陆续确立并获得极快进展的三门系统理论的分支学科。按其英文名字的第一个字母合称为DSC论。

析手册》）参与。此内容组成分歧极大的运动，受到彼此颇不一致的思想之影响，如马克思、弗洛伊德、海德格尔、尼采和索绪尔。在此运动中可以区分一种自诩为科学性的倾向（拉康、列维·施特劳斯、阿尔杜塞）和一种较具思辨性的倾向（德里达、福柯），后者导致昂格鲁·撒克逊国家被称作'后结构主义'的发展。尽管有此分歧，结构主义运动大致遵循着一个共同的前提，即结构至上，以及一种怀疑思想"（第2468页）。

可见，结构、结构主义作为现代思想家和艺术理论家所日益关心的问题，可以说是在探索感知的本质时一次重大的历史性转折的产物。既然结构主义如此重要，那么，作为一名建筑师或者要成为一个结构主义者就首先应该知道什么是"结构"。

首先，结构作为一个整体性概念而存在于一些实体的排列组合之中。因此，人们对任何事物（社会文化或艺术作品）的整体观察分析是以发现其中的结构为首要目标。

以住宅设计为例，在改革开放后经济快速发展时期，人们在购买住宅时总会反复权衡和观察比较两套或两套以上的同类户型，在这过程中做出选择的依据除了价格、区位等因素之外，更为关心的还有户内的布局，房间之间的关系等"结构上"的因素。当一种户型内部的起居、卧室、厨、厕等空间和设施一应俱全时，人们为什么还更在乎各个房间之间的关系呢？显然，这反映出了一种"整体性"的要求（图5-11）。

结构的整体性不同于一个集合体或者混合物，各部分相加之和不等于整体，因为，人们精明地知道，一个完整、连贯与合理的结构整体带来的属性与便利远远多于其组成部分单独获得的属性与便利之总和。正如一个三角形的特性不能从三条线段的概念中来解释一样。

结构概念的第二层含义是它具有转换性。结构不是静态的，结构通过"生长、变化和共存"可以有效地适应外部环境与内部功能方面的各种变化。

仍然以住宅设计为例，战后荷兰建筑师哈布拉肯（N.John Habraken）

图 5-11
图（a）是清华大学教工楼设计（1982年）；图（b）是天津万科水晶城院景公寓设计（2005年）。

两者面积标准不同，但都是经过精心的空间布局和流线安排而达到结构整体之优化。

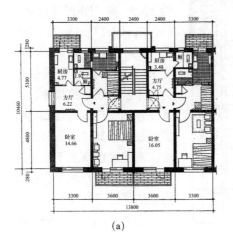

(a)

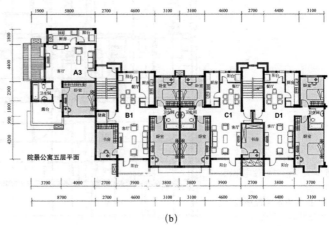

(b)

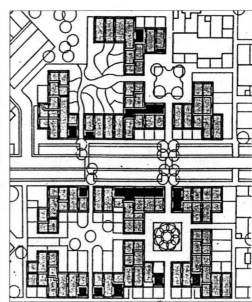

图 5-12　荷兰莫棱维利特（Molenvliet）住宅小区，1977 年，建筑师：万德威尔夫（Frans Vander Werf）

该工程是设计竞赛的中标项目。小区共有 123 套住宅，平面采用 4.8m 的网格。支撑体由钢筋混凝土框架构成，填充体是各种轻质隔墙。每户住宅楼板预留孔洞，墙壁和立面构件有 6 种颜色供用户选择。该项目是以结构主义的思想与方法为当时风行的"用户参与"这一社会诉求提供了一次完美的社会实践机会。

从结构主义哲学出发探索了住宅设计的新方法。他在其论著《骨架—大量性住宅的选择》（1961 年）中引用"层次与协调"的概念构想出一种开放式设计方法：将住宅建筑划分为支撑体（即骨架）和填充体两个层次——这与中国古建筑体系不谋而合——在此基础上，1965 年荷兰建筑师协会正式将这一思想称为 SAR 理论，支撑——填充体系标记为 SAR-65 体系。1977 年在荷兰的帕本德莱希特（Pappendrecht）地区建成的 Molenvliet 住宅小区是按照 SAR 理论和方法实施的第一个工程（图 5-12）。

日本在 1970 年举办了一项关于住宅技术发展的设计竞赛，名为"前导性住宅"（Pilot House）。某些具有弹性支撑体的提案也实现了开放式设计（图 5-13）。

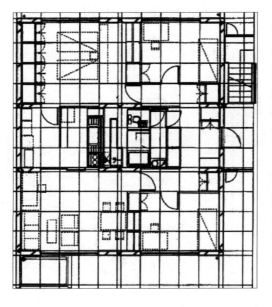

图 5-13　前导性住宅平面，1970 年

日本清水建设所设计，5 层公寓楼，层高为 2.6m。

此后，在营建数量减少之时，日本住宅公团在 1974 年又开始了一项实验计划案"KEP"（Kodan Experimental Project）。这也是"大量住宅年代"的结束。在 KEP 中，整体建筑被分为 4 个次系统：结构体、外墙（包括窗户）、内部装修，机械设备。其目的是针对各个次系统发展高度工业化的构件，同时进行满足居住者需求的弹性可变设计。

在关西地区，1980 年

代由巽和夫与高田光雄教授的研究团队发展了"两段式集合住宅供给系统"，1983 年在 Senboku 新市镇的"桃山台住宅"为首次使用两段式住宅系统的实例。该工程共有 98 套新宅，其中 20 套是两阶段实验住宅。结构体的设计是与室内空间规划分开的。浴室与厕所为事先设计且固定的，随后在建筑师的帮助之下，住户可依照自己的想法安排平面。

依据 SAR 理论，在 20 世纪 70 ~ 80 年代日本陆续兴建了许多有弹性的出租公寓与集合住宅。在这 20 年内累积了一些技术与经验。不过，目前大多数的住宅建设仍是使用传统的方式，因此学者认为有必要再评估 SAR 体系的优点，以实践开放建筑。

在中国由鲍家声教授主持设计的无锡支撑体实验住宅是我国第一个根据 SAR（支撑—填充）理论营建的住宅工程（图 5-14）。

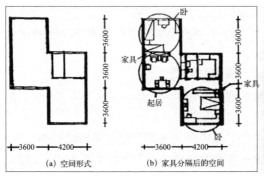

（a）空间形式　　　　（b）家具分隔后的空间

图 5-14　无锡惠峰新村支撑体实验住宅，1985 年

实验工程为其中一个住宅组团，包括 9 幢四合院式台阶形住宅和 2 幢三层住宅。可容纳住户 217 户，平均每户建筑面积为 55.76m²。住宅结构为砖混结构，局部采用钢筋混凝土梁，预制楼板，最大开间为 4.2m。左图是其中的一种平面，右图为实景照片。

除了住宅领域之外，结构主义的思想与方法也在 20 世纪的公共空间（城市规划、旧城改造和公共建筑）的设计创新方面有着广泛影响。例如，日本的新陈代谢派正是从结构主义的视角来看待城市和建筑的存在特征的（图 5-15）。

新陈代谢派认为城市和建筑不是静止的，一次性完成的建筑"终态"只是满足特定时间用户的需求，要想使之持续下去，就应像生物的新陈

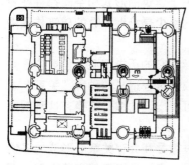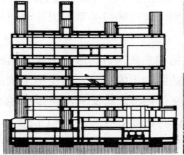

图 5-15　日本山梨县文化会馆，丹下健三，1966 年

地上有 8 层，地下 2 层，面积 18085m²，是一幢广播、报纸和印刷业共同使用的综合性建筑。丹下采用了四行 16 个圆筒形结构作为主要支柱，楼梯、电梯、卫生间和空调机都布置在圆筒内。外露的大圆筒和混凝土的粗糙质感、楼板和圆筒交接处的梁头，愈加强调了这幢建筑物的结构，暗示着它将来的成长。

图 5-16　中银舱体大厦

代谢那样让建筑有条件处于持续的动态过程之中而又保持基本骨架组织的稳定和可识别性。

另一个项目，中银舱体大厦（Nakagin Capsule，1972）也是关于"永恒还是临时"的一种解读（图 5-16）。

黑川纪章（K.N.Kurokawa，1934—2007 年）的中银舱体大厦的设想是先建造永久性的结构，然后插入居住舱体，后者可以随时更换。140 个 6 面舱体悬挂在两个混凝土筒体上，组成不对称的、中分式楼。它所采用的是风扇式遮光窗，直径 1.3m。

由上可见，无论是居住建筑还是公共建筑，结构主义的哲学思想——同其他历史遗产一样——无疑能给建筑师提供更大的创作冲动。

结构概念的第三层含义在于它具有自足性。这体现了结构主义者对形式含义的理解。

结构主义认为，要使任何单独的形式要素"有意义"，并不在于让要素本身有什么独特的性质，而是在于使该要素同其他要素之间在对比中建立起差异或同一关系。例如：

通过生长——形成聚集或并列关系；

通过变化——形成差异或等级关系；

通过共存——形成透明或多价空间等。

一般来讲，建筑群整体中的某个空间元素可以通过采用特别的尺寸、独特的形状和关键的位置等这三方面的变化来获得等级关系（图 5-17）。

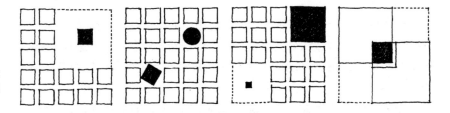

图 5-17　大小、形状、位置的变化决定其在整体结构中的等级和意义

在建筑中，由单一空间构成的建筑是极其少见的。各种用途空间的聚集是构成建筑物和形成结构的前提。由于建筑的形式和空间都存在着实际的差别，因而等级关系可以在全部的至少是绝大多数的建筑构图中被观察到。

对于结构主义来讲，形式的含义虽然有它的历史根源，但更应看重它在当前的结构上的属性。由结构（构成）过程造成的种种"关系"本身就是含义的源泉。含义只不过是这种可能出现的编码变换，这种观点颇有信息论的味道（图 5-18～图 5-20）。

在结构的内在含义中，两个要素通过重叠和共存关系而形成的多价空间则是现代公共空间观念中特有的品质。多价空间不仅意味透明，而且在释义方面意味着功能的多元性、空间归属的不确定性和空间分界的模糊性等（图 5-21、图 5-22）。

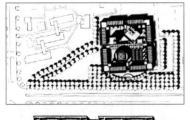

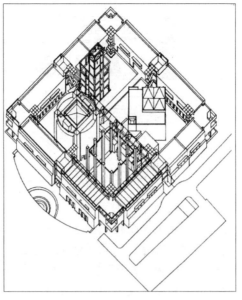

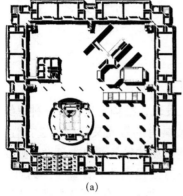

(a)

图 5-18 拉斯维加斯内华达大学建筑学院，1991 年，建筑师 Barton Myers

这是一个竞赛获奖作品。它仅仅突出了悠久的建筑几何学传统，创造一个正方形的回廊式建筑。其中，在近似田字格的划分中又依次形成不同的空间院落单元：圆形的图书馆、方形的行政楼、八边形的评图室兼展室以及由 12 根柱子界定的广场等。这些不同的几何形体被正交的连廊串联成整体。其图（a）是首层平面。

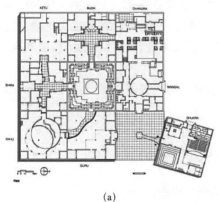

(a)

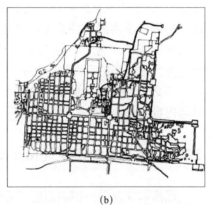

(b)

图 5-19 图（a）是印度斋普尔艺术中心，1992 年，查尔斯·科里亚设计

它是根据 17 世纪的斋普尔城市设计（图（b））而做的九宫格式布局。每个格子都是一个空的院落，它们既与中心院落联通又各自设独立出入口。其中图（a）的右下角单元与整体分离且旋转，反映了其独特地位。作品的意义既有对印度哲学和传统空间的隐喻，更有来自布局结构上的形式本身的意味。

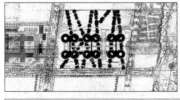

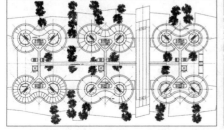

图 5-20 巴伐利亚再保险公司，慕尼黑。1997 年，GMP 冯·格康设计

这是一个竞赛作品。由三组完全相同的"四片苜蓿叶"构成了极具标志性和识别性的建筑形象。其中右边一组被"可察觉地"隔开，这种形式语言暗示了右边建筑单元具有不同的使用功能和意义。

(a)

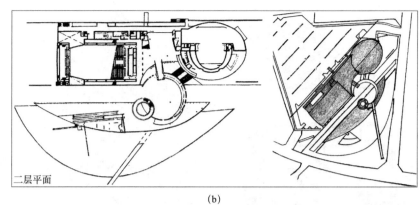

二层平面

(b)

图 5-21（a） Art Gallery Complex，TOKYO.Tadao ANDO 设计

平面由多组长方形混凝土框架并置、旋转、重叠、嵌套关系构成，以近乎单一的形式要素创造了各种不同的空间体验。

图 5-22（b） 日本那须野原合唱剧场，1994 年，早早睦惠、仲條順一设计

中央圆形广场是对上下两侧形体进行重叠切割而成，既是交通枢纽，也是明显的视觉中心。

从上述关于结构的概念理解中，不难发现，结构主义作为一种思维方式或思考方法，它对于研究对象的观察具有明显而又明确的选择性，即一方面强调"关系"重于"关系项"：构成整体的各部分本身没有独立的意义，只能从关系中发现其意义；另一方面强调共时性重于历时性：形式、形式之间虽然存在着历史联想方式的、线性发展的"垂直"关系（历时性），但结构主义的兴趣和视野在本质上更在乎形式之间的"横向组合的"亦即"平面的"关系（共时性）。通过"聚集"，结构主义把垂直挖掘出来的所谓"深层结构"（如各种原型或某些普遍存在的类型图式等）转化为此时此地的平面构图之中。

总之，结构主义的基本命题可以表述为：关系即形式、即结构。形式与内容同一。

5.3 文本与文脉理论（Text & Context）

场所和文脉是一组典型的"后现代"概念。

建筑的历史（思想史也好，风格史也罢）总是被划分为种种概念性的时期：中世纪、文艺复兴、巴洛克、浪漫主义……现代主义和后现代等。年代的划分问题是历史学家的工作，分析每一个时期的建筑师在空间组织方面所持有的原则才是建筑设计方法论关注的根本。为此，我们发现各个时期的理论都为我们的思考方式提供一种建筑之外的支点，而外部的支点反过来影响着人们对建筑现象的观察角度和解释的方向。正如马克思所说的：

"人类总是只处理那些他能够解决的问题……我们将常常发现：只有问题之解决所需要的物质条件已经存在，或至少正在形成中，问题本身才出现。"[《政治经济学批判》（序）1859]

在后现代时期，由于 20 世纪早期的一些伟大的意识形态——诸如乌托邦、技术理性等——逐渐失去了耀眼的光彩，取而代之的是"建筑

用户的需要""使用者的意义"以及环境意识越来越获得尊重。建筑已不能在几何学的概念里得到充分表达。此时建筑师开始倾向于用场所的概念来替代传统的空间概念，从而使建筑概念元素的周期表中又增添了新成分。

　　一项建筑工程总是与一个特定的场地有关，这时，建筑物本身可以是标志或者作为识别一个城市空间的基本因素。在这里，场地与场所有关，但却远不是全部。

　　在场所概念中，最直接的方面是它与人的活动模式有关。例如，儿童总是喜欢利用剩余空间，如水泥管中、墙角、凹室、宅前空地等，并根据自己的意愿用旧轮胎、纸板箱、树枝等将环境划分成各种领域（图 5-23）。

　　从某种意义上讲，生活中的特定领域就是场所，它是使用者根据自己活动的需要，对空间使用方式的一种规划。因此，场所是与特定的使用者（用户）在特定的区域（领域）中经常发生的行为类型、时间和频率密切相关。

　　在与《建筑空间论》（赛维，1974 年）、《现代建筑语言》（赛维，1978 年）以及《后现代建筑语言》（詹克斯，1977 年）同时代出版的《诗，言，思》（Poetry，Language，Thought，海德格尔，1971）中，海德格尔以哲学家的思维追问了"建筑是什么意思？"继而答道："建筑原本就是安居。……安居是凡人在大地上的存在方式。"在现代技术发达的时代，"安居的真正困境绝不在于单纯的住房紧张，"而是"无家可归"！凡人安居的本质在于对"大地和苍穹、诸神和凡人"——海德格尔称之为"四重性"——的保护。

　　哲学家心目中的四重性，在凡人的理解中或许就是包括地域自然、文化传统、生灵大众在内的一个"场"。因此，在建筑空间设计中所追求的场所精神实质上就是要挖掘出使用者所认同的和对之有归属感的环境特征，包括物质形态特征和由此引发的种种精神文化联想。

　　其实，有关场所精神与艺术作品之间的关系研究并不是一个现代西方现象。如果说，建筑场所是一种经由诗意的建造、最终达到诗意的居栖之目的，那么，有关"艺术创造物"的存在状态或曰"形而上"问题早已被诗人道破。

　　唐代诗人王昌龄（约 698—756 年）在《诗格》中指出：

后现代转折：

　　后现代主义产生于特定的历史时期，但却不是一个时间概念。"后现代建筑至少同时在两个层次上表达自己：一层是对于建筑师以及一小批对特定的建筑语言很关心的人；另一层是对于广大公众和当地居民，他们对舒适的传统房屋形式以及某种生活方式等很有兴趣。"
《后现代建筑语言》
詹克斯，1977

图 5-23　场所概念首先与人们的日常生活场景有密切关系。建筑师要想创造一个有意义的、有效的场所，就必须了解使用者的需要，以及他们对空间的使用方式。

马丁·海德格尔（Martin Heidegger 1889—1976 年），德国哲学家，20 世纪存在主义哲学的创始人和主要代表之一。

"诗有三境。一曰**物境**：欲为山水诗，则张泉石云峰之境，极丽绝秀者，神之于心，处身于境，视境于心，莹然掌中，然后用思，了然境象，故得形似。二曰**情境**：娱乐愁怨，皆张于意而处于身，然后驰思，深得其情。三曰**意境**：亦张之于意而思于心，则得其真矣。"

意境是中国传统诗词、书画、园林艺术的最高范畴和评判标准。李商隐《义山杂纂》曾列举十二大煞风景事：松下喝道，看花泪下，苔上铺席，斫却垂杨，花下晒裈，游春重载，石笋系马，月下把火，步行将军，背山起楼，果园种菜，花架下养鸡鸭。

意象

中国传统美学理论中的重要概念，指一种特殊的审美心理现象。它经过形象思维的加工，又具有一定理性内容主观体验。

好的文字总是借助自然风景、山川物像、生活世态来造境抒情，以"有形"写"无形"即形而上的精神体验。此法不仅存在于诗词歌赋等高雅领域，在通俗文学中亦然。例如，金庸在《书剑恩仇录》描写陈家洛"月夜还乡"之场面：他走进旧屋宇里，屋里较暗淡，但那月光却从木格子窗中照了进来，这一束月光近乎一种蓝色，深幽清淡，照在一张书桌上，书桌上的镜子和纸笔墨砚完好如昨，只是蒙上了灰尘。陈家洛感到眼睛里要出眼泪，他默默无言，在一把红檀木椅子上坐了下来……。这种境界，这种由物境、情境、意境依次形成的**意象**，很容易令人想到诗人兼画家王维（701—761 年）的《竹里馆》："独坐幽篁里，弹琴复长啸。深林人不知，明月来相照。"此外，林觉民（1887—1911 年）殉国前在《与妻书》中的一句"窗外疏梅筛月影，依稀掩映"同样令人感慨万千。

不论是诗词书画之"观物取象""立象以尽意"，还是建筑设计之场所创造、场所精神再现，无非都是在人际、物际、时空的离合聚散关系中从事件、形态、传统本身引申出一个意义框架。在此框架中，物象是基础，可独立存在（图 5-24）。

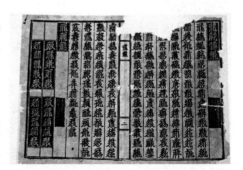

图 5-24 西夏文字的创制借鉴了汉字的形制，其笔画多在十画左右，结构均匀，格局周正，有比较完整的构成体系和规律。但由于今人已无法解读，故只能欣赏其纯粹且自由的偏旁部首的组合。

在建筑设计史中，兴起于 20 世纪 80 年代的解构主义作为一种设计实践，可以看作是对"物境"的极致表达。解构建筑的理论基础直接来自法国哲学家德里达（Jacque Derride，1930—2004 年）基于对现代语言学中的结构主义的批判而提出的"解构主义"理论。这种理论的核心是致力于摒弃结构体系中蕴含的历史信息、文化意义、中心思想等所谓的"形而上学"内容，将文学写作或建筑创造视为"不在场的游戏"（图 5-25）。

对物境、情境、意境或场所精神的追求不仅在设计方面给建筑师提供了方向，而且在意义传达方面也导致了新的建筑表现手法的出现，例如"透明图""复合图""思维图解""蒙太奇图像编辑"等已是常见（图 5-26 ～图 5-31）。

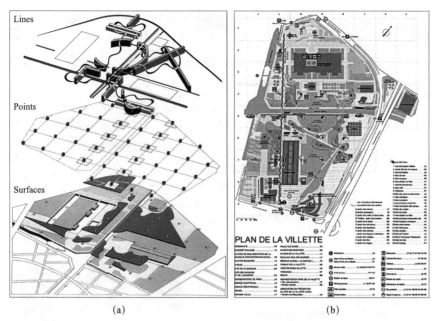

　　　　　　(a)　　　　　　　　　　　(b)

图5-25　巴黎拉维莱特公园，1983—1993年，Bernard Tschumi 设计

　　此项目是巴黎"21世纪"公园设计竞赛一等奖方案。瑞士裔建筑师屈米在当时后现代的背景下，采用解构主义的手法，将英国景观公园的概念拆解成三层几何系统：一是"表层"，包含一些大型建筑（博物馆、演讲厅）；二是"点阵"，包含许多小型装饰性建筑（电话亭、影片展示站、咨询中心等）；三是"线条"，包含道路交通、线列式树木等。

　　伯纳德·屈米将英国传统景观公园的意象挪用到法国，并将原来整体性组织进行拆解、分类、重组、叠加，在这个过程中排除了一些明确的含义与联想，使历史、传统、意义等均成为"不在场"的状态，即一种"零度"。

　　简言之，解构主义就是要打破现有的秩序，比如创作习惯、接受习惯、思维惯性和人的内心长期积淀形成的无意识反应等，直观或直面形式形状本身足矣。

　　图（a）是概念分析图；图（b）是拉维莱特公园导游图。

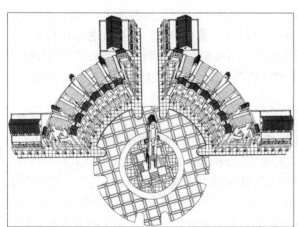

图5-26　镜像轴测图

　　尽管一般鸟瞰图、轴测图较为普遍。但镜像轴测图或者对称轴测图更有助于表达平面的对称性，且比鸟瞰图和成角轴测图看起来更真实，设计意图和空间情景更能准确传达。

图5-27　仰视（虫视）图

　　仰视与俯视是两种非常规视点形成的富有戏剧性的图像。仰视图中包含一种更加特别的"虫视"即视平线略低于地平线时的图像。此角度有助于突出建筑物的庄严感和非同小可的地位，传达出一种崇高意味。但运用不当则会带来滑稽效果。

图 5-28　背景拼贴或植入环境
　　将建筑的基本图（立面、模型等）植入到一个现实的环境场景中形成"预览"效果。现实背景提供一种真实与诚实的"担保"作用。

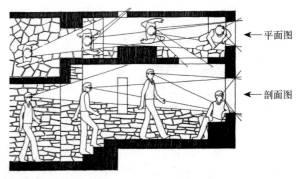

←平面图

←剖面图

图 5-29　双视域拼图
　　将建筑设计的两个或以上基本图按照同等比例对应拼接在一起，共同反映空间的长、宽、高度的变化情况。

图 5-30　多视域拼图（左）
　　两种比例的三个视图反映设计中需要强调的部分，达到平面与立体之间的直观且可测量的效果。

图 5-31　图像编辑组合或蒙太奇（右）
　　二维平面或三维空间透视图在传统上只表达景物的静态效果。如果考虑到第四维——时间——对于人们动态感受的影响，那么，方法之一便是制作系列图像，将它们按照一定顺序进行编辑排列。随着新技术设备的应用，可利用摄像机在人视点高度上移动进行连续拍摄。也可以先制作建筑模型，再用摄像机的微型镜头拍摄所需的图像。

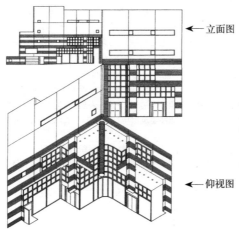

←立面图

←仰视图

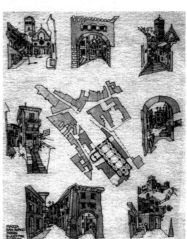

　　如果说，由场所观念替代空间概念，这已经解决了"做什么"这个认识上的问题，那么，在"怎样做"这个问题，一些后现代建筑师则从现代语言学研究中获得了灵感。结果是他们从现代语言学研究中引进"文脉"（context）概念，并把建筑场所设计看作是对特定地域的文脉做出反应的结果。

　　Context，含有文章的"上下文间的逻辑""前后关系"和"语境"之意。同时，也有"背景""四周环境"（environment）和"周围事物"（surroundings）之意。另外，有人也用"关联性"（relevant）来解释之（如 A.L.Huxtable）；有人又用"特别化＋都市化"来概括之（如 C.Jencks）。可见，文脉有虚实之分：可见的、实体的物质环境是文脉的第一层含义；有关历史传统、精神文化的观念形态则是文脉的第二层含义。第二层含义具有含蓄、模糊、不定性，最终需要通过物质形态来转译并传递信息。

　　文脉的第一层含义，即具体的物质形态、现实的环境特征等对建筑设计有最直接和最有力的影响。对于文脉的反应或反映而引发的空间场所设计，其形式一般具有图形—背景的清晰性、结构关系的相似性，以及主题或含义的连续性等特征。一方面，体现出空间上和谐，即建筑与环境的有机结合；另一方面，体现为时间上和谐，即建筑与传统的有机结合（图5-32、图5-33）。

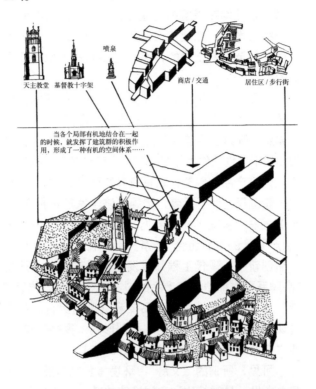

天主教堂　基督教十字架　喷泉　　商店/交通　居住区/步行街

当各个局部有机地结合在一起的时候，就发挥了建筑群的积极作用，形成了一种有机的空间体系……

图 5-32 在城市区域或空间方面，文脉是一个"中观"尺度概念，建筑设计只对有限范围的环境特征和线索做出反映或反应。

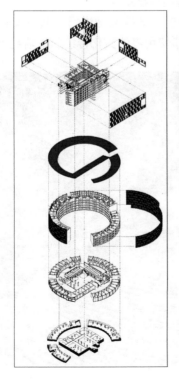

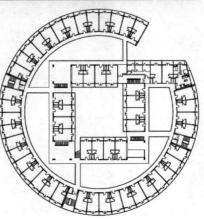

图 5-33 土楼公舍建筑设计，URBANUS 都市实践，2006，08.

在观念和具体形式上，文脉都是一种方便的创造源泉。

传统土楼将房间沿周边均匀布局，和现代宿舍建筑类似，但较现代板式宿舍更具亲和力，有助于社区中的邻里感。都市实践秉承了这一传统优点，将"新土楼"植入当代城市的典型地段，并在内部空间布局上添增了新的适应性内容，即它不只是形式上的借鉴，更重要的是通过对土楼社区空间的再创造以适应当代社会的生活意识和节奏。

有一种担心，认为强调文脉关系，会导致建筑师在建筑设计中的"创新性"的减弱。其实，这是由于人们对"创新"含义的片面误解所致。建筑创新不等于无中生有，必有踪迹可循：如功能、材料、技术、形式、艺术概念等均在借鉴中迅速膨胀之中。建筑学专业的学生喜欢把建筑视为一种艺术品，把建筑设计作为一种艺术活动来看待，这种观点虽然不全面，但至少是正确的，而且也因此极大地提高了他们的学习热情和职业的自尊。

然而，严格地讲，建筑是一种不纯的艺术，相对于传统艺术（诸如绘画、美术、雕塑、音乐等）来说，建筑在"艺术"领域之外还有别的重要支点，例如它要遵从工程技术的法则，适应于社会经济的水平，以及承担实用工具性的作用等等。在社会劳动的宏观视野中，建筑是一种产品。

建筑产品的创新，除具有其特殊性之外，无疑也会符合产品"创新"的一般过程。对于后者，美国经济学家熊彼特在《经济发展理论》（1912年）一书中曾提出一个洞见，他给"创新"下了一个言简意赅的定义是"生产要素的重新组合"。事实上，在几乎没有"文脉"可循的现代工业产品创新中，现代工程师或发明家通过建立、开发各种"系列产品"或"品牌系列"而塑造其产品的"文脉"，同时，依靠这种已建立起来的"文脉"背景而不断地进行产品要素的重新组合。这是创新的常态，这也就是现代产品设计师所说的"初创形式＋变换"这样一种基本概念和方式，即"变换式创造"（图 5-34 ～图 5-36）。

可见，所谓的"文脉"、环境（包括自然与人文）特征等，通常是产品之身份、景观特质和空间价值的基础构成要素。

此外，建筑设计创新之所以要求对环境文脉进行反映，其目的则是为了强调和保护"建筑的用户"即使用者的文化传统和生活经验，换

图 5-34　Carwill House I，美国佛蒙特州，KPF 设计 1988—1989 年

这是一个社区中心，建于陡峭山地之上。建筑形式采用几个柏拉图体以及马厩式单坡顶房屋的变形，依山就势地组合在一起，创造出一个兼具传统感与现代感的组合式作品。

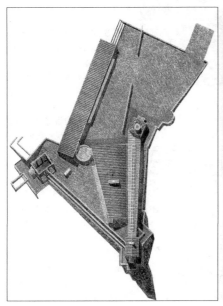

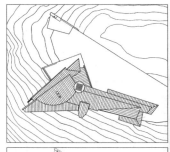

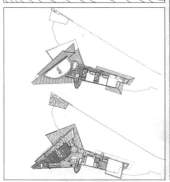

图 5-35 Carwill House II，美国佛蒙特州，KPF 设计 1989—1991 年

建筑以一个圆柱体为中心轴把各种几何体组合在一起，并成功地把场地明显的地形地势文脉转化成几何体之间的张力感。

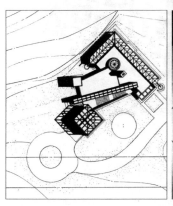

图 5-36 Mills House，纽约，KPF 设计 1990—1992 年

这是一个小型现代家具博物馆。建筑设计依据地形地势文脉把几何学传统进行了充分的演绎。

言之，文脉理论更注重在局部与整体的对话之中发掘两者之间的内在联系，从而引出一种超越建筑本身之外的普遍意义。就此而言，后现代时期的新乡土主义、地域主义和都市主义等思潮乃至在生态思想下的旧建筑改造再利用的实践，无一不与文脉概念有着千丝万缕的联系（图 5-37 ～图 5-39）。从这个思想脉络来说，建筑设计无疑是一项最具挑战性的伟大的社会艺术实践。

总之，文脉理论既是一个设计路径，也是一个批判概念。

鉴于国际式风格千篇一律的方盒子超然于历史性和地方性之上，只具有技术语义和少量的功能语义，缺乏整体语义语境的线索，为此，注重文脉主义的建筑试图恢复原有城市的秩序和精神，重建失去的城市结构和文化认同，从理论到实践积极探索城市设计和建筑设计之间新的语言模式。例如，从传统性、地方化、民间化的内容和形式中找到自己的立足点，并从中发掘创作灵感，将历史的片段、传统的语汇运用于建筑

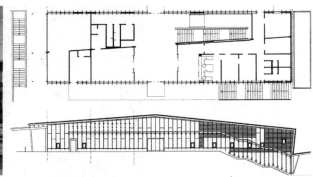

图5-37 Eidsvoll 火车站，挪威，Ame Henriksen 设计 1998 年

　　该设计是对当地传统造船材料的典型应用。压层木板(laminated timber)的运用是斯堪的纳维亚(Scandinavia,欧洲西北部文化区)的天性。简单的矩形平面中所使用的巨大的压层木板构成的支柱、梁和斜撑结构等唤起人们对挪威传统造船历史的联想。

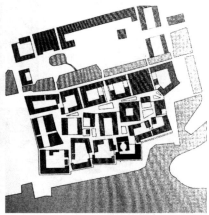

图5-38 Housing Expo Bo01 Apartment Building，瑞典，Wingardh 设计，2001 年

　　图（a）作为住宅博览会的一个作品，是一个由政府资助的高档居住建筑。建筑师模仿、延续中世纪古城区的住宅形态（总图（c）），在材料和细部构造方面又呈现出清晰的现代感以避免千篇一律的单调，例如，平面中开间宽窄交替（图（b））、立面开窗上采用蒙德里安式的几何抽象构成。该设计在传统文脉的延续与现代感的创造之间取得了很好的平衡。

(a)　　　　　　　　　　　　　　　　(c)

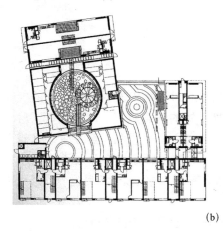

(b)

　　创作中，但不是简单的复制，而是在"现代意识"的观照下，采用撷取、改造、移植、重组等再创作手段来实现新的创作过程。

　　也许只有具备这种"双重译码"（建筑与城市、传统与现代）的形式语言才可为各种文化背景的人所接收。但这种简单且乐观的结论在复杂的实践中变得不那么清晰了，尤其是在一些旧建筑改造再利用的案例中更是充满了分歧（图 5-40）。

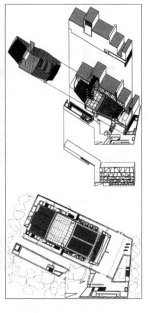

图 5-39 Concert Hall，西班牙，Mansilla+Tunon 设计，2002 年

建筑位于西班牙 Leon 市中心广场的一端，广场两侧有城市遗留下来的老建筑和一些既有的居住建筑。该建筑的一个短边面对广场，为了与周围建筑尺度、城市广场空间的氛围取得协调，该立面被设计成一个三维的、具有雕刻感的墙。立面划分为五层，从下到上层高逐层变高，每个马赛克式的小方窗周边的楣墙均向内倾斜，形成内凹的四面锥型(与柯布西耶的朗香教堂的开窗方式相反)，其独特的光影效果，加之白色基调，使人联想到伊比利亚（Iberian，西班牙和葡萄牙的）传统语汇。

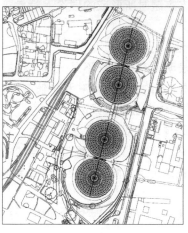

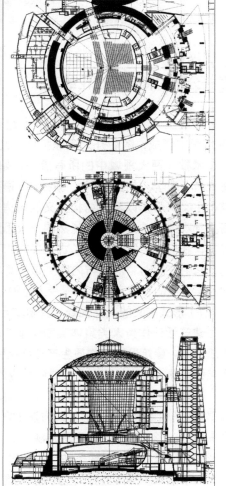

图 5-40 Apartment Building Gasometer B，奥地利，Coop Himmelb（Ⅰ）au 设计，2000 年

该项目是对四个建于 1890 年的、直径为 72m 的巨大圆柱形煤气罐的改扩建竞赛招标工程。包括一些为学生居住的空间、一个地方政府档案馆、一个可容纳 4000 人的大会议厅、一些办公用房、900 车位的地下停车库、一个购物中心和一个不少于 600 个居住单元的公寓楼等。

这个获胜方案除了对现存四个塔罐的内外进行了合理改造之外，最引人注目的是建筑师加建地斜倚在塔罐上的公寓楼的建筑形象。这个并列形象尽管招致了各方面批评，如缺乏绿化、恶劣的居住品质和交通噪声等，但是，满足该项目所必需的居住单元数量的现实要求是第一位的任务。现实要求溢出了原来的环境容量。

按照经典艺术理论的解释，艺术活动和艺术作品应该起到一种使社会统一、环境和谐、文化认同的作用。场所和文脉理论以及"双重译码"的模式可以被看作是对这一理想的守护和复兴。

然而，众所周知20世纪现代主义艺术的一个重要特征，是将两件毫不相干的事件或物体或形象并置、拼贴、剪辑在一起。从这个意义上讲，"双重译码"仍然处于现代主义艺术范畴之中。如果透过现象看本质，那么，我们应该强调，场所与文脉理论更注重的是在局部与整体的对话之中发掘两者之间的内在联系，从而引出一种超越建筑本身之外的深层的或普遍意义。

A·爱因斯坦曾经说过："The characteristic of our time is the perfection of tools and the confusion of aims"（我们时代的特征是工具完善与目标混乱）。英国建筑理论家塞德里克·普莱斯（Cedric Price）在2002年5月1日北京大学举办的"某会（M-meeting）"的演讲中换了另一种说法："技术是解答，但什么是问题？"

在对现代主义的批判与继承中，场所与文脉理论中所蕴含的整体价值观，在二次大战后作为一次普遍宣扬的文化变迁的成果，至今仍对当代建筑设计有重要的影响。

话题链接
形式分析的背景与理论线索

形式主义（Formalism）是20世纪现代艺术传统的主流之一，它从19世纪末形成，随后开始迅速拓展，几乎覆盖了整个20世纪艺术创作和艺术批评两大领域中的所有流派，如风格派、唯美主义、构成主义、格式塔心理学、传播解释学、新批评、语言学派、语言分析及修辞学批评、结构主义符号学以及后结构主义的解构主义等均源自形式分析，构成了蔚为壮观的影响深远至今犹然的一大思潮。从形式主义理论的基本观点出发，我们就会发现当代形式主义旗帜下已经出现了各种转形与解形倾向，它们在面对"形式与内容"这一基本主题时所形成的理论上特异取向和实践中的独特表现均值得今人惠顾。

1）形式主义的人文视野：内涵二元论
建筑活动作为人类集体实践的事实表明，它从来都不是一种单纯的物质生产。建筑设计的物质生产总会反映一定的思潮、趣味和价值观等，而某种特殊的理论趋向也总会导致相应的创作方法或模式语言。

在现代艺术理论中，"形式"这一术语体现了双重含义：一方面，它与"内容"相对而存在，形式即方法（媒介、原料）；另一方面，它又与"内容"同一，形式即内容（主题、观念）。概念上的分歧为我们梳理百余年的形式主义思潮提供了两条并行的线索。

（1）从本体层面上看，形式主义可分为两大流脉，即实体论和功能论。

　　所谓实体论是以生命哲学为基础,将感性自我(如柏格森的生命自我、克罗齐的知觉自我、鲍山葵的情感自我以及弗洛伊德的本能自我等)和非理性因素(如意志、直觉、无意识、本能、欲望、人格等)视为艺术创作和艺术批评的出发点和归宿。其实,当初尼采宣布"上帝已死"之后,也继而完成了对艺术的一般界说:"艺术是权力意志最透明最亲切的赋形"。存在主义的鼻祖海德格尔则步尼采的后尘进一步宣称:"艺术是所有的存在者的出场方式。"

　　所谓功能论则以分析哲学为基础,力图为从生命自我以外的抽象活动中立论,把语言、符号、形式、结构等视为艺术创作和艺术批评的依据(图5-41),甚至进一步断言,他们是"人类精神所驾驭的可知领域的总和。"

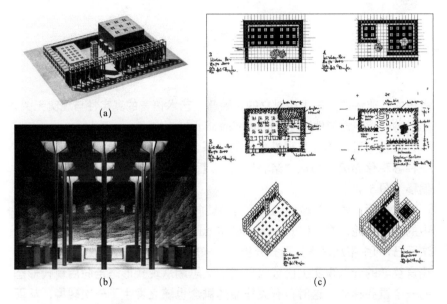

図 5-41　汉诺威 2000 年世博会 "基督教厅",GMP 冯·格康、约阿希姆·蔡斯设计,1997 年

　　该届世博会的主题是"人类、自然、技术"。在这个国际竞赛一等奖方案中,建筑师用一个长 72m 宽 36m 的矩形回廊围合成院落(图(a)),其中的主题建筑是一间 21m 见方、高 18m 的基督教大厅,它由 9 根十字形平面的钢柱支撑屋顶(图(b)),光线从中央柱顶天窗渗入,突出了细柱子的竖向性,四周墙面是半透明的薄切片大理石。场地回廊立面设双层玻璃,中间空隙填入各种表现自然和技术的材料。院落中的 25m 高由钢和玻璃建造。整个设计仅用钢、玻璃、碎石和水四种材料,建筑的含义及基督教的礼仪性均由简单的几何形体及其在场地中的位置而决定(图(c)是建筑师所做的各种草图)。

　　这座建筑在汉诺威世博会后拆除、再按修道院的样式调整后,在图林根州的一个名为 Volkenroda 的地方重建。

　　(2)从价值层面上看,形式主义展现了两极取向,即人本取向和文本取向。

　　众所周知,自工业革命和启蒙运动以来,两种文化——科学文化和人文文化——的断裂已成为一个普遍的事实。进入 20 世纪后,两种文化的分离和对立更为现代艺术思潮的价值取向和范式选择提供了迥异的参照模式,诸如宏观方面有理性至上与感性主导之争,客观主义与主观主义之分,科学化分析与非科学化经验之间的对垒等。在微观方面,即使在同一名义下的艺术思潮内部也同样存在着这种两极化。这一现象大致可以用"人本"与"文本"两方面来概括。形式主义的价值侧重点亦可如此看待。

　　(3)从表现层面上看,形式主义涉及了两种关系,一种为外部关系即情与物的关系,一种为内部关系即情与理的关系。

　　在情与物或作品与现实之间的关系上,形式主义主张艺术作品属于一个特殊的语言范畴,是与科学的、实证的语言模式(指称的、功能的、

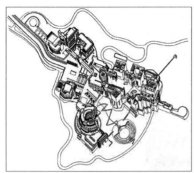

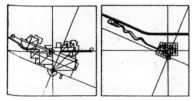

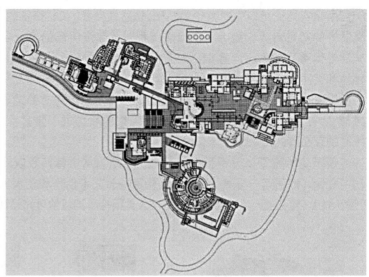

图 5-42 The Getty Center, Los Angeles, USA, 迈耶设计, 1997 年

盖蒂中心建造在洛杉矶北部圣莫尼卡山脉南侧的一个小山丘上, 包括博物馆、艺术与教育学院、艺术史与人文学研究学院、餐饮服务中心、信息中心以及行政办公楼等多个建筑。虽然远离市中心, 但该建筑群在布局上采用与之相关的两套几何格网作为控制依据: 一个是与洛杉矶市的道路网络一致; 另一个是较之旋转 22.5°、与附近通往圣地亚哥的高速公路保持平行。两套轴网有机地交叉组合, 其中的建筑形体以方和圆为母题, 并适当穿插一些娴熟的钢琴曲线作为过度与连接。整个建筑的形式语言含蓄地反映了城市与建筑 (内外关系)、规则与自由 (情理关系)。

实用的、非诗的用法) 相对立的。因此, 艺术语言的真实性与现实无关, 是一种非指称性的伪陈述 (non-referential pseudo-statement)。

在情与理或感性与理性之间的关系上, 形式主义的理论重心呈现出一种客观化趋势, 即从"亲心"(生命哲学) 向"亲物"(语言哲学) 的偏移 (图 5-42)。

在战后, 哲学领域内的"语言学转向"(Linguistic turn) 与美学理论中的"认识论转向"(Epistemological turn) 实质上是同一过程的两种说法而已, 即主张从语言的形式分析入手来解释艺术的表达问题。一般认为, 语言哲学的介入事实上已成为形式主义思潮从现代形态走向后现代形态的一个重要标志。这时, 有关作品的概念也随之发生了一次转换, 从而导致了众所周知的"文本"理论的兴起。

2) 形式主义的图本流变: 从解构到极简

"图本"是与"文本"相对立而创造出来的新词。自 1893 年摄影技术被发明之后的一百余年间, 尤其是到了 20 世纪末随着图形信息处理与传输技术的突破性进展,"读图时代"不可避免地降临了。这时, 人们发现图形或图像所传达的信息远比文字表达得更直接、更丰富、更具感染力; 而文字依然在表达的逻辑性、思想深度和抽象程度上具有优势。在图本与文本分庭抗礼的时代, 建筑形式语言也开始在隐晦抽象的概念与新奇具象的构图之间企图达成某种平衡与互释状态。于是, 在建筑的叙事或叙述中"言必称概念"已成为一种风气和惯例。

随着其他领域和学科中的概念与方法不断被引入、移植到建筑学、成为建筑设计的"自变量", 作为其"函数"的建筑艺术形式形态则在 20 世纪末随之处于一种转型与解型的快速流变之中。为了理解这一动向, 80 年代的解构主义 (De-constructionism) 与 90 年代的极简主义

（Minimalism）建筑的理论和实践无疑给我们提供了一个最典型、最极致的分析样本。

（1）解构主义之所以被视为一种形式主义，因为在面对同样一个基本问题即形式与内容的关系时，解构主义的立场同传统的形式主义没有本质区别：都要求把"形式"从"内容"的统治中解放出来。例如，在解构主义的"反等级制"和"颠倒"策略中，都明白地表明了形式比内容重要，甚至形式产生内容。这表明解构主义同传统的形式主义之间的继承脉络是分明的。但是解构主义的形式至上论，以及由此导致的一连串论点又具有其独特的阐释，在艺术创作和艺术批语领域中形成了一套特殊的理论和方法，正是这种特异性才值得我们给予单独的研究。

首先，在对"内容"的认识方面上，解构主义认为事物存在的本质状态在于它的无秩序、无中心、无等级性。"三无"论表明，意义存在的"不在场性"是主要的特征。

解构主义的这一核心论断事实上是对生活世界中两种情境原型的转译，其一是环境原型，即现实生活中普遍存在的那种非连续性的、杂乱无序的或拼贴聚集而成的城市整体意象；其二是生存原型，即由现代存在主义哲学和现代主义文学作品所共同揭示和建构起来的关于人的虚无性或异化状态。

正是基于上述主客观方面的情境体验，在 20 世纪 60 年代以来，有关意义的体验和生产中形而上学的主张（旨在使现象的多样性服从于某种抽象的统一性）和逻辑理性的有效性与合法性几乎同时成为人的发展和艺术表现的对立面。这时我们看到在后现代时期相继出现的现象学理论和解构主义哲学一正一反均表达了同一个要求：现象学之所以要求"直面事物本身"，是因为事物的本质或真实的意义是不可言说的；解构主义之所以要"解构"或"消解逻各斯中心主义"，是因为逻辑的理性法则歪曲了真实的存在（图 5-43）。

用感性来消解艺术表现过程中的逻辑性和确定性，这种观点有如《老子》开篇中所说："道可道，非常道。名可名，非常名"。《庄子·知北游》亦云："道不可言，言而非也"。对于解构主义来说，如果一味地固执于对"不可言说的言说"，其结果不但是片面的和歪曲的，而且同时也导致了对直观感性物或对"能见的"和"双手可执者"的漠视以及对生活世界的遗忘。

其次，在对"形式"的处理原则上，解构主义对建筑语言的陌生化追求是主要的形式策略。

"陌生化"（de-familiarization）是俄国形式主义文学学术研究中的一个重要术语，它要求打破普通的和流行的语言叙事模式，诸如重复、平稳、对比等句法形式和韵律、韵脚、诗节等语音习惯。在对这些习惯性的甚至是无意识化的阅读惯例进行疏远和反抗的同时，力图恢复读者的新鲜感受能力（图 5-44）。

陌生化作为解构主义的主要形式策略并非偶然，解构哲学的形成可

图 5-43 Experience Music Project，Seattle，USA。Frank Gehry 设计，2000 年

华盛顿州西雅图音乐体验工程是一座美国流行音乐体验与教育博物馆。共分为六个主题部分：天空教堂、十字路口展区、艺术家旅程空间、声学实验室、电子图书多媒体档案馆、教育之家等。每一部分均由三维曲面的彩色铝板和不锈钢板包裹。六个部分聚集挤压在一起，整体形象破碎且起伏不定，相互间没有明显的逻辑构成意图，而是呈现出一种直觉的雕塑感。

左边两个图 (a)、(b) 是一、二层平面；图 (c) 是总平面；图 (d) 是轴测图以及盖里的"下意识"构思草图。

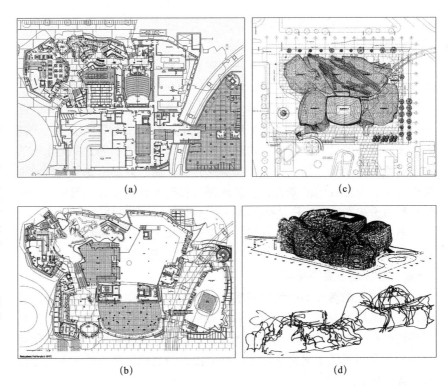

(a)　　　　　　　(c)

(b)　　　　　　　(d)

1 主体建筑物
2 附属建筑物
3 酒厂
4 葡萄园

图 5-44 Hotel At Marques De Riscal，西班牙，Frank Gehry 设计，1999 年

这是一个 29 间客房的旅馆。盖里用他惯常的破碎形体聚集、非欧几里得几何空间和彩色扭曲金属板等手法完全颠覆了传统旅馆的概念和形象，疏离了人们的阅读惯例和期待视野。相对于博物馆、美术馆等具有"艺术化"的建筑类型而言，上述手法运用在旅馆这类实用性的建筑中，并进行隆重的包装就更具有"陌生化"的效果。

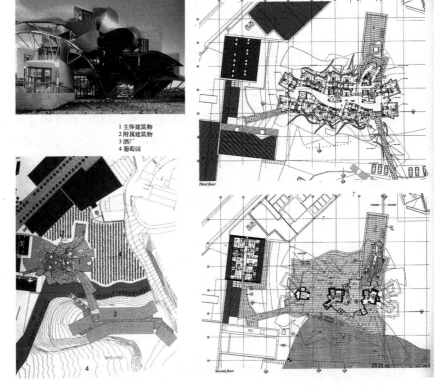

归功于雅克·德里达对于文学和文字学的研究成果，他的三本书《论文字学》《文字与差异》和《语音与现象》被认为是解构主义理论的奠基之作。其中，德里达从"符号的惑然性"和"文字的惑然性"分析着手，提出了解构主义学说中最重要的概念："延异"（defferance），并主张以"延异"取代逻各斯法则所支配的理性认知框架。所谓"延异"，其含义有三，一是差异（difference）或曰不相等、不对称。由于字符、文字、符号在不同的使用环境中呈现不同的含义，因此，能指（符号或形象）与所指（含义或意义）之间不相等，能指的容量总是大于所指的规定性。换言之，所指的出场具有或然性。二是散播（dissemination），即能指的信息交流和传播方式是非直线性和非单义性的。三是推迟（to defer），也称作延宕、待定。由于能指本身是一种多重性的具有立体构造的信息集合体，那么一个确定的意义（所指）总是不能达到自明状态下的简单呈现，而必须是在多重可供选择的意义之间进行排列、对比、筛选过程中被捕捉，从而导致意义的推迟出场。如果选择的可能性是无限的，那么选择的过程也是无限延长的。因此，意义由于被无限推迟而成为一种"不在场"的东西。以上三条含义中，第一条表明了符号的本体规定性，即立体化多重性构造，而且是"一种无法简化的多重性"（巴尔特）；第二条和第三条则分别从空间性和时间性上表明了形式意义的不确定性和不在场性。

由上可见，所谓"延异"其实就是对人们"期待视野"的改变和消解，在作品的形象方面必然导致一种典型的陌生化现象。解构建筑在其形式和形象上的陌生化，在相当程度上消解了现代主义时期以功能理性为基础的模式化、标签化的认知程式。

最后，在艺术表现的实践方面，解构主义建筑纵情于一种语言游戏之路。

游戏的一个重要时空特征是它的"非日常性"行为：它在日常环境中发生，却又有意识地隔绝之。由于形式的陌生化效果阻断了读者的"期待视野"，因此解构主义作品中所使用的"形式"既不反映环境条件，也不认同于人的经验预期，这样一来，不论是建筑师还是建筑作品都真正成为一个自足的游戏者（图5-45）。

由上可见，拒绝了环境和确定意义的游戏形态，它既不从内容中产生（如现代建筑的"形式追随功能"），也不产生内容。这种双重的"零度"态度使得解构建筑的创作实践别具一格，一方面，他们虽然也谈论

图5-45 山顶俱乐部竞赛方案，中国香港，Zaha Hadid 设计，1982年

哈迪德以一种高傲的精英意识和主角心态彻底改造了山顶植被茂盛的一处倾斜地段，并凿出大量的岩石层来配合其方案抽象构成游戏。"这个获奖方案幸亏没有建成，否则香港这一著名的地标将留下一个永远的伤口，记载着建筑师的光临"（克里斯·亚伯的评语）。

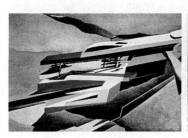
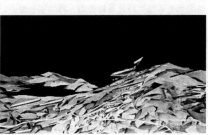

语言、符号、文本和语境、关系、结构，另一方面，他们对形式背后的意义、所指以及形而上学不感兴趣。因此解构主义建筑最终所采取的方法是，只关注生成、转换、消解、随机组合等操作过程，不做任何叙事和意义建构，让理性的认知模式在感性的游戏中自我解构。

（2）极简主义或称极少主义艺术也是一种带有批判色彩的艺术，是一个注重观念甚于形式本身的艺术流派，带有浓重的"实验"味道。实际上，现代艺术在对以审美为中心的传统艺术的冲击中，一个非常明显的特征就是强调艺术的理论和观念形态，并将艺术作品的物质客体（所需的媒介）减少到最低限度。

在面对环境与生存原型的理解中，极简主义艺术家认为艺术形式的简单纯净和无差别的重复，就是对现实生活的内在韵律的真实反映（图 5-46）。

极简主义在这里想说明的或许就是形式的简约并不意味着体验的简单乏味，这同密斯"少就是多"的观点有着内在共通性。

可见，20 世纪 90 年代以来的极简主义建筑作品在外表简单静默或静穆的形式背后，同样是建筑师对生活和社会秩序的理解与表达，这在经历了解构主义的矫揉造作、喧哗骚动的一段时期后，为形式主义的实践提供了新的样本。

我们知道，自古典主义式微以来，从城市与环境的角度观察和设计建筑是建筑师视野的一大解放，这时，建筑开始被理解为一种基于外部规则的创造过程。但是到 20 世纪末，尽管从解构主义到极简主义建筑师对于各自理念的表述不同，其作品的面貌也大相径庭，但在背后都有一个同样愿望，那就是极力排除外部的规定性，最大限度追求建筑自身的自在呈现（图 5-47）。

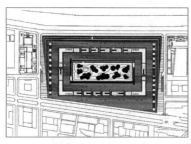 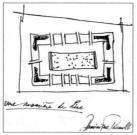 

图 5-46　法国国家图书馆，巴黎，多米尼克·佩罗（Dominique Perrault）设计，1989 年

20 世纪 80 年代，密特朗总统为纪念法国大革命 200 周年而筹划了振兴巴黎的十大工程（包括卢浮宫扩建、德方斯大拱门、巴黎阿拉伯文化研究中心、财政部大楼、奥塞尔美术馆、拉维莱特公园、科学工业城、巴士底歌舞剧院、法国国家图书馆）。因此，这个国家图书馆也叫"密特朗国家图书馆"。

图书馆的高层部分如同四本打开的书似的四座 L 型玻璃大厦，四个塔楼建筑造型及立面完全一致，没有差别，被认为是"新密斯风格建筑"。四个塔楼的基座连成一体，外观如同覆斗，经由 52 阶木质台阶可上至屋面平台。中央是被四个塔楼围合而成的有八个足球场那么大的下沉式绿化广场，整个地面用木板铺装。从屋顶平台乘电梯下到阅览区，透过巨大的玻璃窗，就可以看到整个长方形院落中内浓密的森林，那里栽有从诺曼底森林移来的成年松树、白桦、橡树等。阅读环境有点超现实的感觉。

按照佩罗的设计概念，这个中心花园是伊甸园的隐喻——一个知识与罪恶的根源地。整个建筑群就围绕这个自然空间进行组织，整个建筑的叙事也是围绕这个隐喻而展开。

该设计在 1995 年建成，1997 年 3 月 10 日被授予欧洲建筑师密斯·凡·德·罗奖。

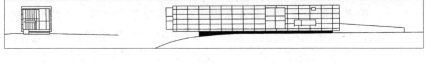

图 5-47 Fishing Museum, Rogaland, Norway, Snohetta 设计，1998 年

这是一个位于挪威西海岸边一处岩礁高地的小型渔业博物馆，尽管附近有一个小海湾和优美的岸线，但是，建筑师却有意识地忽略了客观的环境特征而仅仅把建筑简约形体的展示作为唯一目的：一个中立的、雕塑般的长方体被精心地横放在自然风景之中，并以其绝对尺度和与外界的疏离关系完成了对环境的征服，从而体现建筑自身的完整性和重要性。

极简主义建筑简单至极的形体所传达的不是抽象，而是一种绝对性或自治性。这就使得其作品摆脱了与外界的任何联系，它既不表现或反映除本身之外的任何东西，也不参照或不意指任何属于自然或历史的内容，以独特自足的形式建立一种属于自己的内省式观照对象。这样极简主义作品就成为独立于外部规则的封闭的自我完成体，并凭借这种简约直接的形式在与环境的强烈对比中来产生对观众的视觉冲击力。因此，强调作品自身的存在感所形成的"自在客体"是极简主义建筑的普遍特征（图 5-48）。

除了追求简单自足自在形体之外，在信息时代或图像阅读背景下，当代建筑的视觉表现开始被引入传播理论和哲学范畴中进行研究，由此，"表皮"也获得新的建筑学内涵与地位。可以说，此时对于建筑表皮的新态度和新表现是当代极简主义建筑区别于阿道夫·路斯（Adolf Loos，1870—1933 年）以及密斯时代极少主义建筑以及现代主义国际式方盒子

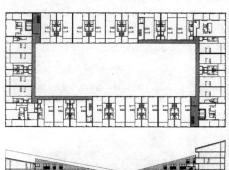

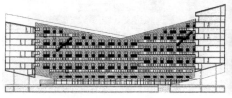

图 5-48 Whale Housing, Amsterdam, Netherlands, De Architekten Cie 设计，2000 年

"鲸"住宅位于阿姆斯特丹市中心某河边 Borneo Sporenburg 港口原址的基地上。它由一个长方形四合院的简洁形态沿着长度方向两头弯折翘起，既为了处于庭院内部低层住户的获取充分的采光，也使得建筑形象如同一头上岸的鲸，从而让这个灰色的庞然大物在周边低矮褐色的环境中凸显出来。简单形态加之抽象且克制的拟态处理，仍不失一次对于"自在客体"的完美呈现。

建筑的一个重要方面。

在建筑历史中，"表皮"（surface）是一个清晰和单一的概念，建筑表皮通常被理解为建筑空间的围护（enclosure）部分，即围护结构自身或围护结构的外饰面。近年来，由于对非传统性材料的选择和创新技术的应用，建筑表面已变得越发重要。大卫·勒斯巴热（David Leatherbarrow）和莫森·莫斯塔法维（Mohsen Mostafavi，哈佛设计学院院长）在 2002 年出版的专著《表皮建筑学》中论述了自 19 世纪末建筑的外皮（skin）与结构相脱离以来，建筑表皮成为外墙与承重结构之间争夺的焦点。越来越多的建筑师认可表皮设计是建筑整体中的一个不可或缺的部分。

极简主义建筑师审视了建筑表皮的表意功能，在极简艺术理念的框架之下，很多极简主义建筑师通常选用非天然或工业材料，比如不锈钢、电镀铝板、彩色玻璃和混凝土素面等。他们认为，传统建筑中一直被人们认为是具有艺术表现力的材料，诸如木材、石材甚至青铜和生铁等，都在暗示着人性的存在，而且，像木材和大理石中那些天然的质感和纹理，也暗示着材料与大自然的密切联系，容易引起观众对于作品之外的非建筑学的情感，从而损害极简主义关于作品本体的表现性。因此，抽象冷峻、没有历史内涵、没有生命感的现代工业材料自然成为极简主义建筑表皮的首选材料（图 5-49、图 5-50）。

图 5-49 Fukushima Gender Equality Center，日本，Maki and Associates 设计，2000 年

建筑位于 Nihonmatsu 市传统城区中的一处坡地，集培训、会议、展览与住宿于一体。建筑物的下半部分埋在坡地中，表皮用混凝土素面；上部是钢框架结构与大面积玻璃窗，外挂竖向遮阳百叶。简洁通透的形体在凝重的基座之上有一种漂浮感。

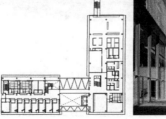

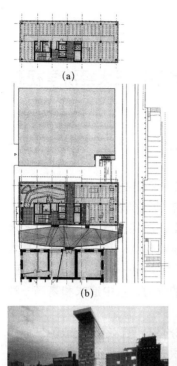

(a)

(b)

图 5-50 Colorium, Dusseldolf, Germany, Alsop 设计，2001 年

这个办公大楼设计是杜塞尔多夫滨水地区复兴计划中的一个项目。建筑用地是一个狭长的半岛式的场地。大楼高 62m，共 17 层。建筑师没有采用流行的商业式样，而是在极简的体块表面独立划分出一种抽象方格体系，方格网的水平分割与建筑层高无关，立面不反映内部信息，方格中镶有 17 种不同规格的彩色玻璃板，从而使建筑立面呈现一种取悦于视觉的错综复杂的整体图案。建筑顶部安装一个暗红色的可随日照条件而旋转和伸缩的遮阳帽。

图 (a) 是大楼标准层平面；图 (b) 是首层平面。

以上，我们从对一些解构主义和极简主义建筑作品的概略分析中，大致梳理了"具有无穷的复杂性"的建筑形式与形态的构成问题。其实，每一种建筑理论、建筑思潮以及每一种创作倾向都有其主张遵循的优先法则，同样也有其明显的内在矛盾。明乎此，就不应该执意于论断孰优孰劣，一切以时间、地点、条件为考量依据。建筑既是一种实用工具，又是一件艺术作品，这种双重性使得建筑师在建筑设计中总存在一种对目标的追求，既包含对现实问题的估量与解决，也包含我们渴望的某种东西。

第**6**章　决策与评价：方案设计阶段三大经济学视野

　　建筑是艺术与技术的结合，这一经典的概括，不论在结果上还是在方法上均反映了建筑设计的二元一体性。

　　首先，在结果方面，对于建筑来说存在着两个观察角度：

　　第一种是**"作品观"**，它侧重于建筑形态的视觉表现和分类。例如建筑的空间、形式、体量、尺度、比例、光影、质感、色彩、景观构图等美学结构和风格形象方面的内容构成了建筑物作为一种艺术作品的基本判据。在未来相当长的一段时期内，建筑仍然需要一个形式或一种表面，在空间形式上仍然需要充斥情感的和符号的张力，从中追求和高扬一种个人化的抒情价值和理想。

　　第二种是**"产品观"**，它侧重于技术经济的效果评价和获取。例如建筑的土地位置、建设规模、容积率、使用面积或营业面积的比例、所有权、建设周期、投资效益、维护费用、折旧率和全寿命周期成本等构成了建筑物作为一种产品生产的核算内容。

作品观与产品观：
使用两种语言，涉及两套术语，侧重两类思维，划分两层设计，其实是一个过程——建筑方案设计是决定艺术性和经济性的关键环节。

　　其次，在方法方面，由于作品与产品反映了不同的侧重点，因此，设计建筑又被分为**"显性设计"**和**"隐性设计"**两种：

　　显性设计是一种视觉设计，它高扬形象思维与人文价值并侧重于对社会文化、艺术符号和审美风尚的象征性表现与传达；

　　隐性设计是一种工程设计，它侧重于产品的安全性、功能实现、环境生态、建筑结构和技术的选择与应用中的经济效果。

6.1　经济学视野之一：技术经济论

　　在传统的教育中，建筑师常常被优先培养成一个艺术家，建筑设计的经济问题只是在一种特殊的联系中才会提到它，例如在工业建筑设计中。此外，从经济学的角度来研究建筑设计，这一主张似乎立刻对建筑师的传统地位造成一种威胁，即他们引以为傲的创造性似乎被缩小成一系列的经济计算和工程合作过程的协同角色。究其原因在于艺术范畴中的各种各样的"创造理论"，它们几乎删去了建筑生产过程中的某些至关重要的细节，而更多地在精神心理分析的概念上阐述有关"创造力"的流行论断。

6.1.1　现代建筑设计从属于社会生产

　　首先，建筑设计从构思到建造包含不同程度的社会部门间协调与合作的现实，决定了建筑设计就是一种社会生产，即是一项包含有大量现实的、历史的和经济因素的复杂系统工作。

其次，当设计思维以复杂的社会实践活动为对象时，它就具有了不可逆性。不难理解，一项复杂的社会工程实践，不同于自然科学的实验，后者可以排除各种干扰在典型的环境下进行重复的实验。而复杂的社会工程建设，例如一项耗资巨大的建筑工程则不允许进行反复的试验和遭受失败。正是由于工程实践上的这个特性，要求行动前的设计决策尤其需要系统地考察内外因素、全面地衡量前因后果，准确谨慎地选择设计方案。

最后，强调建筑设计是一种社会生产，建立这种认识的目的，并不是要探究"美"或"艺术价值"这些概念本身是什么或应该是什么，而是说明，建筑中的"艺术价值"不会因经济因素的参与而减少，减少的只是某些过分浪漫的和神秘的艺术观（图 6-1）。

工业革命一百年后，现代社会的技术性和经济性要求持续拓展了建筑师的工作范围和设计的可能性。尽管在美学价值方面，设计的个人化是无法替代的，但个人化无助于使建筑艺术同其他艺术区别开来，无法认识到设计的特殊规定性。设计的社会生产论则揭示了这种差别，构成了建筑艺术的独特基础（图 6-2）。

遗憾的是，"水晶宫"之后相当长的时期内并没有明显的追随者和模仿者，因为在当时它更被看成是一个工程而非建筑。事实上它反而更加强调了技术经济与正统建筑文化之间正在扩大的分歧。直到 20 世纪初现代建筑运动时期，社会技术经济才成为建筑设计的根本目标之一：与美学等量齐观。

现在，工业化时代远去了，信息化时代来临了，轻巧鼠标的幽暗荧光代替了高耸烟囱中的浓烟煤火，成为社会创造力的象征。然而，想通过大量图形信息形成对建筑设计的全面认识是困难的，建筑实录或建筑

图 6-1 《建筑师的梦想》，托马斯·科尔（Thomas Cole）美国著名风景画家作品，1840 年

（建筑）艺术生产与社会经济力量的关系研究可以追溯到工业革命时期。经济史家们把 1760 年到 1830 年间这段时期称为工业革命/产业革命时期。

在建筑设计史中，这段时期正是新古典主义（折中主义和浪漫主义）盛行之时。建筑设计中的主打产品（basic product）得益于 18 世纪以来欧洲在世界范围内的考古成就，考古发现成为建筑设计的灵感和构思的重要资源。同时这段时期也预示了建筑设计传统与当时社会经济与技术的分裂之开始。

图6-2 "水晶宫"（Crystal Palace），约瑟夫·帕克斯顿（Joseph Paxton）设计，1851年

1851年为第一届世博会"伦敦大展"（Great Exhibition of 1851 in London）而建造的水晶宫，帕克斯顿以他建设铁路和温室的经验，在一个最初是画在一张电报表格背面的前卫设计而战胜了233位建筑师一举中选。这个宫殿——总占地70万平方英尺（6.5万㎡），有1300个展馆，耗资23万英镑，自1850年秋到1851年1月共17个星期内越冬竣工，并在1851年5月1日准时开放——看起来浓缩了现代设计中艺术与技术的双重理想。之后水晶宫被拆除搬迁至伦敦西部再度以原构件复建，直到1936年被大火焚毁。

建筑经济学：建筑业与工业并重属于第二产业。在经济学科体系中，建筑经济学属于部门经济学，为国民经济的支柱产业之一。

建筑设计经济：是建筑经济中的关键环节。主要涉及：
①建筑设计的地位和作用；
②功能标准和技术适宜性；
③可行性与项目前期策划；
④价值工程的应用；
⑤全寿命周期成本分析；
⑥资源可持续利用问题；
⑦建筑节能和循环问题；
⑧方案评价方法和指标。

师作品集之类的期刊大多没有系统且连贯的看法，只是侧重一些精彩的图片细节和创作轶事。因此，需要从更大的视野来观察和丰富建筑学的基本知识。

事实上，有关"艺术经济学"或"文化经济学"的相关研究在西方国家开展得较早，到了20世纪60～70年代基本形成。其文献积累亦很多，只是圈外人鲜加注意或少感兴趣而已。

抛开一些深奥的理论性专著不说，英国学者珍妮特·沃尔芙的《艺术的社会生产》（The Social Production of Art，Janet Wolff，1981）是一本专门针对学习艺术和社会学的学生而作的论著，她从社会学的观点来研究艺术，把"艺术"看作是集体性的成果，指出艺术的社会生产包含三方面：①社会规定；②技术；③经济因素。作者认为，与文艺复兴时期所流行的"天才"艺术观不同，今天，

> "我们的每一行为都作用于社会结构，并且也因此必然受到社会结构的影响。但这并不能导致以下结论：为了成为自由的动因，我们必须设法使自己从社会结构中解脱出来，并且在它之外行动。恰恰相反，正是这些结构和制度的存在，使我们的活动——无论是顺应的行为还是反叛的行为——成为可能"。

纵观建筑设计历史，社会规定与技术经济一样，始终在一次一次地修正建筑设计的任务。例如，作为社会规定而颁布的城市规划大纲、行业技术规范、能源消费政策导向、环境影响评价等内容，既改变了建筑的外貌，也改变了建筑的性能。

中国建筑学会**建筑经济**学术委员会自1979年成立以来，始终将建筑经济中的**设计经济**作为其核心关注内容之一。再引申开来说，我国学者最早提出要建立艺术经济学是在20世纪80年代早期。此后，直到21世纪初，冠名"艺术经济"的论文也不过十余篇，而真正探讨设计经济学的文章只有几篇。在这个领域，从理论到实践我们至少已经落后了数十年之久。我国对建筑设计经济学的研究显然是很不充分的。

也许，在建筑设计中，没有单一的决定论。无论是把建筑看作是艺

术创作，还是把它看作是社会生产，艺术性和经济性之间并不是不相容的。对其中每一个方面的正确理解都将会揭示出它们的相互依赖关系。在这方面，改革开放以来的商品住宅设计的发展已经充分地揭示了审美领域与审美外在因素之间的互补研究在实践中的积极意义，可以说，不论是知识结构方面，还是设计思想方面，在艺术与经济这两大范畴之间重建一种平衡意识和能力将是未来建筑设计和方案决策的指向和基础。

概而言之，艺术的社会生产论在本质上正在改变着当代建筑设计的依据、目标、评价标准。

6.1.2　建筑的市场属性及效益的概念

从经济学的角度看待建筑设计必然涉及效益问题。这是因为在经济学的视野之中，建筑物不仅仅是一个具有艺术价值的作品，而是作为具有双重市场属性的产品被认知和分类。

第一种市场属性是公共服务性，即建筑物作为固定资产。

所谓固定资产是指在一个较长的时期内（如我们国家制定的五年计划等）为社会生产或生活服务的一切物质资料。它进一步划分为两大类：

其一是生产性固定资产，如厂房、仓库、道路、桥梁、码头港口及机器、车船、飞机、设备等；

其二是非生产性固定资产，如公共建筑、住宅、校舍等等。

第二种市场属性是财产性，即建筑物作为不动产。

所谓不动产，其首要特征是它与土地的紧密联系。所有能区分不动产与非不动产的特点都源于这个联系。例如，美国的法律规定：不动产包括土地和土地上的所有自然实体部分（诸如树木、矿藏等）以及附着在土地上的人工实体部分（建筑物、场地改良物等）。所有永久性的建筑附着物（水管道、电源开关、暖气等）以及室内设施（电梯等）一般也认为是不动产的一部分。

因此，不动产首先包括土地、建筑物及其某些地面固着物。另外，它也是一个法律概念，是指土地和建筑物的所有权，以及内生于所有权的各种权益、权利和经济收益等无形资产：如使用权、出租权、交易（出售）权、租金收益权等（图 6-3）。

图 6-3　广东云浮县石围乡土改：焚烧地契（1953.2.19）

这个具有仪式化的场景不仅具有象征意义，更具有本质作用：销毁或改变地契将从法律层面上彻底改变土地（或其他不动产）的所有权归属关系。

基本建设：它对一个地区或城市的生产力布局将产生深远影响。如城市中的基础设施、区域间高速公路和铁路、机场、经济开发区选址等等建设项目对提升城市竞争力和再生产能力具有决定性的影响。

生命周期评价：一般认为其开始的标志是在 1969 年由美国中西部资源研究所（MRI）所开发的针对可口可乐公司的饮料包装瓶进行评价的研究。

1990 年由国际环境毒理学与化学学会（SETAC）在首次主持召开了有关生命周期评价的国际研讨会上将生命周期评价定义为："生命周期评价是一种对产品、生产工艺以及活动对环境的压力进行评价的客观过程，它是通过对能量和物质利用以及由此造成的环境废物排放进行辨识和量化来进行的。其目的在于评估能量和物质利用，以及废物排放对环境的影响，寻求改善环境影响的机会以及如何利用这种机会。这种评价贯穿于产品、工艺和活动的整个生命周期，包括原材料提取与加工；产品制造、运输以及销售；产品的使用、再利用和维护；废物循环和最终废物弃置"。

可见，不动产概念包含有形部分（土地及建筑物等）和无形部分（所有权及其派生的权利束）。

建筑物不论是作为固定资产还是作为不动产，它们的形成都要经过一个"**基本建设**"的过程，即以投资的形式进行固定资产和不动产的生产与再生产的过程。投资的主体可以是国家、地方政府或企事业单位乃至个人。在签订的工程合同中，他们又被称作"甲方"，建筑设计院和施工企业作为"乙方"，分别负责整个固定资产投资项目中的方案设计和工程建设两大阶段工作。

在整个建筑生产链条中，建筑方案设计虽然是其中一个较短的工作阶段，但却是一个关键环节。国内外大量工程案例统计表明，方案设计阶段的时间和费用约占工程周期和投资的 1%～2% 左右，却对整个项目成本及其经济性的影响达到 35%～75%。工程越复杂，设计的影响就越大。

总之，无论生活中的建筑物具有何种身份，也不管人们如何看待身边的建筑，归根结底它是一项投资的产物，或者说是一次需要获得效益的投资过程。

建筑效益是衡量投入与产出之间关系的一个因变量。

广义的投入，不仅包括生产要素的有形投入，诸如前面提到的生产性固定资产以及土地、资金、能源、材料与劳动力等这些可以用货币量来衡量的因素，更重要的是它还包括很多无形因素（intangible elements）的投入（如管理、培训、时间因素等）。它们构成了**生命周期成本**（Life Cycle Cost, LCC）。自 20 世纪 70 年代以来，**生命周期评价**（Life Cycle Assessment, LCA）的思想和方法是认识广义投入的一个良好的开端。经过几十年的实践，现在更多的人喜欢称 LCA 为"从摇篮到摇篮"来取代"从摇篮到墓地"的说法，以此强调最后的再利用：分解——重用——再生，即所谓的"3R"（Reduce, Reuse, Recycle）正是这一认识的深化。

广义的产出，同样包括不动产等有形的产出和无形的产出两种。后者如大气污染、噪声、时间（延期/提前）、日照与眩光以及风景等这些难以换算成货币价值的因素。

当前，很多建筑设计的重心都倾向于关注环境方面的影响，例如节能减排、再生材料的使用和低放射产品的开发等。这无疑是构成建筑效益的积极内容。然而，如果仅仅集中考虑某个单一标准，就可能忽略其他更重要的环境整体质量。事实上，人们越来越认识到，过去许多环境项目只是成功地将污染从一种媒介转移到另一种媒介，例如从水到空气。现在则需要一种更加全面的应对策略。

以美国为例，美国国家住宅建设者研究中心联合会（National Association of Home Builders Research Center, NAHB/RC）估计，新的住宅建筑每 $1m^2$ 的建筑面积会产生 3～5t 的废物。建造和拆毁（Construction and Demolition, C&D）中的原料估计占垃圾掩埋体积的 20%～30%，废物掩埋成本一般在 20～80 美元/t（1997 年）。鉴于此，美国一些地方已经通过了关于 C&D 废物再生计划的法律，它要求在建筑设计或建筑物拆毁之前，建筑师或承包商应该准备 C&D 废物管理计划（C&D Waste Management Plan）。这方面很值得我国借鉴。

若对建筑效益换一种说法，则可分解为三层含义：

首先是**经济效益**：建筑物作为不动产应带来投资上的收益、超越投入成本的利润回报。

其次是**社会效益**：建筑物作为人们活动的容器和场所，在安全性的前提下提供符合一定标准的空间并满足特定的功能。

社会效益很难精确化。但就一些具体项目而言，通常用基本功能指标（如住宅套数 / 每公顷、医院建筑面积 / 床位、图书馆藏书册数等）以及必要的辅助指标（如服务半径、使用人数或利用率等）来衡量；就一些重大建设项目，则通常用"社会影响评价"（Social Impact Assessment，SIA）进行综合评估。

对建筑工程而言，这种较为全面的社会效益分析，显然主要适用于一些比较大型的项目，如旧城改造或新区建设，新的卫星城、科技开发区、大型工厂建设及其生活区的选址等。

再者是**环境效益**：建筑物作为城市空间中最具有影响力的实体，必然对周围的自然和生态环境产生显著的物理作用。

大多数情况下，人们常常关注建筑对环境的消极方面。因此在环境对策中，最重要的一条就是立法。一般来说，各国的环境保护法中都要求在大型工程或可能造成严重公害的项目建设之前，必须进行"环境影响评价"（Environmental Impact Assessment，EIA），并且根据评价结果，在工程设计中采取必要的技术措施，以确保环境质量（Environmental Quality，EQ）。

世界各国在环境质量要求上所列的指标项目大同小异。以美国为例，美国国家环保局（NEPA）在 1969 年制定的 EIA 指标体系，主要由 8 个部分组成：空气、水、土地、生态、音响、人文、经济、资源。我国在环境立法也取得了明显的成果，包括：

（1）《中华人民共和国大气污染防治法》2015.8.29
（2）《声环境质量标准》GB 3096—2008
（3）《中华人民共和国环境影响评价法》2018.12.29
（4）《绿色建筑评价标准》DB11/T 825—2021
等等。

一言以蔽之，建筑效益构成是三者统一，而且过程与结果并重。

6.1.3　技术经济原理

我国早在 20 世纪 50 年代第一个五年计划时期就开始关注建设项目的经济分析工作，经济学家于光远首先提出"重视工程项目的经济效果"的观点；60 年代技术经济学的学科名称虽然得以确定，但我们并没有能

社会影响评价：美国 Olsen 等人在 20 世纪 70 年代为 SIA 分析提出了一个庞大的包括 50 项指标的"生活质量指数"（Quality of life，QOL），其中大的方面包括：人口、经济、社区结构、公共服务、社会福利等五项主要内容。

《中华人民共和国环境保护法》于 1989 年正式实施。随着经济环境的变化与发展，2003 年全国人大成立环境与资源保护委员会。2014 年 4 月，全国人大常委会正式通过《环保法》的修订，自 2015 年 1 月 1 日起施行。

够明确地界定技术经济学的研究对象和研究范畴，始终认为项目评估只是基本建设的一项程序性工作，所以直到 80 年代前技术经济学一直没有得到长足的发展。

改革开放以后，由于认识水平的不断提高和理论工作者的不断努力，技术经济学这个有中国特色的学科体系才得以确立，这与学科自身研究对象的逐渐明确有很大的相关性。作为一门新兴的学科，技术经济学并不是工程技术与经济学的简单合并，而是二者有机融合，交叉贯通而产生的新的科学。

技术经济学是研究、比较、论证和预测工程建设中所采用的技术政策、技术措施、技术方案的经济效果的专门学科。

暨南大学管理学院刘人怀院士在查阅《中国固定资产统计年鉴》后发现，从 1958 年至 2001 年（"二五" ~ "十五"期间），我国投资项目的失误率接近全部项目的 50%！（科技日报·2007.4.11）。

另据世界银行估计，从"七五"到"九五"（1983—1997 年）的 15 年间，我国的投资决策失误率在 30% 左右，资金浪费及经济损失大约在 4000 亿至 5000 亿元。

再据国家统计局数据，我国固定资产投资效果系数（元/百元）呈现下降趋势。1985 年为 70.1，1990 年为 37.2，1999 年下降为 11.6，2000 年也只有 27.5。

由上可见，技术经济问题在工程实践中具有必要性和紧迫性。

纵观其发展，技术经济理论大致经历了五个阶段，可概括为五个论点：效果论；要素论；关系论；增长论；综合论。

（1）效果论：效果论处于初级阶段，却是最基本的内容。主要侧重于微观的、短期的、个别重要指标的评价，诸如一次性投入与产出的简单比较、资金的时间价值计算、在多方案之间选择几项重要指标进行比较等（图 6-4）。

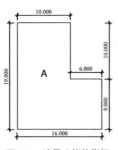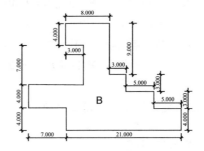

图 6-4　选择比较的指标

建筑面积与平面周长之比（A：420m²；B：600m²）

建筑物 A=420/488=0.86，建筑物 B=600/488=1.23。

假定建筑外墙费用占总造价的 20% ~ 30%，则 B 比 A 的费用多 10%。如若再考虑建筑节能要求，那么，B 比 A 的建造和维护的综合费用就会更高。

（2）要素论：从物质生产的角度，经济学常常把各种投入概括为少数几种典型的分析要素，其中，土地、资本、劳动力和管理者才能（知识）是最基本的四种生产性要素。有时也可以简化为土地、资本、人力三要素。相应的建筑市场主要涉及四大领域：

①金融市场；②土地市场；③劳动力市场；④产品市场

其中，产品市场包括有形产品，如建筑物、装配构件、材料设备、施工机械等等；也包括无形产品，如策划、设计、勘测、咨询、监理、培训等技术服务类。目前，建筑设计经济主要关注土地市场与产品市场的决策与设计。

历史上，有关土地利用与产品形态关系的研究可以追溯到现代中庭式建筑的复兴时期（图 6-5）。

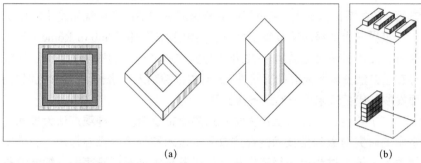

(a) (b)

图 6-5　Fresnel 方形研究

在 1966 年 4 月出版的《土地的使用和建造形式》中，勒斯里·马丁爵士（Sir Leslie Martin）与里奥内尔·马奇（Lionel March）曾经做过一个有趣的研究。他们以法国数学家菲涅尔（Fresnel，1788—1827 年）的研究成果——"Fresnel 数学方形"——作为依据展现了塔式或板式高层与中庭院落式建筑类型之间的互换性：

在 Fresonel 方形 / 方框里，每一圈的面积都相等（图 (a)）。这样，西方独立集中式建筑与东方庭院分散式的两种对立的营建思路作为一种数学选择而被统一起来。

当代中国有关建设土地利用与产品类型关系的问题在房地产开发过程中显得尤为突出，以至于最终导致相关政策的修订。

2006.5.29 国务院颁布了由建设部、发改委、监察部、财政部、国土资源部、人民银行、税务总局、统计局、银监会等九部门联合制定的《关于调整住房供应结构稳定住房价格的意见》，涉及税收、信贷、土地政策等六条规定，称为"国六条"："自 2006 年 6 月 1 日起，凡新审批、新开工的商品住房建设，套型建筑面积 90m^2 以下住房（含经济适用住房）面积所占比重，必须达到开发建设面积的 70% 以上。"同年，停止审批别墅项目用地。

（3）关系论：认为技术经济学是研究技术和经济之间相互矛盾、相互促进、相互影响关系的科学，重点是研究技术与经济协调发展的条件、规律，以取得最佳的效果。这种观点在以往研究的基础上，主要侧重于政策导向、产业结构、技术扩散理论以及价值工程理论等等。20 世纪 80 年代后期和 90 年代初持这种观点的学者较多，主张建筑业在国民经济发展中应成为主导产业。

美国经济学家罗斯托在 20 世纪 50 年代提出，成为主导产业应具备三个规定性：①能有效吸收新技术；②本身具有较高的经济增长率；③能带动其他产业的增长，即有扩散性。

我国建筑业在改革开放 20 年后，与国民经济各部门的依存关系越来越密切，在建筑业总产值中约有 60% 以上是其他部门产品的转移价值。建筑业作为主导产业的地位已经确立。

（4）增长论：也称资源论。一方面，上述四种生产要素（土地、资本、劳动力、管理者才能），包括市场主体（政府、企业、个人）和市场客体（土地、资本、能源等生产要素）等也常常被视为生产资源而被重新认识；另一方面，在关系论基础上，侧重于研究资源配置的最高和最优用途（HBU）。

世界三大顶级决策智囊团之首罗马俱乐部（The Club of Rome）早于西方石油危机爆发之前的 1972 年 3 月完成的《增长的极限》认为，极限存在于自然资源和能源的有限性。因而主张控制人口增长，在观念上以"全面发展"代替追求单一的经济增长率。

（5）综合论：即对上述多种观点的概括综合。这种观点认为技术经济学的研究对象包括技术的经济效果；技术和经济的相互作用、协调发展关系；技术进步促进经济增长规律以及技术创新理论等等。综合论是目前比较客观全面的观点。20 世纪 90 年代中期以后，综合论在技术经济学界逐步占据了主流地位，得到了大多数专家学者的赞同。

综合论的一个核心思维在于，它不但关注资源配置的最高和最优用途，同时也关注其中的代价问题，是一种涉及投入与产出、正效益与副作用等正反两面的可持续平衡发展路径。

需要指出的是，建筑设计有多重目标，适用、经济、美观、环境质量与生态性等作为共同的目标群，它们之间显然存在着相互竞争的关系。设计过程也因此会涉及对于许多相互联系和相互制约或相互竞争的各种因素之间的侧重和取舍。从经济学的角度考虑这些关系，在很大程度并不意味着这些关系会像数学函数关系那样紧密和准确严格。

正是由于这种情况，如果说技术经济关心的是"最优结果"，那么现代建筑设计所关注的则是在综合平衡或妥协下的"满意结果"。"最优"是理论上的，"满意"才是现实的。而且，对于建筑设计而言，由于一些人秉持"艺术至上"的原则，也使得技术经济分析中得出的结论往往是非最优化结果。

但是无论如何，设计经济学要求建筑师在确定方案时应该尽可能多的比较可供选择方案的成本与效益。从这个意义上讲，当代设计的概念不仅仅是关乎技巧的，而是本质上更关乎设计者是怎样工作和如何思考的。

世界三大智囊决策机构：

①罗马俱乐部：侧重于社会趋势和政策发展战略预测；

②美国兰德公司：侧重于商业信息分析和公司决策；

③日本野村综合研究所：侧重于技术产业、区域规划和经营咨询等。

6.2 经济学视野之二：空间价值论

对于空间的关注和评价，自建筑学诞生以来就一直是理论与实践的焦点，空间与形式一道构成了建筑学的本体内容。这里的空间概念大多是指建筑的内部分割的结果，以功能实现和艺术表现作为评判标准。建筑的外部空间则交付城市设计和城市规划的人员去打理，建筑师的工作只在场地红线内画地为牢。

然而，在经济学的范畴中，建筑外部空间的概念常常与土地、位置、环境乃至地理和气候条件等概念密不可分。这意味着某些宏观的和外在的现实因素有可能对建筑空间与建筑物本身的价值产生深刻影响，甚至是决定性的作用。

6.2.1 土地：空间的位置属性与价值

建筑物是一种不动产，其价值是与土地紧密联系在一起的。

1）土地的概念与特性：联合国粮农组织 1976 年制定的《土地评价纲要》中，对土地作了如下定义：

"土地是由影响土地利用潜力的自然环境所组成，包括气候、地形、土壤、水文和植被等。它还包括人类过去和现在活动的结果，例如围海造田，清除植被，以及反面的结果，如土壤盐碱化。然而纯粹的社会特征并不包括在土地的概念之内；因为这些特征是社会经济状况的组成部分。"

土地是土地经济学研究的物质客体。在现实经济活动中，绝大部分的土地资源都经过人类长期开发改造与使用，投入了大量的人类劳动和资金并形成了各类成果。可见，现实的土地已不仅仅是一个单纯的自然综合体了，而是一个由各项因素参与并综合了人类正反面活动结果的准自然化存在——经济综合体了。

从总体上说，土地具有一系列与其他物质相区别的特性。概括起来，土地的基本特性包括自然特性和经济特性。

（1）土地存在四个自然特性：位置固定性、面积有限性、质量差异性、功能永久性。

土地中天然的可供人类利用的部分就叫土地的自然供给。因此，土地的自然供给又称为土地的物理供给或实质供给，它是指地球供给人类可利用的土地的数量，这个数量包括已利用的土地资源和未来可利用的土地资源，即后备土地资源。土地的自然供给是相对稳定的，不受任何人为因素或社会经济因素的影响，因此它是无弹性的。

（2）土地存在五个经济特性：土地供给的稀缺性、土地利用方式的

土地经济学：1924年美国经济学家伊利和莫尔豪斯合著的《土地经济学原理》的出版，标志着土地经济学从一般经济学中分离出来成为一门独立学科。土地经济学的研究领域完整地说包括三个方面，即土地利用经济、土地制度、土地价值。

土地供给：我国现有土地面积居世界第三位，但人均仅及世界人均 1/3。据 2006 年《全国土地开发整理规划》提供的测算数据，全国土地开发整理补充耕地的总潜力约合 2.01 亿亩。其中，土地整理补充耕地潜力约合 9000 万亩，占补充耕地总潜力的 45%。"十五"期间，通过土地开发整理，全国补充耕地 2140 万亩，同期建设占用与灾害损毁耕地为 2022 万亩。国务院总理温家宝多次强调：18 亿亩耕地是最后红线！

相对分散性、土地利用方向变更的困难性、土地报酬递减的可能性、土地利用后果的社会性。

土地的经济供给，是指在土地自然供给的基础上，投入劳动进行开发以后，成为人类可直接用于生产、生活各种用途土地的供给。开发新土地、用地结构的调整等活动都影响土地的经济供给。土地的经济供给是个变量，土地经济供给也是有效供给。

人类对土地的需求不外两大类：农业用地需求和非农业用地需求。在非农业用地中，城市化占据最大比重。以城市化过程中的人口变化为例，至 2012 年我国城镇人口已达到 51% 左右。

土地市场：1990 年，国务院颁布《中华人民共和国城镇国有土地使用权出让和转让暂行条例》，史称"新土改"：土地使用从"三无"（无偿划拨，无限期使用，不准流通）变成"三有"，为房地产发展奠定了基础。2002 年，国土资源部 11 号令《招标拍卖挂牌出让国有土地使用权规定》，业界称为"新土地革命"或"地改"。

2）土地的价格与价值：建筑用地的需求有赖于城市土地的经济供给。其中的土地是一种特殊的商品，其价格形式与本质有着与一般商品价格不同的特点。在土地的交易过程中，不只是市场的买卖双方参与土地交易，而是有众多的参与者：除购买者、出售者之外，还有出租人、承租人、抵押人、贷款人、经营者、政府管理部门、中介机构等。在土地交易过程中各参与者要发生以土地交易为核心的各种经济关系，如签订各种经济合同、资金结算、办理各种法律手续等。这种为实现土地交易而进行的各种活动及经济关系就构成了土地市场。

从市场理论上讲，在一定的价格水平下，似乎所有的土地均可出售。但从现实的土地市场而言，市场供给只是土地总量中的待售部分。同时，由于土地位置的固定性和土地市场的地域性，无法形成统一的市场价格——即使是在北京与天津两个毗邻紧密的大城市之间，甚至同一城市中的不同城区之间也常见地价的显著差异——各市场之间的地产增值与贬值等相互影响不强烈，具体价格只依赖于当地的供给与需求情况。

土地价格实质是土地的权益价格，土地买卖实质上是一种财产权利的买卖。土地权利是一个权利束，包括土地所有权、土地使用权、土地租赁权和土地抵押权等等。因此，土地价格不是土地价值的货币表现，一般不依生产成本定价。

土地价格是以土地价值为基础的。土地价值的存在是有条件的，主要取决于以下四点：

（1）土地具有使用性：土地的使用性（utility）使土地具有使用价值（value in use），即针对某一特定目的的可开发性。

（2）土地的稀缺性：土地的稀缺性（scarcity）既决定了土地所有权或使用权的价值或价格，又取决于土地的供需关系。

（3）供需条件：土地价值和价格的高低取决于土地的供需条件（supply and demand）。某一类土地的需求越多，同时相类似的土地供应越少，则这类土地的价格越高。正常情况下，一定时期内土地价值具有稳定性，这也是土地估价的基础。

（4）可转移性：土地的可转移性（transferability）是指由法律规定的所有权或使用权的转移。因此可转移性也称可交易性。

3）**土地的位置与资源**：影响土地价值和价格变动的因素有很多。凡是影响土地的供给与需求关系，或影响地租收益和土地属性变动的一切因素都是土地价格的影响因素。我们把这些因素分为：一般因素、区域因素和地块因素三类。

（1）**一般因素**：是指影响土地价格的普遍的、共同的因素，它对土地价格的总体水平产生影响。它包括土地制度、城市规划、城市性质及宏观区位、土地利用开发计划、土地相关政策、人口状态、经济发展水平、社会安定状况等宏观因素。

其中，决定土地用途和利用水平的主要因素是城市规划。同一宗土地，规划为商业用途，则其地价水平一般高于居住用途。即使同一用途的地块，规划容积率高的土地地价水平一般高于容积率低的地价。因此，城市规划对地价的作用主要表现在区域的土地利用性质、用地结构、用地限制条件等方面（图6-6）。

（2）**区域因素**：主要有区域位置、基础设施条件及完善程度、规划限制和环境质量等。这里的区域是一个均质区域概念，在这一区域内，土地的利用条件和利用方向大体一致。

其中，区域位置指该区域在市场中所处的经济区位，它的重要性，或者它与经济中心的密切关系常用时间和空间距离来衡量，如距商业中心的距离、距污染源的距离等。一般地讲，与正效应因素（如商业中心）距离越近，地价就越高，反之则越低；距负效应因素（如污染源）距离越远，地价越高，反之则越低。

（3）**地块因素**：是指宗地（地块）本身的条件和特征对土地地价有影响的因素。如宗地面积、位置朝向、形状、临街宽度、宗地开发程度、土地利用状况及规划条件、土壤肥力和地质条件等。土地用途不同，各因素对地价的影响程度也不同。如宗地位置和临街宽度对商业用途特别

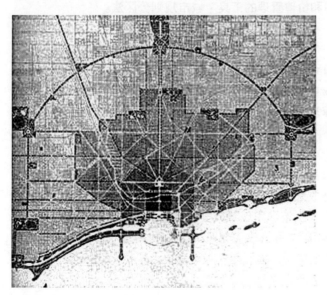

图 6-6 建筑师丹尼·伯南（1846—1912年）的《1909芝加哥规划》是美国现代规划的第一座里程碑。

在这次规划中，伯南提出了著名的"做大规划"的口号。他首次提出了城市规划要有全面性，系统性，并注重区域互动。针对芝加哥的特点和问题，伯南重点对以下六个元素进行分析和界定：①提高湖滨地带设施；②发展高速交通系统；③建立货运和客运分离的运输系统；④创造大区域的公园系统；⑤规划有系统的街道网络；⑥建立公共活动文化设施和政府办公楼。作为美国现代规划的奠基人，伯南于1989年被美国规划协会授予"国家规划先驱奖"。

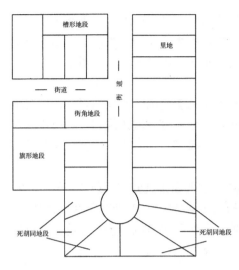

"这些地段在地图上看着不错，也许我早该来看看"。

里地：最常见的类型，只面临一个街道。
街角地段：有两条或以上的临街线。
槽形地段：毗邻数个其他地段背靠背相连。其价值要低于其他地段。
旗形地段：俗称"刀把形"。
死胡同地段：处于街道死角末端。

图 6-7
常见的地块类型分析

地块因素对于建筑用地的影响是直接的。例如具体位置、面积大小、几何形状、地块深度、临街线长度以及与其他地块的相连情况（比如朝向与景观）等均影响土地价值与价格。

重要，而地质条件和土地规划限制则对居住用地影响很大（图 6-7）。土壤肥力对农耕土地价格影响较大，但对建设用地却没有影响。

对于土地的空间位置研究，始于 19 世纪 20 年代的德国农业经济学家屠能（J·H·Von Thunen，1783—1850 年）关于市场距离对农业生产用地的地租影响分析。20 世纪初，另一位德国经济学家韦伯（Alfred Weber，1868—1958 年）于 1909 年发表的《关于工业区位：第一部区位的纯粹理论》和 1914 年发表的《工业区位：区位的一般理论及资本主义的理论》中，关于工业布局区位选择的分析表明，运输距离和交通条件在工厂选址中起着决定性的作用。尽管这些都是从地理经济学的角度来论述的，但却都从不同侧面揭示了土地的空间位置具有明显的经济学内涵。

1926 年，美国商业部制定了《州标准分区授权法》，从此奠定了最著名的现代土地利用和价值管理的工具：城市规划分区法。

授权法的第一部分规定："本着改善社会的健康、安全、道德，或者一般社会福利的目的，城市及一体化乡村的立法主体被授权管理、限制大厦及其他建筑物的高度、层数、面积、可能被占用土地的比例、花园与庭院和其他空隙地的面积、人口密度、建筑物的位置和使用情况以及结构、商业、工业、居住和其他用途用地的使用"。

我国的控制性详细规划始于 20 世纪 80 年代，其技术框架参考了国外的分区制（Zoning），尤其是美国土地分区的原理和技术，侧重于运用指标体系来实现规划意图。

空间分区意味着空间所处不同的位置具有不同的价值梯度。

在我国改革开放之初，1981 年 7 月中国农业区划委员会和土地资源调查专业组提出了《土地利用现状分类及其含义（草案）》。经过随后几年的实践，于 1984 年 7 月修改完善了《土地利用现状分类及其含义》，并作为一章纳入了全国《土地利用现状调查技术规程》。这无疑为大规模的城市建设奠定了基础。

综上所述，从建筑与土地开发、空间与位置价值之间的内在关联来看，目前已经形成了三个市场类型：

第一种是"土地寻找项目"，即土地所有者希望根据地段地块的属性、位置和价值梯度而选择合理的项目开发。

第二种是"项目寻找土地"，一个建造计划需要寻找最合适的环境和位置，以符合项目策划的初衷。

以上是两种最常见的典型情况。例如，在1992—1993年出现的房地产热潮（项目寻找土地）和喧嚣一时的全国各地的各类开发区建设（土地寻找项目）。据原国家土地管理局对24个省区市调查，1992年1—9月，批建的开发区有1951个，规划占地1.53万 km^2。

第三种是"旧建筑改扩建"，除了轰轰烈烈的老城区再开发之外，还有很多旧的建筑物可能会被加以改造并转变用途，尤其是在强调生态与节能的背景下。

由上可见，在建筑学和建筑设计经济学中，理解场地的位置属性及其建筑价值的分析过程，本质上是有关土地的价值问题，是土地价值的转移和实现。

6.2.2　外部性：价值的非市场化影响

除了土地因素之外，环境是另一个大课题，如控制污染、资源保护、气候异常、可持续发展等等。环境意识如今已成为这个时代社会文化和政府政策中的突出话题。

外部性（Externality）是环境经济学中的一个关键概念，其重要性已经超越了经济学范畴，成为当代一个普遍的思维工具。

举一个简单的例子，就可以帮助我们理解这一概念的本义。

假定在一条小河的流域内存在着一个生态系统：沿河上游地区的土地不宜耕种，而且起初是废置不用的，后来，这块土地由一位纺织厂主获得并修建厂房进行造纸生产，同时利用河水作为污水等废弃物处理的场所；下游土地归一位农民所有，使用河水灌溉种植谷物的田地，谷物产生的平均利润足以维持土地不必更换用途，且使农民也不必改变他的职业。结果，随着上游持续排污，引起河水水质下降，从而也降低了下游农户种植的生产率。河水水质不断下降的结果使谷物持续减产，最后迫使农民离开了谷物生产行业。

从这样一个简化的环境模型中，造纸厂主的生产行为产生了环境污染的损失，但承担这个损失的不是工厂主，而是转嫁给他人（下游种谷物的农民）。现实生活中常见这种影响（图6-8）。

用经济学术语来说，外部性就是指某个微观经济单位（厂商或居民）的经济活动对其他微观经济单位（厂商或居民）所产生的非市场性的影响。或者简言之，外部性是一个人的行为对旁观者福利的影响。其中，对受影响者有利的外部影响被称为外部经济，或称为正外部性；对受影

图 6-8　广西龙江镉污染

龙江是属于珠江上游水系的一条河流，主要流经广西河池、宜州、柳州等地区。

2012 年 1 月 15 日，广西河池市辖区内的宜州市的龙江河拉浪水电站内群众用网箱养的鱼，突然出现不少死鱼现象，宜州市环保部门经过调查发现，死鱼是由于龙江河宜州拉浪段镉浓度严重超标引起，龙江水体已遭受严重镉污染。龙年环保的第一战在新年的鞭炮声中打响。

响者不利的外部影响被称为外部不经济，或称为负外部性。所谓非市场性，是指这种影响并没有通过市场价格机制反映出来：当厂商和居民因为外部经济而获益时，他们并不需要为此而向他人支付报酬；而当他们因为外部不经济而受到损失时，他们也得不到相应的合理补偿。

（1）外部性的特点

第一、影响的不可避免且普遍存在性。工业化以来，经济活动所引起的环境影响是普遍存在的而且是显著的。在当代，外部性的应用已经扩展到宏观范围。例如，它被用来说明一国的某些经济活动给全球环境带来的外部不经济。因此，环境外部性是人类总体经济活动过程中不可避免的结构现象。

第二、影响的非市场化和公共性质。有一种错觉认为，外部性基本上是环境污染事件中一个由排放者对受害者的两分问题，只要将排放者和受害者识别出来，就能轻而易举地通过市场索赔或税收来解决。然而事情并非如此，外部性的双方常常是不易区分的，要么受害者很难识别，要么损害是由众多排放者的协同造成的。因此大部分的环境外部性具有公共性，不但污染的肇事者具有公共性，污染的受害者也具有公共性，例如，空气污染密度或强度不因部分人的消耗而减轻对其他人的作用。

第三、影响的长期性和延续性。环境外部不经济性的一种重要影响方式是现在经济活动的副作用由未来人口承担。当代人品尝着前人遗留下来环境恶化后果；同样，我们也在不断将这类后果传递给子孙。前人栽树，后人乘凉；前人栽刺，则后人遭殃。其中，有些副作用既直接影响着当代人，同时又对后人造成不利影响。

（2）外部性的根源

首先，环境资源的公共和共有性及其无偿使用性。

经济学理论通常根据两个特点来对物品进行分类，一个是排他性，另一个是竞争性。根据这两个特性把物品划分为下列四种类型：私人物品既有排他性又有竞争性（如各种品牌商品和保险服务）；公共物品既无排他性又无竞争性（如日照或城市公用基础设施）；共有资源有竞争性但没有排他性（如道路交通和城市绿地公园）；垄断物品有排他性但没有竞争性（如消防审批权等）。

基于自私的动机，单块土地开发或者一个项目建设往往会低估由公共财产所得到的好处，即每个人都追求自己的利益最大化而挤压公共资源，从而没有使整个社会的总收益最大化。

有个故事正好用来说明这种情形：从前有一个国王要求他的臣子在公主结婚日每人带一升的酒来以示庆祝。由于他的臣子太多，每个臣子都认为自己的一升酒不重要而以水代酒作为捐献，到了结婚日，所有的臣子都盼望喝到其他人贡献的酒，结果喝到的却都是水。

其次，公益和公害影响的时空差，使环境的损益与当事人往往不直接发生经济利益关系。

以污染为例，由于污染物质具有迁移、聚积、扩散以及长期性等特性，使环境污染的肇事者与损失者相去甚远（如空气污染、水域污染、酸雨污染等），在时间上和空间上都存在着差异。另一方面，环境治理的效应亦有时空差，使得受益者不一定是直接投资者。例如中国三北防护林带的营造，开支在当代，主要受益在后代，且受益者不仅局限于造林地区。因此，公益（public goods）与公害（public bads）是伴随着人类经济活动的两极价值维度。根据产品分类，公益或公害作为公共物品的生产既无排他性，也没有竞争性，但却具有效应。公共物品的外部效应源自它的另一个特性，即供给的不可分割性（jointness in supply）：为一个生产者生产公共物品的同时也必须或已经为所有的消费者生产该物品，而且其影响波及后代。

最后，制度原因。制度最简单的含义是约束经济行为的一系列法律法规和规则。前两条原因都是由资源的特点产生的，而这第三条原因主要强调政府行为的作用。

只要有私人利益和公共利益的区别，有局部利益和全局利益的区别，以及眼前利益与长远利益的矛盾，由利益分割形成的裂隙就足以使外部的不经济存在，并在缺乏适当控制机制的情况下发展。总之，环境资源本身的特点以及与之相关联的利益的分散性是环境外部性的终极根源，因此如何针对环境资源特点，并且克服与协调分散的利益关系，便成为我们解决环境外部性问题的主要思路。

（3）三种典型的外部性产品

● 道路交通：城市道路、高速公路、铁路等可以是公共物品也可以是共有资源，对于城市发展具有显著的外部性。

例如，耒阳位于湖南省东南部，是造纸术发明家蔡伦的故乡，耒阳资源丰富，其中煤炭可采储量 5.1 亿 t，是全国产煤百强重点县（市）之一。2009 年获批国家级资源枯竭型城市，从而面临着城市转型的压力和契机。

美国生态经济学家哈丁（Garrett·Hardin）在《The Tragedy of the Commons》（1968 年）中把这种公共财产比作公有草地：谁都可以在草地上放牧，每一位牧民为了从放牧中取得更多的好处，总是力图增加畜群的数量，但是谁也不进行草地建设的投资。这样，随着畜群增加，草原的质量急剧下降，最后草场完全退化，不能再放牧牛羊。这就是公共草地的"公用权悲剧"概念。

《中华人民共和国环境保护法》自 1989 年实施至今，被认为是当代中国执行效果最差的法律之一，究其根本原因在于很多地方政府过于追求 GDP 数字，而在环境保护方面缺乏执行意愿。

2012 年 4 月 1 日武广高铁全线贯通，途经耒阳并在耒阳西设站。借助高铁效应，投资 2 亿元的耒阳蔡伦竹海旅游风景区于武广高铁开通的前 4 天正式开园（图 6-9）。高铁的运行对于地方经济和项目开发所带来的红利，正在逐渐被兑现。

图 6-9
蔡伦竹海及景区导览图
　　竹海覆盖两百多个大小山头，依山势高低起伏，郁郁葱葱，面积达 16 万亩，为我国最大的连片竹海，素有"亚洲大竹海"之称。其中以楠竹为主的竹类品种达 20 余种，是中南六省唯一的大面积竹海为主的风景名胜区。

　　● 历史建筑：修复、保护和利用历史建筑具有正的外部经济效应。在这方面，最近的和最典型的一个案例是"上海新天地"开发（1996—2001 年）中所体现的"石库门情结"效应。上海新天地它的前身是上海近代建筑的标志——一个破旧的上海石库门居住区。改造之后，将上海传统的石库门里弄与充满现代感的新建筑融为一体，并创造地注入了诸多时尚的商业元素，变成了一个集餐饮、购物、娱乐功能于一身的综合开发项目（图 6-10）。

(a)　　　　　　　　　　　　　　　　(b)

图 6-10　上海新天地项目　香港瑞安集团投资开发
　　该项目占地 3 万 m^2，总建筑面积 6 万 m^2。分为南里和北里两个部分，南里以现代建筑为主，北部地块以保留石库门旧建筑为主（图 a）。同时，香港瑞安集团是以公益性质的人工湖以及绿地建设为代价从卢湾区政府拿到了太平桥地区的 52 公顷土地。人工湖、绿地、石库门历史建筑带动了周边房地产地价的提升，太平桥项目将兴建总建筑面积 80 万 m^2 的高档住宅区（图 b）。
　　2003 年 11 月 3 日，上海新天地北里（兴业路以北部分）荣获 2003 年度美国 Urban Land Institute (ULI) Award for Excellence 大奖。该奖项是于 1979 年在美国首都华盛顿设立，目的为表彰世界各地理念创新、设计卓越、具经济效益以及有助提升环境品质的房地产发展项目，堪称房地产发展界最高荣誉的国际性奖项。该年度世界范围内共有 10 个项目上榜，上海新天地北里是首度获此殊荣的中国内地项目。
　　鉴于商业上的成功，此后全国各地纷纷模仿"新天地模式"开发了大量的"新天地"式的房地产项目。

● 标志性建筑：一项关键投资或一个有影响力的建筑有时会起到城市营销的作用。换言之，标志性建筑具有很大的外部性。

历史上最著名的案例是联合国总部的选址与落成（图6-11）。

1989年唐·洛根和韦恩·奥托的《美国城市建筑学：城市设计中的触媒》（American Urban Architecture：Catalysts in the design of cities，Donn Logan，Wayne Attoe，1989年）认为：具有正外部性的政策或重大项目在城市开发过程起到一种催化剂的作用，也称触媒反应。可以从以下几方面来认识这类触媒的特征：

①经济性概念：例如投资或是制定特别政策以带动新项目开发。

②功能性概念：例如改造城市基础设施或者整合某些关键资源。

③识别性概念：例如强化自然环境特色或者历史文化风貌景观。

在化学反应中，触媒（Catalyst 催化剂）经常会消失，或在反应中被转化，但在城市发展中通常并非如此。相反，新元素或旧元素更新换代后强化了城市独一无二的特色及其底蕴。

从城市触媒的角度看，西班牙的毕尔巴鄂古根海姆博物馆的建设堪称一个典型实践（图6-12）。

在当代，一座建筑带动了一个城市的复兴，这是建筑史上罕见的奇迹。盖里也因此成为享誉国际的具有独特个人建筑风格的建筑师。尽管这一成就的长期效益尚有待观察，但它已经为建筑界和城市规划领域创造了一个新名词——"毕尔巴鄂效应"，专门用来指凭借此类标志性建筑的建造成为都市开发良药的现象。

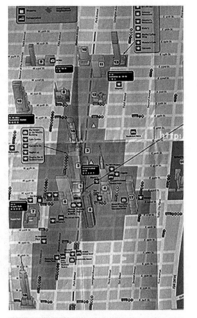

图6-11 联合国总部选址与洛克菲勒中心的兴起

联合国1945年成立于旧金山，应美国国会邀请，决定将总部设在美国。1946年选址时，美国 J. 小洛克菲勒出资购买纽约曼哈顿岛东河岸边大片街区相赠，经联合国大会决议接受，遂定址纽约。

1947年成立由国际知名建筑师（包括中国梁思成教授）组成的设计委员会，设计总负责人为美国建筑师W.K.哈里森。大厦于1947年动工，1953年建成。场地南边为39层的联合国秘书处大楼，是早期板式现代高层建筑之一，也是最早采用玻璃幕墙的大型建筑。

联合国总部的落成使得曼哈顿成为世界关注的中心。洛克菲勒中心（Rockefeller Center）是位于美国纽约州纽约市第五大道的一个由19栋商业大楼组成的建筑群，占地22英亩（8.9ha 或 133.6亩），位置是曼哈顿中心的中心。这个建筑在1987年被美国政府定为"国家历史地标"（National Historic Landmark），这是全世界最大的私人拥有的建筑群，也是现代主义建筑的标志、早期资本主义的地标物。

6.2.3 邻区：价值变动与分析的数据源

任何具有价值的东西都会随着时间、地点和条件的改变而改变其原有的价值。要了解价值变动就应先确定一个基准：邻区。

1）邻区的概念

邻区不是我们所熟悉的一个术语，我们经常从地段、区位或周边环

图6-12 西班牙毕尔巴鄂古根海姆博物馆（Guggenheim Museum, Spain），盖里（Frank.O.Gehry）设计，1997年

20世纪90年代以前，毕尔巴鄂是一座靠海的工业小市镇，伴随着钢铁、造船业的衰退而没落。然而，随着博物馆启用，城市的活力也跟着苏醒了，每年的参观人数达到400万人次，使毕尔巴鄂成为欧洲的旅游热点城市。毕尔巴鄂市建起了机场、地下铁路、新的码头，一举晋升成欧洲新的艺术文化中心。

境等角度来大致估量住宅的价格或写字楼的租金水平。常识中总是包含着朴素的真理，这些生活经验对于邻区概念的理解"虽不中，亦不远矣"。

邻区分析自《区划法》颁布以来就是美国不动产评估报告中的必要组成内容之一，是市场数据收集计划的第一个步骤。根据理查德·贝兹和塞莱斯·埃利在《不动产评估基础》（第五版）（*Basic Real Estate Appraisal*, Richard.M.Betts, Silas J.Ely）中定义：邻区（Neighbourhood/Neighbouring Plots）是指那些具有相似用途的物业（土地类别或建筑物的功能）所组成的财产群。

根据定义，一个邻区的范围通常可根据功能性质（商用或者居住等）、人工屏障（铁路、高速公路、立交桥或公园等）及自然屏障（河流、土质断沟等）进行确定。也可以根据项目目标来确定：如商业步行街、历史保护区、城市中央商务区 CBD 等。

在我国的建筑策划和房地产开发实践中，与邻区的含义最为接近的是"商圈（Business District / Market Area）"概念：一个根据产品定位、服务半径、客户源范围、交通条件和需求关系来确定的细分市场。

邻区与商圈：根据项目的目标而划分出来的一个研究范围，其中，邻区与商圈不仅仅是对城市某一位置的静态描述，它更侧重于关注某一范围内具有相似用途的建筑物之间的市场影响，尤其是相似项目之间的竞争或互补关系对价值的潜在影响。

2）邻区与变化

作为城市中一个有限度的实体环境，经济学家、规划师、建筑师、政府官员、城市居民等有着不同的定义和理解，或称之为地区（districts）和分区（quarters）、或称之为领域（enclaves）和地域（areas）、或称之为辖区（precincts）、或称之为地段（sectors）等。这些抽象名词有时会被具体现实内容所取代，如滨水区（the waterfront）、市郊（outskirts）和城乡接合部（joint in between）、租界区（concessions）、唐人街（Chinatown）、黑人居住区（Harlem）以及贫民区（slum）和华尔街（The Wall St.）等。每一个邻区的起源、增长和发展，如同城市的故事一样都是结合了社会

地理、经济贸易、政治文化等诸多因素的结果；又如同生命体一样经历着宿命般的周期性变化（图6-13）。

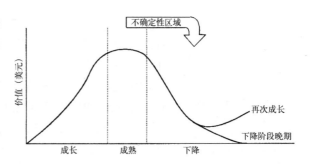

影响邻区质量的因素概括起来有下列几点：

物理因素：自然环境景观情况、空气污染及其他潜在的地质灾害、交通等公用设施建设、建筑高度及风格等整体风貌。

经济因素：区位地段和土地类别、开发速度、土地租金和建筑价值趋势、空置率、建筑与人口密度、与CBD的距离等。

社会因素：使用者阶层、年龄结构与教育背景、房屋搬迁或周转率、社区发展阶段、邻区间竞争等。

政策因素：未来的城市规划以及土地用途变更的可能性等。

按照外部性理论，邻区的周期性变化在每个阶段都会影响周边物业的价值。在现代城市中所有影响邻区变化的因素中，经济因素和政策因素是最突出的两个方面。这是因为经济因素是城市化的内在动力，政策因素则是城市土地用途的决策者（图6-14）。

以美国为例，20世纪20年代是美国社区规划和开发的黄金时代，随后联邦住房管理局（Federal Housing Authority，FHA：1934年大萧条时期罗斯福总统为经济复苏而推行新政的产物之一）从40年代开始实施的新的社区设计标准及联邦高速公路项目，促成了一种依赖汽车、缺少社会交往和城市美德的社区结构。其结果是从1940—1950年，美国郊区面

图6-13
周期性变化的一般曲线
每个邻区不论土地用途如何，都遵循着从发展期到成熟稳定期再到衰退或复兴期的规律。其中的衰退期或复兴期是一个不确定的时间段，此时的地价和租金水平决定着土地用途的延续或改变。维护和维修活动只是推迟衰退期却不能阻止它的降临。

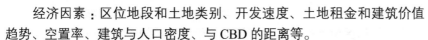

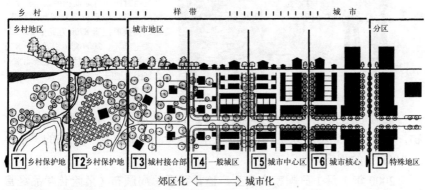

图6-14　新城市主义辞典（The Lexicon of the New Urbanism，1998年）
《新城市主义辞典》的作者安德雷斯·杜安尼（Andres Duany）和伊丽莎白·普拉特-齐贝克（Elizabeth Plater-Zyberk）于20世纪90年代初提出了一个新的城市设计运动。在系统总结20世纪早期的基于邻里思想的设计方法和实践的基础上，主张借鉴二战前美国小城镇规划优秀传统，在传统规划模式下指导后郊区化时代的城市开发，塑造具有人性化的城镇生活氛围、紧凑的具有混合功能的社区发展模式。

新城市主义辞典或"样带"，是一个分类系统，通过概念性的安排"农村—城市"空间序列，从而以有效的秩序来组织城市化过程中的土地和空间规划问题，包括上述区位问题、社会经济问题和政策等。新城市主义的城市规划原则具有六大主要特征，即：一个中心；5分钟路程的邻坊；细密的格状街道系统；狭窄多用途的街道；混合使用；特殊场所用于特殊建筑。公共交通系统及在街坊水平上更多地融入不同类型的土地使用。

中国城市化率：即城镇人口占总人口（包括农业与非农业）的比重。2000 年，我国的城市化率为 36%。

根据 2010 年 11 月 1 日零时为标准时点进行的第六次全国人口普查，城市化率为 49.68%。

2011 年末，我国城市化率已达到 51.27%。

危房改造政策：是指针对城市规划区内的危房和旧房实施改造的一系列政策法规，其中对危旧房的认定、拆迁、补偿和安置的一些细则，多以当地政府的政策性文件进行说明。

积比中心城市面积增加了 2 倍，1950—1960 年，郊区比中心城市土地增加快 40 倍。到了 1970 年，居住在大都市区的人口达到 1.4 亿，占人口 31.4%，郊区人口则占人口 37.6%，第一次超过了中心城市人口。

21 世纪初的 2000 年 11 月，美国规划协会（The American Planning Association, APA）在亚特兰大举行主题为"规划与新城市主义"的年会上，新城市主义代表人物安德尔斯·杜阿尼（Andres Duany）批评现代主义规划中对"汽车经济"的单一考虑，是导致郊区出现"胡同少年、孤独妇女、困境的老人和无奈的穷人"的根源，因此要求规划师修改开发规则，并提倡通过再开发老郊区，同时建造和保护充满活力的城市社区。新城市主义的街区设计是对以汽车导向的街区设计的一种反应，它力图回归传统社区的理念，是控制都市空间变动的一种尝试。

在我国，规划与政策因素对城市空间的影响同样明显。如 1997 年亚洲金融危机之后的 1999—2001 年，危改政策触发了轰轰烈烈的旧城改造热（"危房改造"或"危改"），城市土地规划又与新城开发热（"大盘"时代）息息相关。不仅如此，独立的项目有时也会受到邻区变化的直接影响（图 6-15）。

图 6-15 邻区与变化案例——北藏危化品仓库
　　地址选定在距离北京南郊大兴区城区中心 15km，属于北京市政府安全战略规划的一部分，立项手续齐全，这是当时国内占地面积最大、安全设施最完备、地理位置很理想的仓库，北京市政府出资 8700 万元于 2003 年初破土动工，2004 年 6 月落成，8 月一次性通过全部项目。业主是北京一商集团大型国企独资上市公司。

北藏危化品仓库在 1998 年选址时，其用地周围没有任何永久性建筑物，该仓库的北墙距北藏村 650m，当时完全符合消防部门要求的"不小于 100m"的规定。

2000 年 1 月 1 日国家安全生产监督管理总局颁布《危险化学品经营企业开业条件和技术要求》GB 18265—2000，实施日期为 2001-05-01。其中第 6.1.1 条"地点设置"中规定："大中型危险化学品仓库应与周围公共建筑物、交通干线（公路、铁路、水路）、工矿企业等距离至少保持 1000m"。

旧"地标"与新"国标"在关键条文上的不统一，使得危化品仓库邻区的政策环境发生了质变。2002 年 9 月北京市安监局正式成立。此前的危险品管理工作由消防部门负责。2004 年 6 月仓库建成并移交后，这个豪华仓库因新条例"安全距离"限制而就此闲置下来。下面是来自《北京青年报》的消息：

> 据了解，本市一些化工企业建厂较早，随着城市建设的不断发展，在原厂区的周边出现了很多新兴建筑，使得工厂的危险化学品生产、储存装置设施与周边建筑物和企业的安全距离无法达到国家现行有关法规、标准的要求。（2005/12/17）

邻区的边界及其环境在某个特定时间点上可以被视为一个静止的画面（具有稳定性），但实际上却是过去一段时间中土地开发的结果，也很可能受到未来周边土地利用模式的影响。大自然通过时间丰富了我们的空间体验，但时间也能改变一切。

引邻区分析与市场信息

邻区分析应准确描述计划开发土地及其紧邻地区的情况。有关邻区信息可从邻区影响因素中筛选出来，既是影响也是约束。因此，除了时间周期因素之外，市场信息中还有一些必须加以应对的市场约束：法律约束、经济约束、实体约束及社会约束。

法律约束。市场分析首先涉及与所有权有关的一系列权利和义务。其他已经存在的基于不动产的法律权益也对建筑开发有很大影响（例如，国内外的"钉子户"现象）（图6-16）。

随着土地利用的改变，土地利用的法律约束也许会改变，对新开发或对再开发来说都是如此。这将引起未来竞争的可能，未开发的其他土地（预留土地）可能会带来未来的竞争。因此最好对未开发的土地及其分区加以记录。现存建筑的再分区及废弃也会带来未来的竞争。改造或再开发都可能带来新的竞争。对新开发来说，分区规划及建筑法规有很大影响。有时修缮旧建筑使其符合建筑法规的成本太高，在对一个计划投入大量的时间及金钱之前，最好先了解有什么样的相关规定或要求。

经济约束。对受过商业教育的人来说，经济约束似乎是最直接的限制。这是因为要收集全部市场信息并将其与特定项目相联系需花费大量时间。

图6-16 2004年，重庆南隆房地产开发有限公司与重庆智润置业有限公司共同对九龙坡区鹤兴路片区进行开发，拆迁工作从2004年9月开始，该片区280户均已搬迁，仅剩一户未搬迁，这幢两层小楼一直兀立在工地中央。

2005年2月，开发商向九龙坡区房管局提请拆迁行政裁决，要求裁决被拆迁人限期搬迁。

4月2日重庆智润置业有限公司和户主达成协议，补偿后搬迁。当日22时36分，房屋被顺利拆除。

此类工作涉及市场供需、会计、金融及税收等多方面的知识。经济约束可能比法律、实体或社会约束易于理解。在这个资本化（绝大多数事物的价值都可以转化为货币或可用金钱衡量）的社会中，人们参与不动产开发的动机是获利。

实体约束。许多建筑师很关注土地的自然和物理约束，如它的地势及排水能力，而建筑物本身的约束也很重要，例如法律约束（分区与消防）、经济约束（成本）或市场需求经常会导致像建筑物高度及标准层平面规模这样的实体约束。

未受过建筑或工程训练的学生容易忽视明显的实体约束。不动产的周边环境、周围地区的先前使用情况也会对当前的项目开发形成实体约束，如采光条件、景观质量，或者关注是否存在有害废物的情况。

社会约束。社会本身对土地的利用也有非正式的习惯或约束。这种约束富于变化，它随时代的不同而不同，也随地区的不同而不同。比如地域文化、社会心理、建筑风格、材料与色彩等。

总之，邻区分析是项目可行性研究和项目价值分析的主要部分。邻区是思考的起点，是数据源。邻区分析的目的是在规划或建筑策划中确定土地与建筑项目的最佳用途（Highest and Best Use，HBU）。在实践中，HBU 是一个有条件的最大化概念：包含政策法律、社会环境、土地利用、资金贡献在内的最大化组合效应。

6.3 经济学视野之三：价值比较论

英国建筑评论家迪耶·萨迪奇（Deyan Sudjic）在《权力与建筑》一书中围绕"建筑为什么存在"这一问题列举了 20 世纪许多著名建筑、建筑师、富豪、政治家以及独裁者的事迹，剖析了掌权者如何利用建筑形象和空间来左右人们的思想、树立自身形象或权威，解读了建筑与权力之间的复杂而微妙关系。但是，人们不可能从一个建筑的象征价值中分离出它的经济的功能——对于这一点税务局的官员们相当清楚。

雅典宪章（Charter of Athens，1933 年 8 月在雅典的一艘蒸汽船 Partris II 上召开国际现代建筑协会 C.I.M.）第 4 次会议上制定并通过的关于城市规划理论和方法的纲领性文件，提出了城市功能分区和以人为本的思想中的第 95 项条款提出"个人利益应服从集体利益"：

个体权利（individual rights）与庸俗的个人利益（private interest）有着本质区别，后者把所有的好处都集中在少数人身上，却把社会大众置于中下水平。这种方式应严加限制。

图 6-17 柯布西耶为宪章所做的插图"创造性综合"

柯布西耶起草的这个宪章强调了"创造性综合"（the creative integration）的设计理念（图 6-17）。

其实，有关建筑价值的体现历来就是构成建筑设计"关注点"的理论依据，如今已经形成了一个层级性描述（表 6-1）：

建筑价值的关注点　　　　　　　　　表 6-1

1 Vitruvius	2 Wotten	3 Gropius	4 Norberg-Schulz	5 Steele	6 Maslow
美　观 （aesthetics）	方　便 （commodity）	功　能 （function）	建筑任务 （building task）	任务工具性 掩　蔽 安　全	生　存 安　全 归属感
有　用 （utilities）	愉　悦 （delight）	表　现 （expression）	形　式 （form）	社会交往 象征性识别 快　乐	尊　敬 学　习 美的享受
坚　固 （firmness）	坚　固 （firmness）	技　术 （technique）	技　术 （technique）	成　长	自我实现

注：1. Vitruvius（约公元前 1 世纪）：古罗马建筑家，著有《建筑十书》。

2. Sir Henry Wotten：英国建筑学家，著有《建筑的要素》（1624）一书。

3. Walter Gropius（1883—1969 年）：现代建筑创始人之一，鲍豪斯首任校长。

4. C. Norberg-Schulz：挪威当代建筑评论家。

5. J. Steele：美国当代行为学家。

6. A. H. Maslow（1908—1970 年）：美国社会学家，著有《动机与个性》（1964）。

在表中，左 4 栏为建筑师提出的，从公元前 1 世纪的 Vitruvius 到当代的 C. Norberg-Schulz，横亘 2000 年，其内容按从上至下的次序排列，上面的最重要；右 2 栏分别为社会学家和行为学家提出的"人的需要层次"，虽然不限于建筑，但肯定包括了对建筑及建筑环境的要求，其内容按从下至上的次序排列，下面的最重要。

6.3.1　机会成本

由上可见，在建筑设计的关注点中，从适用、经济、美观三原则的经典论述到权力象征及自我实现，再到当代的关注环境质量和生态性等，它们构成了一个庞大的目标群，其中的一些因素处于相互竞争的关系，也是交替关系。在实践中排列其优先次序或者做出取舍的依据也各种各样，例如：

有政治上的因素（如标志性或政绩工程）；

有市场上的因素（如不动产的投资经营）；

有个人化的因素（如建筑师的理想抱负），等等。

尽管在城市开发过程中，要探讨假如不这样决策将会发生什么事，并且与如此决策下的既定事实进行比较其得失损益，几乎是不现实的，但是，由于知识和理论上的积累，在实施之前就两种方案在相同的条件下或者在近似的环境中进行充分地研究分析还是可行的和有益的，也是必要的。假如一项决策经过多方论证，并基于"如果……就会……"这样的条件关系而制定，那么这个决策就会减少诸多不确定性，从而导致一种理性的行为。

在比较论证时，是什么东西参与并影响到决策过程呢？有个寓言恰好能说明这一神秘参与者（图6-18）：

图6-18 关于第十八只骆驼的寓言

很久很久以前，一个老人拥有17只骆驼。他临终时决定财产分配方案：1/2给大儿子；1/3给二儿子；1/9给最小的儿子。在完整分配与杀死骆驼的两难之际，从别处来了一位骑骆驼的智者，曰："请考虑十八只骆驼吧！"于是大儿子得到9只；二儿子得到6只；小儿子得到2只；正好17只骆驼。第18只骆驼交回给智者，老者飘然而去，地上留下一行足迹。

机会成本就如同这第18只骆驼，看起来是外来的，但实际上又是必须考虑的。

1）**机会成本**（Opportunity Cost，或称选择性成本、替代性成本）：是指为了得到某种结果而导致要放弃和排除的另外一些可能性。

机会成本是由选择产生的——一种经济资源往往具有多种多样用途，选择了一种用途，必然要丧失或有意排除另一种用途的机会，后者可能带来的最大收益就成了选择前者的机会成本。

机会成本所指的机会必须是决策者可选择的项目，若是决策者的不可能选项或者是与决策目标不相干的选项便不属于决策者的机会。例如某位建筑师只会从事与建筑设计有关的工作，那么养牛放牧就不属于他的机会，牧牛的收入也不会成为建筑师择业的机会成本，因而即使失去牧牛收入千万的机会，也不能作为建筑师择业不合理的选项代价。

2）**考虑机会成本的几个实例**

● 碳排放权交易

此概念源于美国经济学家戴尔斯（J.H.Dales）在《污染、财富与价格》（1968年）一书中最先提出的排污权交易（pollution rights trading）的理论。政府机构评估出一定区域内满足环境容量的污染物最大排放量，并将其分成若干排放份额，每个份额为一份排污权。政府在排污权一级市场上，采取招标、拍卖等方式将排污权有偿出让给排污者，排污者购买到排污权后，可在二级市场上进行排污权买入或卖出。

世界各国意识到对抗全球气候变暖是一个经济机会。碳排放权贸易就是在《京都议定书》（1997年）背景下的一个经济热点。

2006年9月11日，英国气候变化资本集团与浙江巨化集团签署了一项开拓性协议：英国将从中国购买2950万t CO_2 排放信用额，然后再到欧洲碳市场转让，价值为4亿英镑。浙江巨化集团是中国最大的氟化工生产基地。按协议，巨化集团将在未来 6 年内完成 2950 万 t CO_2 气体减排任务。

目前，中国已有 3 家主要的碳排放交易所：北京环境交易所、上海环境能源交易所和天津排放权交易所（图 6-19）。

● 生物能源的机会成本

自 1973 年石油危机以来，世界发达国家一直致力于寻找石油能源的替代品。在当代席卷全球的生物燃料热潮中，乙醇是首选。

为减少对石油的依赖，美国计划在 2017 年将乙醇消费量从目前的 200 亿升增至 1320 亿升，欧盟也计划到 2020 年将交通能源消耗中生物燃料比例提升到 10%，这将意味着未来 5 年内美国必须将玉米产量增加 30%，而欧洲必须将其 18% 的耕地用于种植可生产生物燃料的作物。巴西也将有更多的土地用于种甘蔗。加之考虑干旱的自然因素，这将抬高世界粮食价格，大豆、玉米、小麦首当其冲。

如果为取得新能源而浪费或占用了更多的传统资源（如生产粮食的耕地面积），那就与初衷背道而驰了。

● 大进深建筑与自然采光

洛克希德 157 大楼，采用 560 英尺 ×250 英尺（170.7m×76.2m）大矩形平面，其经济性在于用最小化的表面积围合出较大的室内空间（图 6-20）。

大进深平面带来建设成本的降低，但却需要大面积人工照明和由此导致额外的电能与空调能耗。

为了解决这个问题，设计师借鉴了中庭采光的先例。但是，获得日光并不是自然采光设计的关键问题。即使在阴天，水平面上也能得到 500

图 6-19 碳排放是指在能源消费过程中所产生的 CO_2

中国家庭的年平均碳排放量约 2.7t。城市里碳排放，60% 来源于建筑活动，而交通汽车只占到 30%。2007 年我国《能源发展"十一五"规划》中，明确提出到 2010 年，将使单位 GDP 能耗比 2006 年降低 20% 的目标。

图 6-20 洛克希德导弹与航天公司 157 大楼，位于美国加州，桑尼维尔（Sunyvale）第三大街，里欧·亚·戴利建筑师事务所设计 1979—1983 年

图 (b) 为剖面详图。

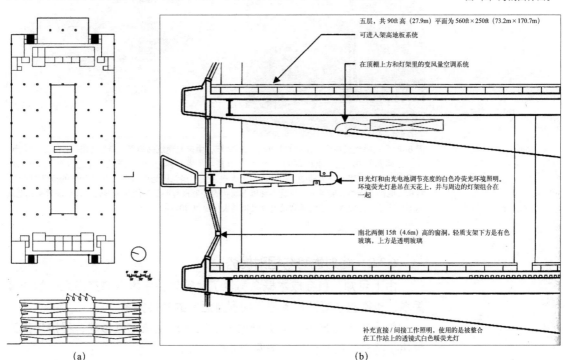

五层，共 90ft 高（27.9m）平面为 560ft×250ft（73.2m×170.7m）

可进入架高地板系统

在顶棚上方和灯架里的变风量空调系统

日光灯和由光电池调节亮度的白色冷荧光环境照明。环境荧光灯悬吊在天花上，并与周边的灯架组合在一起

南北两侧 15ft（4.6m）高的窗洞，轻质支架下方是有色玻璃，上方是透明玻璃

补充直接／间接工作照明，使用的是被整合在工作站上的透镜式白色暖荧光灯

(a)　　　　　　　　　　　　　　(b)

烛光每英尺（footcandle，英尺烛光 fc）的照度，远远超过实际需要的亮度。因此真正的问题是光的分布：将 500fc 的照度分配到房间深处，并解决窗附近过亮的弊端。

首先，将采光中庭沿着建筑长度方向插入平面中，这样办公楼层被划分成两条 27m 左右的双侧采光单元（单侧采光进深一般为 12m 左右）。中庭天窗有锯齿形玻璃：南向倾斜 45°，用散光玻璃，北向为垂直普通玻璃。

其次，建筑层高采用 5.5m，距地面 2.3m 处设一个水平灯槽兼反光折射板，向内延伸 3.7m，向外伸出 1.2m，并呈上倾 30° 角可将直射光反射至顶棚再射到空间深处。水平灯槽上部留有 1.8m 的水平高窗带。

最后，基于照明和太阳辐射分区而进行室内空间安排，机房、卫生间和储藏间都放在采光不佳的东西朝向，会议室和计算机中心也被移置侧墙位置，从而满足工作台面的开敞办公空间所需的自然采光。

这个采光系统所花费额外建筑成本约为总成本的 4%，每年却带来了近 50 万美元的日常能量节约，并在 4 年后收回成本。

"低碳建筑"是当前绿色建筑理念的前沿体现。尽管它的一次性投入（初始投资）较多，但在建筑物的整个生命周期中能够明显降低机会成本（图 6-21、图 6-22）。

图 6-21　巴林世贸中心（BWTC）2004—2008 年，由南非建筑师肖恩·奇拉（Shaun Killa）设计
　　　　巴林世贸中心是一座高 240m（787ft）、50 层双子塔对称结构的建筑物，也是世界上首座将风力发电机组（三组）与大楼融为一体的摩天大楼。三座涡轮机是由双子塔之间 30m 的桥梁支撑的，将和发电机连接给大厦供电。建筑本身梭形翼状的外形也有助于气流穿过涡轮机，提高效率和电流输出。按照设计要求，三组风力发电机组将为大楼提供 30% 的电能。

6.3.2　绝对优势与相对优势

由上可知，机会成本概念衡量了建筑效益中投入与产出之间的交替关系，也衡量了短期成本与长期利益之间的交换关系。

关于投入与成本因素如何对一项决策产生决定性影响，经济学理论使用了绝对优势与比较优势两个分析工具。

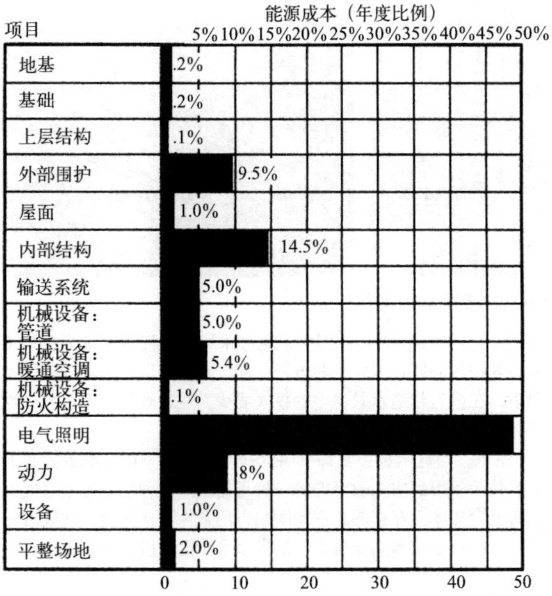

能源成本（年度比例）

项目	5%	10%	15%	20%	25%	30%	35%	40%	45%	50%
地基	.2%									
基础	.2%									
上层结构	.1%									
外部围护	9.5%									
屋面	1.0%									
内部结构	14.5%									
输送系统	5.0%									
机械设备：管道	5.0%									
机械设备：暖通空调	5.4%									
机械设备：防火构造	.1%									
电气照明										
动力	8%									
设备	1.0%									
平整场地	2.0%									

0　10　20　30　40　50

图 6-22　美国房屋建筑能源成本分析（Kirk 和 Dell's Isola，1995 年）

在建筑周期中，人工照明所占能源消耗的比例是惊人的。

绿色建筑设计分为主动式设计与被动式设计。

主动式设计即在建筑中采用各种高效集成的新技术设备与新能源等补偿手段。

被动式设计是指在建筑的选址规划、平面布局、建筑构造等设计方法上合理利用自然通风和自然采光的原理，从而达到建筑节能的目的。

1）绝对优势（absolute advantage）：由于资源与技术上的差异，两个生产者在提供相同产品时生产效率高或者所投入的成本少的一方就具有绝对优势。例如在改革开放初期我国人员密集型加工企业由于劳动力成本较低，因而其加工产品在国际贸易中具有绝对优势。经济学家称之为"人口红利"因素。同样，乡土建筑由于在雇工、建筑材料、运输等方面投入成本较低，因而相对于城市建筑具有绝对优势。保障性住房由于存在土地、政策等方面的优惠条件，而与商品性住房相比具有绝对优势。

2）相对优势（Relative Advantage）：由于产品价格取决于市场供需关系，不同的产品存在价格上的差别。因此一个生产者在有可能提供两种不同产品时，机会成本较少的产品一方就具有相对优势。相对优势与机会成本呈倒数关系。在实践中，相对优势原理对于项目决策具有重要影响。例如，在用地规模、地价水平和户型标准等条件不变的前提下，考虑两种住宅产品，一是水景住宅，另一个是普通住宅（图 6-23）：

建筑不动产市场常常是一种地区性市场。在同一城市中，某个方案的选择，或对建筑效益的预期主要考虑比较优势。比较优势反映了相对的机会成本，也反映了市场的经济选择。例如，在北方缺水的城市之所以开发水景住宅；在建设用地短缺的地区之所以开发花园别墅；在旧城改造中之所以采取居住与商业土地功能置换；以及小区开发由普通标准配置向文化体育居住复合地产项目的转变，等等，都可以看作是由机会成本考量而引导的重视相对优势产品的市场行为。

值得注意的是，当人们从更大的范围内来考虑机会成本时，那么，有时候原来成为定论的相对优势和机会成本的大小就会面临重新估量。比如，土地的稀缺性及其经济供给情况、相关政策法规的制定与干预、

保障性住房：是指政府为中低收入住房困难家庭所提供的限定标准、限定价格或租金的住房，一般由廉租住房、经济适用住房和政策性租赁住房构成。2011 年我国计划完成 1000 万套保障房任务。

图6-23　假定两种住宅类型：水景住宅与非水景普通住宅

● 在不同地区市场中考虑这两种住宅。由于自然条件因素，北方水环境面临蒸发量大、降水不足、地下径流严重、后期水源补充与养护等问题，因此，北方带有超大水面的楼盘平均成本要明显高于南方。在其他条件相同的情况下，在南方建造水景住宅的投入要少。在这种情况下，我们说南方水景住宅比北方水景住宅具有绝对优势。

● 在同一地区市场中考虑这两种住宅。当这两种住宅都可供选择时，选择一种方案就意味着放弃另一种方案。一个方案的机会成本是为了得到它而放弃的另一种可能性。两种住宅方案之间面临交替关系，亦即它们互相作为对方的机会成本而存在的。在相同的市场条件下，在同一地区（例如北方）水景楼盘价高畅销，非水景楼盘的机会成本高；反之，提供水景楼盘的机会成本低，具有相对优势。

替代品：一种物品价格上升引起另一种物品需求增加的两种物品。

互补品：一种物品价格上升引起另一种物品需求减少的两种物品。

技术进步影响、消费者嗜好与市场预期的变迁、产品的替代性和互补性增强等因素都是作为改变原有格局的力量而随时出现。

6.3.3　边际效应

在经济学理论中，对于每一个生产要素的增加或减少投入情况的分析使用了"边际变动"这一工具。所谓边际变动，是指对原有要素进行小幅度的增减量调整。因而边际量是单位变量。

1）边际效应（Marginal utility），也称为边际贡献率，是指消费者在逐次增加一个单位消费品的时候，所带来的单位效用是逐渐递减的（总效用仍然是增加的）；或者是指生产者在逐次增加一个单位生产要素的时候，所带来的单位效益是逐渐递减的（总效益仍然是增加的）。

边际效应原理在经济学和社会心理学中同样有效，在经济学中叫"边际效益递减律"，在社会心理学中叫"剥夺—满足命题"，也称"贬值—饱和命题"，是美国社会学家霍曼斯（George Homans）在其社会交换理论（Exchange Theory，1958年）中提出了六个命题之一，意思是某人在近期内越是经常地接受了某一回报，该回报在未来对他的价值感和满足感就越小，其情形犹如一个非常饥饿的人吃第一个烧饼会感到极大的惬意，然而继续给他吃第二个以及第 n 个烧饼时，那种满足感就会越来越少，直至厌恶。

在建筑设计经济学中，设计参数（如层数、层高、建筑密度、容积率、结构类型等）与经济参数（如成本、效益、技术指标等）之间的关系是建筑方案论证研究的基本问题。许多设计方案的优化设计都会涉及对现有的设计参数和技术经济指标进行微小的变动调整。从经济学的角度看，这些调整就是边际变动。

2）**收益最大化的概念**：投入要素的每次微小变动引起的成本变化叫作边际成本，相应的产出叫作边际收益。有时，边际成本与边际收益也作为额外成本与额外收益来看待。按照边际效用递减律，边际成本逐渐增加时，边际收益则逐渐减少，两者就像剪刀差似的逐渐接近，直至相等。在这一刻被判定为收益最大化，即：

边际收益等于边际成本时，总收益达到最大化。

下面以建筑密度的变化为例说明这个概念（图6-24）：

（a）地块平面布置图

图 6-24 建筑密度问题模型

假设 A、B 两个地块大小形状一致，地价相同。而且上下两个合院住宅看作为一组建筑。其中，A 平面中有五组住宅，B 平面中有六组住宅。

问题是：在 A 中建设每一组住宅需要多少成本？

在 B 中增加建设一组住宅需要多少成本？

（b）地块平面布置图

两个问题似乎有相同的答案，但事实上它们差异很大。这对于理解总收益变动趋势十分重要。

假设地价为 9000 万元，建设每组住宅成本为 30 万元。那么，在其他条件相同或不计的前提下（这是经济学常用的假设前提），A 平面中平均每组住宅生产成本为（9000+30×5）÷5=1830 万元。B 平面中平均每组住宅生产成本为（9000+30×6）÷6=1530 万元。于是，在 B 中边际成本 30 万元导致每组平均成本下降 300 万元。这说明增加密度可以使每组住宅建设成本降低。

更重要的是，如果每组住宅的销售收益为 200 万元，那么增加一组住宅的边际成本 30 万元可以获得边际收益 200 万元；增加两组住宅的边际成本 60 万元可能获得边际收益 180 万元（报酬递减）；增加 N 组住宅时的边际成本 $30N$ 万元就可能接近或等于所获得的边际收益。此时的建筑密度为数学最优密度或最大开发密度。

以上只是一个理想模型。在实际中建筑的成本变动与总收益情况需要深入系统地分析才能被掌握。例如建设成本可拆分为：

①土地及大配套费用

②前期费用

③建筑安装工程费用

土地及大配套费：土地款、城市建设配套费、土地契税、土地使用税、土地出让金、拆迁安置补偿等费用。

前期费用：三通一平费、规划设计费、施工图设计费、环境方案设计费、综合管网设计费、人防管理费、招投标费、地名费、施工图审查费、勘查放线费、新建登记费、面积测量费、产权交易手续费、地籍地形图、核地费、合同审查费、水泥专项基金、环境评估费、白蚁防治费、防雷检测费、综合服务费等等。

土地增值税 = 土地增值额 × 对应的税率。土地增值税税率为累进税率（按照有关规定），土地增值额为销售额扣除各项成本。

④市政基础设施费

⑤公用配套设施

⑥不可预见费

⑦贷款利息

⑧销售费用

⑨管理费用

⑩营业税

⑪土地增值税

简而言之，成本与收益可划分成两大类：

总成本 = 固定成本 + 边际成本；总收益 = 固定收益 + 边际收益。

事实上，开发密度不仅仅是城市住宅的一个重要的经济学属性，而且还是一个极其重要的生活质量参数与衡量指标，受到多种因素的影响，例如地理纬度、气候条件、建筑规范、日照标准、通风效果以及消费者的偏好与购买意愿等主观因素都会影响开发密度的设想。正因如此，低密度社区才有存在的必然性。

6.3.4　价值工程

历史回眸：

第二次世界大战期间，美国通用电气公司工程师麦尔斯（L.D.Miles）负责采购军工生产中的短缺材料——石棉板。由于货源紧张，价格成倍上涨，采购工作和财务开支都有困难。麦尔斯就考虑，为什么要使用石棉板？它的功能是什么？原来，工人给产品加涂料时，根据美国消防法规定，作业地板上一定要铺一层石棉板，以防火灾。麦尔斯弄清楚其功能后，在市场上找到一种不燃烧的纸，不仅采购容易，而且价格非常便宜。经交涉，美国消防法通过了这一代用材料。这就是有名的"石棉板事件"。

麦尔斯等人通过实践总结出一套在保证功能不变的前提下，降低成本的比较完整的方法，后来，在1947年以《价值分析》为题发表。

在所谓的"石棉板事件"中，麦尔斯已经注意到一个很重要的问题：顾客购买的不是产品这个实物，而是购买产品的功能。

20世纪的70年代末至80年代初，价值工程原理被引进到我国，并于1982年在建筑技术经济评价中开始应用。

价值工程（Value Engineering，VE 或 Value Analysis，VA）的本质，不是以产品为中心，而是以功能为中心。该方法使功能成为可以衡量的东西。

在工程领域和产品分析中，价值的经济含义是指产品的特定功能与获得该功能所耗费的全部成本之比。其数学表达式为：

$$V = F / C$$

式中　V——价值式或价值系数；

　　　F——功能、性能或效用；

　　　C——经济寿命周期成本。

价值工程表明，建筑设计经济分析的目的，既不在于单纯追求降低成本，也不片面追求高标准，而是要求控制 F/C 的比值，即投入与产出之间取得现实的最佳匹配或满意组合。因此，凡是存在功能要求和成本的领域与环节，都可能用到价值工程原理。

根据价值工程公式，改善建筑效益或价值有五种基本途径：

（1）理想的结果是，一方面提高标准、改善功能，另一方面同时降低成本，从而使综合价值大幅度提高，即：

$$\frac{F \uparrow}{C \downarrow} = V \uparrow\uparrow$$

（2）在功能不变的基础上，通过局部调整与改进，使实现相同功能的成本有所下降（图6-25），即：

$$\frac{F \rightarrow}{C \downarrow} = V \uparrow$$

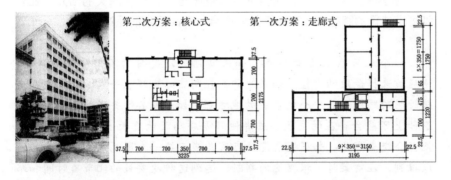

图6-25　北京外贸谈判楼，1976年，北京市建筑设计院

这是我国自行设计建造的最早的核心式平面的办公楼。在拟订方案阶段，建筑师曾就同一基地，对核心式平面与非核心式布置作了基本的比较。

第一方案（内廊式）与第二方案（核心式）都是框剪结构，标准层面积相同（690m²/层），建筑层数也相同（9层）。其他技术指标如下：外墙周长 $C_2=108m$，$C_1=124m$。平面系数 = 使用面积 / 建筑面积，$K_2=58.16$，$K_1=54.32$ 室内交通及管线长度：核心式＜内廊式。综合评价：方案二优于方案一。

（3）维持成本不变，通过改进设计，而使功能有所提高，即：

$$\frac{F \uparrow}{C \rightarrow} = V \uparrow$$

（4）通过改进设计，虽然成本有所上升，但相应得到的功能或效用大幅度的提高（图6-26），即：

$$\frac{F \uparrow\uparrow}{C \uparrow} = V \uparrow$$

（5）有时候，通过适当降低产品功能中的某些非主要方面的指标，以换取成本较大幅度的降低，从而提高综合效益。即：

$$\frac{F \downarrow}{C \downarrow\downarrow} = V \uparrow$$

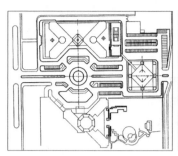 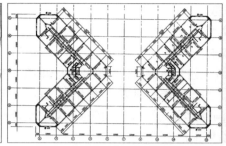 

图 6-26 北京亮马河大厦（1986.6—1991.1），中国建筑科学研究所与香港巴马丹事务所合作设计

总建筑面积：107000m²。其中，办公大楼31000m²，高度104m。饭店/公寓76000m²，高度50m。

饭店/公寓成对称双V字形塔楼，15层：1、2、3层为商场、酒吧、会议室等；西塔楼4～15层为饭店，东塔楼为公寓。建筑规划限高50m。

在限定的总高度50m之内，为了多建一层，首层和二层不设吊顶（小尺寸井字梁造型），4～15层的层高为2.65m。走廊内采用无梁的变截面板设计。作为四星级饭店，运营至今效果良好。

不难发现，价值工程或者价值分析中包含着边际效用原理，即通过边际成本变动（增加或者减少）获得边际效益，只要存在边际效益大于边际成本的情况，优化调整就有操作空间。

或许，建筑设计经济分析过多地依赖于经济学和数学模型，在构思方案阶段似乎是不必要的。事实上，基本的经济分析如同《规范》的目的一样，不是寻找"最佳结果"，而是避免最坏决策！

6.4 建筑设计中的价值框架

对于许多人来说，选择假期旅游线路是一件患得患失的活儿。在各种可供选择的路径中，哪条路是最适合所有同行者的呢？

一个人从A点走向B点。如果其他的次要目的不需要得到满足，他应该选择最短的途径。如果他需要在阴凉处走得长一点；如果他在走路时想顺路经过另一个他想去的地方C；如果他必须要避开在他在最短途径上可能会存在的危险；或者他只是碰巧喜欢更长一点的路，那么，他就会绕点弯儿。如果他决定绕点弯儿或者绕一大圈儿弯，我们必定可以推测，在决策时，根据他的判断，达到这种次要目的比节省时间和路程更重要。因此，对他来说，"绕点弯"根本不是绕弯儿，因为他走长路使他得到更大的满足，或者沿途所带来的满足大于通过较短的路所达到的直接目的。只有心中没有这些其他目的，人们才会把更长的路称为绕弯儿。

——《经济学的认识论问题》（奥）路德维希·冯·米塞斯

价值上的分歧与其说源于不同的认识，不如说是基于不同的利益、需要和目的诉求。同一项社会政策在不同阶层和社会利益集团中褒贬不一，原因正在于此。

6.4.1 目的系统

其实，事物的价值除了具备客观性基础之外，更多的时候是作为事物与主体需要之间的一种关系，是事物的外部联系，价值是客体的功能与主体的需要（主观意志、未来预期和心理效用等）之间的一种满足关系。如何界定和度量这些"非物质性"投入的价值和影响，才是一个核心问题。换一种说法，把经济学引入建筑方案设计中，它要解决的核心问题是什么？

答案是经济学是"选择的科学"或称"决策的科学"。在现代社会中，经济学是一切决策的基础工具（之一）。建筑设计活动同样需要运用它的基本原理。

1）**决策**（Decision-Making），就是做出决定，它的拉丁词根意为"砍掉（cut away）"。因此，真正的决策是"除去周围杂乱无章的东西，使人看清目标和途径。"这个含义与建筑设计过程中的"设计"一词同义。设计就是设想、运筹、选择和决策。

即使你不是一个老板或者一个掌握重权者，也不要被决策这个词吓着。生活中的很多决策都很容易，比如你能很快决定在哪家银行办一个信用卡，或者随手借给同学 5 元钱。如果你的朋友向你借 1 万元，你可能就会慎重起来了。然而，如果你的方案涉及一项千万元级别的投资效益时，你会考虑什么？又应该考虑什么呢？

表面上，随着钱数额的增加，决策开始变得困难，实际上，投资数额巨大的项目所牵涉的后果和所要实现的目标变得复杂了，因此需要折中或权衡。

建筑设计同决策一样是受目的驱动的。那么，什么是目的？目的是一种设想和预期，是关于结果的知识。

2）**目的**（Objectives）可分为三层，它们构成了目的体系：

①直接目的：也称基本目标。主要来自设计任务书的要求，满足特定的经济技术指标和实现指定的功能，等等。

②上属目的：也称价值目标。是指项目所从属的更大更高的目标，如社会、文化、环境、伦理等价值观方面。

③下属目的：也称辅助目标或者手段目标。是为实现直接目的所采用的各分项目标，如适宜的结构造型、遵循的地方标准、材料的规格和性能等。

目的之间存在着有机联系：

①递进关系：体现了阶段性和计划性；

②并列关系：体现了全面性和均衡性；

③分享关系：体现了同构性和包容性。

决策受直接目标或基本目标驱动，辅助目标或手段只有在有助于实现基本目标时才被考虑，而上属目标则对项目价值的增加或者减少产生影响。

回顾 20 世纪下半叶以来的发展历程，我国宏观社会经济领域中发生了三种影响深远的变化：

一是社会生产力和技术手段的极大提高和经济的空前增长；

设计决策类型：

（1）确定型设计决策：根据明确的目标、指标或约束条件进行的"订货式"设计。

（2）风险型设计决策，也称统计型决策：如建筑方案的安全性设计（建筑抗震设计、建筑防火设计）。

（3）竞争型设计决策：也称对策或者博弈（game），如建筑设计竞赛、方案投标等。

递进与分享的两种情形：

（1）由下到上：如城市保障型住宅工程和旧城改造项目等，其标准，规模，使用等由上层目的中产生，下层项目为了实现上层目标而存在。

（2）由上到下：如部落联盟之于各部落实体、欧盟组织之于各成员国，上层机构为了实现下层利益而存在。

二是人口的爆炸性增长，城市化水平迅速提高；

三是自然资源的过度开发所导致的资源短缺和生态破坏。

结合目的系统和宏观信息或许有助于回答下面两个问题：

● 为什么宏观视野对于微观的设计领域的决策如此之重要？

● 当代建筑设计进行的条件、可能性和遇到的挑战是什么？

6.4.2 可行性与合理性

简要背景：美国是最早开始采用可行性研究方法的国家。20 世纪 30 年代，美国开始开发田纳西流域。田纳西流域开发能否成功，对当时美国经济的发展关系重大。为保证田纳西流域的合理开发和综合利用，开创了可行性研究的方法，并获得成功。

20 世纪 80 年代初中国实现改革开放政策以来，可行性研究的概念开始被引进我国。当时联合国专门派遣专家来我国讲解了《可行性研究手册》。同时世界银行在向我国开展贷款业务中，也将可行性研究作为技术援助举办了多次培训班。1983 年（原）国家计划经济委员会正式颁发了 [1983] 116 号文件《可行性研究试行管理办法》；1987 年又发布了《关于建设项目经济评价工作的暂行规定》《建设项目经济评价方法》《建设项目经济评价参数》《中外合资经营项目经济评价方法》等，并介绍了一些案例，从而推动了我国可行性研究工作。

1）可行性研究（Feasibility Study）：是以预测为前提，以投资效果为目的，从技术上、经济上、管理上进行全面综合分析研究的方法。其成果以《可行性研究报告》为标志。

《可行性研究报告》被批准后即国家或地方政府同意该项目进行建设，列入预备项目计划。列入预备项目计划并不等于列入年度计划，何时列入年度计划，要根据其前期工作的进展情况、国家宏观经济政策和对财力、物力等因素进行综合平衡后决定。

同时，项目建设单位可进行下列前期工作：

（1）用地方面，开始办理征地、拆迁安置等手续。

（2）设计招标，或委托具有承担本项目设计资质的设计单位进行扩大初步设计，并编制设计文件。

（3）报审方案，包括供水、供气、供热、排水等市政配套方案及规划、土地、人防、消防、环保、交通、园林、文物、安全、劳动、卫生、保密、教育和劳动保护等主管部门的审查意见，取得有关协议或批件。

2）合理性（Rationality）：可行性研究主要是以技术经济目标的预测分析为主。其中，合理性分析包含两个方面：

首先是合乎目的：重要的是在直接目的基础上还要合乎上属目的。

当代绿色设计或生态建筑思想的崛起表明，如果社会的最大、最长远的利益和目标没有得到保护，那么，设计的规则就应该面临着改善和调整。

编制可行性研究报告：
（1）项目概况；
（2）项目建设的必要性；
（3）市场预测；
（4）选址及建设条件论证；
（5）建设规模和建设内容；
（6）项目外部配套建设；
（7）环境保护；
（8）劳动保护与卫生防疫；
（9）消防；
（10）节能、节水；
（11）总投资及资金来源；
（12）经济、社会效益；
（13）建设周期进度安排；
（14）结论；
（15）附件。

其次是合乎条件：对于"没有条件，创造条件也要上"的政治决策项目来说，失败的例子多于成功的例子。

合理性的两个判据表明，一方面，目的合理性是基础。但另一方面，合理性并不完全是以目的本身是理性的或非理性来划分，也不是因为它是符合社会目标而非个人目标就更具有合理性，关键在于它是否合乎条件。

在现代建筑史中，乌托邦的设计和规划方案之所以行不通，并不是它不符合目的，而是因为它不合条件，包括公共政策、市场需求以及土地资源的利用模式等人文和自然条件等，所以只能是一种空想。在现实中，有些设计和规划方案之所以被放弃、搁置和被推延，其重要原因也是不符合条件，缺乏可行性，而只能成为一种图板上的活儿计。

合理性的条件有两方面：空间与时间。

条件之一：空间性——环境与地域。

环境涉及自然资源情况：气候特征、自然灾害、土地稀缺性、可行性与可建性，可持续性等。

地域涉及社会学诸要素：人口、文化、习俗、价值观、经济收入、公共政策和地方法规等等；

条件之二：时间性——时机与时代。

时机意味着决策的及时性。常言道时过境迁，一项过时的落后的决策、马后炮、事后诸葛亮等不但无用，有时还有害。

时代意味着设计的需求性。一则是历史时期的概念（社会主流风尚的变迁、现行政策与技术规范的调整等）；再则是历史发展的概念（潜在性、前瞻性与探索性）。

在建筑设计中，合理性问题同样遵循上述两个判断。目的决定了设计的方向和主旨；条件则决定了设计的可行性与代价。

总之，当代建筑设计所关注的问题大多是由社会公共利益和经济目标的变迁所引发的前沿性课题。

以解决这些问题为主要目标的当代设计及其过程越来越具有开放性。因此，最好和最有成效的建筑师是那些具有良好边缘学科知识的人，他们不仅要掌握设计的技巧，而且更要熟悉设计中的问题以及围绕这些问题的社会主导力量（社会人文与自然资源、艺术理想与技术经济，等等）之间的相互关系。

作为一门应用科学和交叉学科，在建筑设计中，当你运用美学知识来看待创造性问题时，你是一个艺术家；同时，当你应用规范经济分析来深入探寻建筑结果时，这时就要意识到，你的思维和设计方法已经跨过了某种界线：从建筑师变成了决策者。

课堂上的合理性——关于两种人的 schedule 的话题：

在建筑学院，一种人对于通宵工作（"熬图"）的行为倍加推崇。五年间此等习惯煞是根深蒂固，且不知所起亦不知所终。极少有人将8周的设计课时的安排也视为一个设计问题——时间规划。

另一种人则惯于避师如猛兽，在课堂上把时间花费在方案的卫生间或楼梯栏杆等这些可掌控的细枝末节的绘制上，独处中隆重推敲，埋头桌案熟练且忙碌的背影给人一种胜券在握的假象。

图片来源

第1章　空间与形式直观

图 1-34 来源　周畅，米祥友 . 第四届建筑创造奖精选中国建筑学会 [M]. 北京：中国建筑工业出版社，2007.

图 1-41 来源　[美] 余人道 . 建筑绘画—绘图类型与方法图解 [M]，陆卫东、汪翎、申湘等译，北京：中国建筑工业出版社，1999.

第2章　形式与空间构成

图 2-2 来源：[美] 弗郎西斯·D·K·钦 . 建筑：形式、空间和秩序 [M]. 邹德侬，方千里译 . 北京：中国建筑工业出版社，1987.

图 2-4 来源：[美] 罗杰·H·克拉克，迈克尔·波斯 . 世界建筑大师名作图析 [M]. 汤纪敏译 . 北京：中国建筑工业出版社，1997.

图 2-15 来源：[瑞士]W·博奥席耶、O·斯通诺霍 . 勒·柯布西耶全集第一卷 [M]. 1910—1929. 牛燕芳，程超译 . 北京：中国建筑工业出版社，2005.

图 2-17 来源：第四届建筑创造奖精选中国建筑学会 . 周畅，米祥友 . 北京：中国建筑工业出版社，2007.

图 2-31 来源：[日] 朝仓直巳著 . 艺术·设计的平面构成 [M]. 林征，林华译 . 北京：中国计划出版社，2000.

第3章　建筑方案设计原理与方法

图 3-3、图 3-10、图 3-17、图 3-18、图 3-30、图 3-36 来源：金广君 . 图解城市设计 [M]. 哈尔滨：黑龙江科学技术出版社，1999.

图 3-42 来源：《第四届建筑创造奖精选》中国建筑学会 . 周畅，米祥友主编 . 北京：中国建筑工业出版社，2007.

图 3-43、图 3-44、图 3-65 来源：[美] 罗杰·H·克拉克，迈克尔·波斯 . 世界建筑大师名作图析 [M]. 汤纪敏译 . 北京：中国建筑工业出版社，1997.

图 3-46、图 3-51 来源：[美] 弗朗西斯·D·K·钦 . 建筑：形式、空间和秩序 [M]. 邹德侬，方千里译 . 北京：中国建筑工业出版社，1987.

图 3-59、图 3-69、图 3-87 来源：[美] 余人道 . 建筑绘画—绘图类型与方法图解 [M]. 陆卫东，汪翎，申湘等译 . 北京：中国建筑工业出版社，1999.

图 3-78 来源：[日] 朝仓直巳著 . 艺术·设计的平面构成 [M]. 林征，林华译 . 北京：中国计划出版社，2000.

图 3-104、图 3-105 来源：The metapolis dictionary of advanced architecture.

第4章　高层建筑方案设计要略

图 4-5、图 4-6、图 4-80、图 4-81、图 4-83、图 4-84、图 4-85、图 4-86 来源：国家建筑标准设计图集 . 高层民用建筑设计防火规范 [M]. 北京：中国计划出版社，2006.

图 4-8、图 4-9、图 4-29、图 4-59、图 4-62、图 4-64、图 4-67 来源：[德] 海诺·恩格尔 . 结构体系与建筑造型 [M].
　　林昌明，罗时玮译 . 陈章洪审校 . 天津：天津大学出版社，2002.

图 4-22 来源：建筑结构优秀设计图集 1. 建筑结构优秀设计图集编委会 [M]. 北京：中国建筑工业出版社，1997.

图 4-35 来源：刘建荣 . 高层建筑设计与技术 . 北京：中国建筑工业出版社，2005.

图 4-37、表 4-1 来源：北京市建筑设计研究院 . 现代办公楼设计 [M]. 翁如璧编著 . 熊明审定 . 北京：中国建筑
　　工业出版社，1995.

图 4-45、图 4-49、图 4-53、图 4-58 来源：[美] 唐纳德·沃森，艾伦·布拉特斯，罗伯特·G·谢卜利编著 . 城
　　市设计手册 [M]. 刘海龙，郭凌云，俞孔坚等译 . 北京：中国建筑工业出版社，2006.

图 4-51、图 4-55、图 4-57 来源：金广君 . 图解城市设计 [M]. 哈尔滨：黑龙江科学技术出版社，1999.

第 5 章　思维与工具：20 世纪设计中三大整体性理论

图 5-1 来源：The metapolis dictionary of advanced architecture.

图 5-8 来源：[日] 朝仓直巳 . 艺术·设计的平面构成 [M]. 林征，林华译 . 北京：中国计划出版社，2000.

图 5-20 来源：GMP 建筑师事务所编 . GMP 建筑作品集 1997—1999[M]. 陈建平译 . 北京城市节奏科技发展有
　　限公司中文版策划 . 北京：中国水利水电出版社，知识产权出版社，2004.

图 5-26、图 5-27、图 5-28、图 5-30 来源：[美] 余人道 . 建筑绘画—绘图类型与方法图解 [M]. 陆卫东，汪翎，
　　申湘等译 . 北京：中国建筑工业出版社，1999.

图 5-29、图 5-31 来源：[美] 保罗·拉索 . 建筑表现手册 [M]. 周文正译 . 北京：中国建筑工业出版社，2001.

图 5-34、图 5-35、图 5-36 来源：Kohn Pedersen Fox Architecture and Urbanism 1986—1992.

图 5-37、图 5-38、图 5-39、图 5-40 来源：The Phaidon Atlas of Contemporary World Architecture.

话题链接　形式分析的背景与理论线索

图 5-41 来源：GMP 建筑师事务所编 . GMP 建筑作品集 1997—1999[M]. 陈建平译 . 北京城市节奏科技发展有
　　限公司中文版策划 . 北京：中国水利水电出版社，知识产权出版社，2004.

图 5-47、图 5-48、图 5-49、图 5-50 来源：The Phaidon Atlas of Contemporary World Architecture.

第 6 章　决策与评价：方案设计阶段三大经济学视野

图 6-7 来源：[美] 理查德·M·贝兹，赛拉斯·J·埃利 . 不动产评估基础 [M]. 董俊英译 . 北京：经济科学出
　　版社，2002.

图 6-14、图 6-22、图 6-24 来源：[美] 唐纳德·沃森，艾伦·布拉特斯，罗伯特·G·谢卜利编著 . 城市设计手册 [M].
　　刘海龙，郭凌云，俞孔坚等译 . 北京：中国建筑工业出版社，2006.

图 6-20 来源：[美] 伦纳德·R·贝奇曼 . 整合建筑—建筑学的系统要素 [M]. 梁多林译 . 北京：机械工业出版社，2005.

图 6-26 来源：建筑结构优秀设计图集编委会 . 建筑结构优秀设计图集 1[M]. 北京：中国建筑工业出版社，1997.

其他
未注明的手绘插图系编者绘制。
未注明的图片均来自百度、谷歌的图片搜索以及相应的专业网站。

参考文献

[1] 李国豪等.中国土木建筑百科辞典：建筑 [M].北京：中国建筑工业出版社，1999.

[2] [英] E·H·贡布里希.秩序感——装饰艺术的心理学研究 [M].范景中，杨思梁，徐一维译.长沙：湖南科学技术出版社，1999.

[3] [美] 鲁道夫·阿恩海姆.视觉思维——审美直觉心理学 [M].滕守尧译.成都：四川人民出版社，1997.

[4] 苏联建筑科学院编.建筑构图概论 [M].顾孟潮译.北京：中国建筑工业出版社，1983.

[5] [美] 约翰·O·西蒙兹.景观设计学——场地规划与设计手册（第三版）[M].俞孔坚，王志芳，孙鹏译，程里尧，刘衡校.北京：中国建筑工业出版社，2000.

[6] [英] D·肯特.建筑心理学入门 [M].谢立新译，高亦兰校.北京：中国建筑工业出版社，1998.

[7] [美] 弗郎西斯·D·K·钦.建筑：形式、空间和秩序 [M].邹德侬，方千里译.北京：中国建筑工业出版社，1987.

[8] [法] 马克·第亚尼编著.非物质社会——后工业世界的设计、文化与技术 [M].滕守尧译.成都：四川人民出版社，1998.

[9] [美] 查尔斯·穆尔，杰拉德·阿伦.建筑量度论——建筑中的空间、形状和尺度 [M].邹德侬，陈少明节译，沈玉麟校.建筑师，1983.3.

[10] [德] 希格弗里德·普莱斯勒，尼奥拉·布赫侯尔茨.创造力的训练 [M].刘德章，陈骏飞，刘沁卉译.贵阳：贵州人民出版社，2001.

[11] [美] 唐纳德·沃森，迈克尔·J·克罗斯比，约翰·汉考克·卡伦德.建筑设计数据手册 [M].方晓风，杨军等译.北京：中国建筑工业出版社，2007.

[12] [美] 唐纳德·沃森，艾伦·布拉特斯，罗伯特·G·谢卜利编著.城市设计手册 [M].刘海龙，郭凌云，俞孔坚等译.北京：中国建筑工业出版社，2006.

[13] 美国高层建筑与城市环境协会著.高层建筑设计 [M].罗福午，英若聪，张似赞，石永久译.北京：中国建筑工业出版社，1997.

[14] [美] 伦纳德·R·贝奇曼.整合建筑—建筑学的系统要素 [M].梁多林译.北京：机械工业出版社，2005.

[15] [美] 余人道.建筑绘画——绘图类型与方法图解 [M].陆卫东，汪翎，

申湘等译.北京：中国建筑工业出版社，1999.

[16] [英]布莱恩·劳森.设计师怎样思考—解密设计[M].杨小东，段炼译.北京：机械工业出版社，2010.

[17] 毕宝德.土地经济学（第四版）[M].北京：中国人民大学出版社，2001.

[18] 谢经荣，吕萍，乔志敏.房地产经济学[M].北京：中国人民大学出版社，2002.

[19] [美]丹尼斯·迪帕斯奎尔，威廉·C·惠顿.城市经济学与房地产市场[M].龙奋杰等译.北京：经济科学出版社，2002.

[20] [美]理查德·M·贝兹，赛拉斯·J·埃利.不动产评估基础[M].董俊英译.北京：经济科学出版社，2002.

[21] [美]查尔斯·H·温茨巴奇，迈克·E·迈尔斯，苏珊娜·E·坎农.现代不动产[M].第五版.任怀秀，庞兴华，冯烜等译.北京：中国人民大学出版社，2001.

[22] [英]布赖恩·爱德华兹.可持续性建筑[M].第二版.周玉鹏，宋晹皓译.北京：中国建筑工业出版社，2003.

[23] 清华大学建筑学院，清华大学建筑设计研究院.建筑设计的生态策略[M].北京：中国计划出版社，2001.

[24] [美]曼昆.经济学原理（上、下）[M].梁小民译.生活·读书·新知三联书店，北京大学出版社，2001.

[25] [美]kenneth frampton.近代建筑史[M].[台]贺陈词译.台北：茂荣图书有限公司，1984.

[26] [美]H.H·阿纳森著.西方现代艺术史[M].第二版.邹德侬，巴竹师，刘挺译，沈玉麟校.天津人民美术出版社，1978.

[27] [日]朝仓直巳.艺术·设计的立体构成[M].林征，林华译.北京：中国计划出版社，2000.

[28] [日]朝仓直巳.艺术·设计的色彩构成[M].赵郧安译.北京：中国计划出版社，2000.

[29] [日]朝仓直巳.艺术·设计的光构成[M].白文花译.北京：中国设计出版社，2000.

[30] [日]朝仓直巳.艺术·设计的平面构成[M].林征，林华译.北京：中国计划出版社，2000.

[31] [日]渊上正幸编.世界建筑师的思想和作品[M].覃力，黄衍顺，徐慧，吴再兴译.北京：中国建筑工业出版社，2000.

[32] Richard Appignanesi.后现代主义[M].黄训庆译，吴潜成校订.广州出版社，1998.

[33] 任乃鑫.注册建筑师资格考试（作图部分）模拟题[M].沈阳：辽宁科学技术出版社，2000.

[34] John Portman and Associates, Selected and Current Works. First

published in Australia in 2002，by The lmages Publishing Group Pty Ltd.

[35] Warren A.James. Kohn Pedersen Fox Architecture and Urbanism 1986—1992，KPF. USA：Rizzloi International Publications，1993.

[36] Louis l.kahn：In the Realm of Architecture. RIZZOLI INTERNATIONAL PUBLICATIONS，1991.